최신판 택시운전 자격시험문제집

택시운전자격시험연구회 편저

택시운전자격시험 안내

응시자격

- 제1종 및 제2종 보통 운전면허 이상 소지자
- 시험 접수일 현재 만 20세 이상인 자
- 운전경력이 1년 이상인 자(운전면허 보유기간 기준으로 취소·정지 기간은 제외함)
- 여객자동차운수사업법에 따른 결격사유에 해당하지 않는 자
- 택시운전자격이 취소된 날로부터 1년이 지나지 아니한 사람(정기 적성검사 미필로 인한 면허 취소 제외)

시험 접수

- 인터넷 접수 (신청·조회 > 택시운전 > 예약접수 > 원서접수)
  ※ 사진은 그림파일 JPG로 스캔하여 등록
- 방문접수 : 전국 19개 시험장
  ※ 단, 현장 방문접수 시 응시인원 마감 등으로 시험 접수가 불가할 수도 있어 가급적 인터넷으로 시험 접수현황을 확인 후 방문
- 시험응시 수수료 : 11,500원
- 준비물 : 운전면허증(모바일 운전면허증 제외), 6개월 이내 촬영한 3.5×4.5cm 컬러사진(미제출자에 한함)

시험과목 및 합격기준

시험 과목	교통 및 운수관련 법규	안전운행 요령	운송서비스	지리
문항수	20문항	20문항	20문항	10문항
합격기준	총점 100점 중 60점(총 70문항 중 42문항) 이상 획득 시 합격			

※ 지리과목은 16개 광역시·도 지역(서울, 부산, 대구, 인천, 광주, 대전, 울산, 경기, 강원, 충북, 충남, 경북, 경남, 전북, 전남, 제주) 중 1개 지역 선택

※ 세종시에서 택시운전을 하려는 사람은 충남 택시운전자격으로 응시

시험과목 면제기준

특례응시자	면제 과목	관련 구비서류
다른 시·도 택시 운전자격증 소지자	• 교통 및 운수관련 법규 • 안전운행요령 • 운송서비스	• 소지한 택시운전자격증 원본
운전자격시험일부터 계산하여 과거 4년간 사업용 차량 운전을 3년 이상 무사고로 운전한 자	• 안전운행요령 • 운송서비스	• 무사고운전경력 증명서(경찰서장 발행) 1통 • 사업용자동차 운전경력 증명서(사업주 발행) 1통
무사고운전자 또는 유공운전자의 표시장을 받은 자	• 안전운행요령 • 운송서비스	• 무사고 또는 유공운전자 표시장 사본 1통 • 무사고 운전경력증명서 (경찰서장) 1통

시험 장소

- 시험 당일 준비물 : 운전면허증, 사진(미 제출자인 경우)
- CBT(컴퓨터 활용 필기시험) 운영

전형	시험 등록	시험 시간	상시 CBT 필기시험일(공휴일·토요일 제외)	
			전용 CBT 상설 시험장	CBT 비상설 시험장
			서울구로, 경기남부(수원), 인천, 대전, 대구, 부산, 광주, 전북(전주), 울산, 경남(창원), 강원(춘천), 화성	서울성산, 서울노원, 서울송파, 경기북부(의정부), 충북(청주), 제주, 대구(상주), 대전(홍성)
일반 전형	시작 20분전	70분	매일 4회 (오전 2회, 오후 2회)	매주 화요일, 목요일 오후 2회
특례1 전형	시작 20분전	10분		
특례2 전형	시작 20분전	30분		

※ 시험장 사정에 따라 시험일정 및 인원 등은 변경될 수 있습니다.

※ 특례1전형 대상 : 다른 시·도 택시운전자격증 소지자

※ 특례2전형 대상 : 사업용 차량 3년 이상 무사고 운전자, 무사고운전자 또는 유공운전자 표시장을 받은 자

시험시간(회차별)

회차	시험시간	비고
1회차	09:20 ~ 10:30	지역별 수요에 따라 회차별 시험 종류가 변경될 수 있음
2회차	11:00 ~ 12:10	
3회차	14:00 ~ 15:10	
4회차	16:00 ~ 17:10	

자격증 교부

- 신청대상 및 기간 : 택시운전 자격시험 필기시험에 합격한 사람으로서 합격자 발표일로부터 30일 이내
- 자격증 신청 방법: 인터넷·방문신청
- 자격증 교부 수수료 : 10,000원(인터넷의 경우 우편료를 포함하여 온라인 결제)
- 신청서류 : 택시운전 자격증 발급신청서 1부(인터넷의 경우 생략)
- 자격증 인터넷 신청 : 신청일로부터 5~10일 이내 수령 가능 (토·일요일, 공휴일 제외)
- 자격증 방문 발급 : 한국교통안전공단 전국 14개 지역별 접수·교부 장소
- 준비물 : 운전면허증, 운전경력증명서(전체기간), 수수료

글
싣는 순서

CHAPTER 01 교통 및 운수 관련 법규 · 5

SECTION 01 여객자동차 운수사업법령 ··· 6
SECTION 02 택시운송사업의 발전에 관한 법령 ···································· 12
SECTION 03 도로교통법령 ·· 14
SECTION 04 교통사고처리특례법령 ·· 21
🚖 적중 예상 문제 ·· 27

CHAPTER 02 안전운전요령 · 41

SECTION 01 자동차 관리 ·· 42
SECTION 02 자동차 응급조치 요령 ·· 47
SECTION 03 자동차 구조 및 특성 ·· 50
SECTION 04 자동차 검사 및 보험 ·· 54
SECTION 05 안전운전의 기술 ·· 57
🚖 적중 예상 문제 ·· 64

CHAPTER 03 운송서비스 · 77

SECTION 01 여객운수종사자의 기본자세 ·· 78
SECTION 02 운송사업자 및 운수종사자 준수사항 ·································· 82
SECTION 03 운수종사자의 기본 소양 ·· 84
🚖 적중 예상 문제 ·· 87

CHAPTER 04 지리(서울, 경기, 인천) · 93

SECTION 01 서울특별시 지리 ·· 94
🚖 적중 예상 문제 ·· 99
SECTION 02 경기도 지리 ·· 107
🚖 적중 예상 문제 ·· 113
SECTION 03 인천광역시 지리 ·· 121
🚖 적중 예상 문제 ·· 125

※ 지리는 자신의 응시지역에 해당하는 것만 공부하세요.

CHAPTER

01

교통 및 운수 관련 법규

여객자동차 운수사업법령

01 목적 및 정의

(1) 여객자동차 운수사업법의 목적
① 여객자동차 운수사업에 관한 질서 확립
② 여객의 원활한 운송
③ 여객자동차 운수사업의 종합적인 발달 도모
④ 공공복리 증진

(2) 용어의 정의

용어	정의
여객자동차 운수사업	여객자동차운송사업, 자동차대여사업, 여객자동차터미널사업 및 여객자동차운송플랫폼사업
여객자동차 운송사업	다른 사람의 수요에 응하여 자동차를 사용하여 유상(有償)으로 여객을 운송하는 사업
여객자동차 운송플랫폼 사업	여객의 운송과 관련한 다른 사람의 수요에 응하여 이동통신단말장치, 인터넷 홈페이지 등에서 사용되는 응용프로그램(운송플랫폼이라 한다)을 제공하는 사업
정류소	여객이 승차 또는 하차할 수 있도록 노선 사이에 설치한 장소
택시 승차대	택시운송사업용 자동차에 승객을 승차 · 하차시키거나 승객을 태우기 위하여 대기하는 장소 또는 구역
관할관청	관할이 정해지는 국토교통부장관이나 대도시권광역교통위원회나 특별시장 · 광역시장 · 특별자치시장 · 도지사 또는 특별자치도지사(이하 '시 · 도지사'라 함)

02 택시운송사업

(1) 택시운송사업의 구분

구분	기준			
	자동차	배기량	길이 및 너비	승차정원
경형	승용	1,000cc 미만	길이 3.6m 이하이면서 너비 1.6m 이하	5인승 이하
소형	승용	1,600cc 미만	길이 4.7m 이하이거나 너비 1.7m 이하	5인승 이하
중형	승용	1,600cc 이상	길이 4.7m 초과이면서 너비 1.7m를 초과	5인승 이하
대형	승용	2,000cc 이상	–	6인승 이상 10인승 이하
	승합	2,000cc 이상	–	13인승 이하
모범형	승용	1,900cc 이상	–	5인승 이하
고급형	승용	2,800cc 이상	–	–

일반택시운송사업과 개인택시운송사업
- 일반택시운송사업 : 운행계통을 정하지 아니하고 국토교통부령으로 정하는 사업구역에서 1개의 운송계약에 따라 국토교통부령으로 정하는 자동차를 사용하여 여객을 운송하는 사업
- 개인택시운송사업 : 운행계통을 정하지 아니하고 국토교통부령으로 정하는 사업구역에서 1개의 운송계약에 따라 국토교통부령으로 정하는 자동차 1대를 사업자가 직접 운전하여 여객을 운송하는 사업

(2) 택시운송사업의 사업구역
① **택시운송사업의 사업구역**
㉮ 경형 · 소형 · 중형 · 모범형 택시운송사업 : 특별시 · 광역시 · 특별자치시 · 특별자치도 또는 시 · 군 단위
㉯ 대형 및 고급형 택시운송사업 : 특별시 · 광역시 · 도 단위
② **해당 사업구역에서 하는 영업으로 보는 경우**
㉮ 해당 사업구역에서 승객을 태우고 사업구역 밖으로 운행하는 영업
㉯ 해당 사업구역에서 승객을 태우고 사업구역 밖으로 운행한 후 해당 사업구역으로 돌아오는 도중에 사업구역 밖에서 승객을 태우고 해당 사업구역에서 내리는 일시적인 영업
㉰ 주요교통시설이 소속 사업구역과 인접(국토교통부령으로 정하는 범위로 한정)하여 소속 사업구역에서 승차한 여객을 그 주요교통시설에 하차시킨 경우에는 주요교통시설 사업시행자가 여객자동차 운송사업의 사업구역을 표시한 승차대를 이용하여 소속 사업구역으로 가는 여객을 운송할 수 있다.

사업구역과 인접한 주요교통시설 및 범위
- 고속철도의 역의 경계선을 기준으로 10km
- 국제 정기편 운항이 이루어지는 공항의 경계선을 기준으로 50km
- 여객이용시설이 설치된 무역항의 경계선을 기준으로 50㎞
- 복합환승센터의 경계선을 기준으로 10km

(3) 여객자동차운송사업의 결격사유
다음의 어느 하나에 해당하는 자는 여객자동차운송사업의 면허를 받거나 등록을 할 수 없다(법인의 경우 그 임원 중에 해당하는 자가 있는 경우도 같다).
① 피성년후견인
② 파산선고를 받고 복권(復權)되지 아니한 자
③ 여객자동차운수사업법을 위반하여 징역 이상의 실형(實刑)을 선고받고 그 집행이 끝나거나(집행이 끝난 것으로 보는 경우 포함) 면제된 날부터 2년이 지나지 아니한 자

④ 여객자동차운수사업법을 위반하여 징역 이상의 형(刑)의 집행유예를 선고받고 그 집행유예 기간 중에 있는 자
⑤ 여객자동차운송사업의 면허나 등록이 취소된 후 그 취소일부터 2년이 지나지 아니한자. 다만, 피성년후견인 또는 파산선고를 받고 복권되지 아니한 자에 해당하여 면허나 등록이 취소된 경우는 제외한다.

(4) 택시운송사업용 자동차의 표시

① 운송사업자는 여객자동차운송사업에 사용되는 자동차의 바깥쪽에 운송사업자의 명칭, 기호, 그 밖에 국토교통부령으로 정하는 사항을 표시하여야 한다.
② 택시운송사업용자동차[대형(승합자동차를 사용하는 경우로 한정) 및 고급형 택시운송사업용 자동차는 제외한다]의 경우에는 다음의 각 사항을 표시하여야 한다.
  ㉮ 자동차의 종류("경형", "소형", "중형", "대형", "모범")
  ㉯ 관할관청(특별시·광역시·특별자치시 및 특별자치도는 제외)
  ㉰ 운송가맹사업자 상호(운송가맹점으로 가입한 개인택시운송사업자만 해당)
  ㉱ 그 밖에 시·도지사가 정하는 사항
③ 표시는 외부에서 알아보기 쉽도록 차체 면에 인쇄하는 등 항구적인 방법으로 표시하여야 하며, 구체적인 표시 방법 및 위치 등은 관할관청이 정한다.

(5) 교통사고 시의 조치 등

① 운송사업자는 사업용 자동차의 고장, 교통사고 또는 천재지변으로 다음의 어느 하나에 해당하는 상황이 발생하는 경우 국토교통부령으로 정하는 바에 따른 조치를 하여야 한다.
  ㉮ 사상자(死傷者)가 발생하는 경우 : 신속하게 유류품(遺留品)을 관리할 것
  ㉯ 사업용 자동차의 운행을 재개할 수 없는 경우 : 대체 운송수단을 확보하여 여객에게 제공하는 등 필요한 조치를 할 것. 다만, 여객이 동의하는 경우는 그러하지 아니하다.
② 운송사업자는 그 사업용 자동차에 다음의 어느 하나에 해당하는 사고(중대한 교통사고)가 발생한 경우 지체없이 국토교통부장관 또는 시·도지사에게 보고하여야 한다.
  ㉮ 전복 사고
  ㉯ 화재가 발생한 사고
  ㉰ 사망자가 2명 이상 발생한 사고
  ㉱ 사망자 1명과 중상자 3명 이상이 발생한 사고
  ㉲ 중상자가 6명 이상 발생한 사고
③ 운송사업자는 중대한 교통사고가 발생하였을 때에는 24시간 이내에 사고의 일시·장소 및 피해사항 등 사고의 개략적인 상황을 관할 시·도지사에게 보고한 후 72시간 이내에 사고보고서를 작성하여 관할 시·도지사에게 제출하여야 한다. 다만, 개인택시운송사업자의 경우에는 개략적인 상황보고를 생략할 수 있다

국토교통부령으로 정하는 바에 따른 조치
- 신속한 응급수송수단의 마련
- 가족이나 그 밖의 연고자에 대한 신속한 통지
- 유류품 보관
- 목적지까지 여객을 운송하기 위한 대체운송수단의 확보와 여객에 대한 편의 제공
- 그 밖에 사상자의 보호 등 필요한 조치

(6) 여객자동차운수사업자 단체

① 조합의 설립과 사업
  ㉮ 여객자동차 운수사업자가 여객자동차 운수사업의 건전한 발전과 여객자동차 운수사업자의 지위 향상을 위하여 시·도지사의 인가를 받아 설립
  ㉯ 조합의 사업
    ㉠ 여객자동차운수사업의 건전한 발전과 여객자동차 운수사업자의 공동 이익을 도모하는 사업
    ㉡ 여객자동차 운수사업의 진흥과 발전에 필요한 통계의 작성·관리, 외국 자료의 수집 및 조사·연구 사업
    ㉢ 경영자 및 종사원의 교육훈련
    ㉣ 운수사업자의 경영 개선을 위한 지도에 관한 사항
    ㉤ 국가 또는 지방자치단체로부터 위탁받은 업무의 처리
    ㉥ 위 각 사업에 따르는 사업
② 공제조합의 설립과 사업
  ㉮ 여객자동차 운수사업자(터미널사업자는 제외)가 상호 간의 협동조직을 통하여 조합원이 자주적인 경제 활동을 영위할 수 있도록 지원하고 조합원의 자동차 사고로 생긴 손해를 배상(賠償)하기 위하여 국토교통부장관의 인가를 받아 업종별로 설립
  ㉯ 공제조합의 사업
    ㉠ 조합원의 사업용자동차 사고로 생긴 배상 책임에 대한 공제
    ㉡ 조합원이 사업용자동차를 소유·사용·관리하는 동안 발생한 사고로 그 자동차에 생긴 손해에 대한 공제
    ㉢ 운수종사자가 조합원의 사업용자동차를 소유·사용·관리하는 동안에 발생한 사고로 입은 자기 신체의 손해에 대한 공제
    ㉣ 공제조합에 고용된 자의 업무상 재해로 인한 손실을 보상하기 위한 공제
    ㉤ 공동이용시설의 설치·운영 및 관리, 그 밖에 조합원의 편의 및 복지 증진을 위한 사업
    ㉥ 여객자동차 운수사업의 경영 개선을 위한 조사·연구 사업
    ㉦ 위 각 사업에 따르는 사업으로서 정관으로 정하는 사업

03 운수종사자 및 운전자격의 관리

(1) 여객자동차운송사업의 운전업무에 종사하려는 사람이 갖추어야 할 자격요건

① 사업용 자동차를 운전하기에 적합한 운전면허를 보유하고 있을 것
② 20세 이상으로서 해당 운전경력이 1년 이상일 것
③ 국토교통부장관이 정하는 운전 적성에 대한 정밀검사 기준에 맞을 것

④ 위 ①항부터 ③항까지의 요건을 갖춘 사람은 운전자격시험에 합격한 후 자격을 취득하거나 교통안전체험에 관한 연구·교육시설에서 안전체험, 교통사고 대응요령 및 여객자동차운수사업법령등에 관하여 이론 및 실기교육(교통안전체험교육)을 이수하고 자격을 취득할 것

(2) 운전적성정밀검사

① **운전적성정밀검사의 구분** : 기기형 검사, 필기형 검사
② **검사대상자에 따른 운전적성정밀검사의 구분**

㉮ 신규검사

㉠ 신규로 여객자동차 운송사업용 자동차를 운전하려는 자(신규검사 수검 여부와 관계없이 버스·택시운전자격시험은 응시 가능하며, 운수회사 취업 전까지만 수검하여 적합 판정받으면 됨)

㉡ 여객자동차 운송사업용 자동차 또는 화물자동차 운송사업용 자동차의 운전업무에 종사하다가 퇴직한 자로서 신규검사를 받은 날부터 3년이 지난 후 재취업하려는 자. 다만, 재취업일까지 무사고로 운전한 자는 제외한다.

㉢ 신규검사의 적합판정을 받은 자로서 운전적성정밀검사를 받은 날부터 3년 이내에 취업하지 아니한 자. 다만, 신규검사를 받은 날부터 취업일까지 무사고로 운전한 사람은 제외한다.

㉯ 특별검사

㉠ 중상 이상의 사상(死傷)사고를 일으킨 자

㉡ 과거 1년간 운전면허 행정처분기준에 따라 계산한 누산점수가 81점 이상인 자

㉢ 질병, 과로, 그 밖의 사유로 안전운전을 할 수 없다고 인정되는 자인지 알기 위하여 운송사업자가 신청한 자

㉰ 자격유지검사(검사 대상이 된 날부터 3개월 이내에 받아야 함)

㉠ 65세 이상 70세 미만인 사람(자격유지검사의 적합판정을 받고 3년이 지나지 아니한 사람은 제외)

㉡ 70세 이상인 사람(자격유지검사의 적합판정을 받고 1년이 지나지 아니한 사람은 제외)

(3) 운전자격증명 관리

① 운송사업자 또는 운수종사자가 운전자격증명의 발급을 신청하려면 운전자격증명 발급신청서(전자문서로 된 신청서를 포함)에 사진 2장을 첨부하여 한국교통안전공단, 일반택시운송사업조합 또는 개인택시운송사업조합에 제출하여야 한다.

② **운전자격증 등의 정정 및 재발급**

㉮ 운전자격증 또는 운전자격증명의 기록사항에 착오가 있거나 변경된 내용이 있어 정정을 받으려는 사람은 운전자격증(명) 정정신청서(전자문서를 포함)에 운전자격증등을 첨부하여 한국교통안전공단 또는 운전자격증명 발급기관에 그 정정을 신청해야 한다.

㉯ 운전자격증등을 잃어버리거나 헐어 못 쓰게 되어 재발급을 받으려는 사람은 지체 없이 운전자격증(명) 재발급신청서(전자문서를 포함)에 운전자격증등(헐어 못 쓰게 된 경우만 해당)과 사진 2장을 첨부하여 한국교통안전공단 또는 운전자격증명 발급기관에 그 재발급을 신청해야 한다.

③ **운전자격증명의 게시 및 관리**

㉮ 여객자동차운송사업의 운수종사자(운송사업자의 질병 등 국토교통부령으로 사유로 다른 사람에게 운전업무를 대신하게 하는 경우에는 해당 운전자를 말한다)는 운전업무 종사자격을 증명하는 증표

를 발급받아 해당 사업용 자동차 안에 항상 게시하여야 한다.

㉯ 운수종사자는 운전자격증명을 게시할 때에는 해당 사업용 안에 승객이 쉽게 볼 수 있는 위치에 본인의 운전자격증명을 항상 게시하여야 한다. 다만, 구역 여객자동차운송사업의 운수종사자 중 대통령령으로 정하는 운수종사자는 운전자격증명을 전자적 매체·기기 등을 통한 방법으로 게시할 수 있다.

㉰ 운수종사자가 퇴직하는 경우에는 본인의 운전자격증명을 운송사업자에게 반납하여야 하며, 운송사업자는 지체없이 해당 운전자격증명 발급기관에 그 운전자격증명을 제출하여야 한다.

㉱ 관할관청은 운송사업자에게 다음의 어느 하나에 해당하는 사유가 생긴 경우에는 그 사람으로부터 운전자격증명을 회수하여 폐기한 후 운전자격증명 발급기관에 그 사실을 지체 없이 통보하여야 한다.

㉠ 대리운전을 시킨 사람의 대리운전이 끝난 경우에는 그 대리운전자(개인택시운송사업자만 해당)

㉡ 사업의 양도·양수인가를 받은 경우에는 그 양도자

㉢ 사업을 폐업한 경우에는 그 폐업허가를 받은 사람

㉣ 운전자격이 취소된 경우에는 그 취소처분을 받은 사람

참고

전자적 매체·기기 등을 통한 운전자격증명 게시

• 일반택시운송사업 중 대형(승합자동차를 사용하는 경우로 한정) 또는 고급형으로 구분된 사업의 운수종사자
• 개인택시운송사업 중 대형(승합자동차를 사용하는 경우로 한정) 또는 고급형으로 구분된 사업의 운수종사자

04 운수종사자의 교육

(1) 운수종사자 교육의 종류

운수종사자는 국토교통부령으로 정하는 바에 따라 운전업무를 시작하기 전에 다음 각 호의 사항에 관한 교육을 받아야 한다.

구분	교육대상자	교육시간	교육주기
신규교육	새로 채용한 운수종사자(사업용자동차를 운전하다가 퇴직한 후 2년 이내에 다시 채용된 사람은 제외)	16	–
보수교육	무사고·무벌점 기간이 5년 이상 10년 미만인 운수종사자	4	격년
	무사고·무벌점 기간이 5년 미만인 운수종사자		매년
	법령위반 운수종사자	8	수시
수시교육	국제행사 등에 대비한 서비스 및 교통안전 증진 등을 위하여 국토교통부장관 또는 시·도지사가 교육을 받을 필요가 있다고 인정하는 운수종사자	4	필요 시

※ 무사고·무벌점이란 도로교통법에 따른 교통사고와 교통법규 위반 사실이 모두 없는 것을 말한다.

※ 보수교육 대상자 선정을 위한 무사고·무벌점 기간은 전년도 10월 말을 기준으로 산정한다.

※ 법령위반 운수종사자에 대한 보수교육(특별검사 대상자 제외)은 해당 운수종사자가 과태료, 과징금 또는 사업정지처분을 받은 날부터 3개월 이내에 실시하여야 한다.

※ 해당 연도의 신규교육 또는 수시교육을 이수한 운수종사자(법령위반 운수종사자 제외)는 해당 연도의 보수교육을 면제한다.

(2) 교육과목 등
① 교육과목
- ㉮ 여객자동차 운수사업 관계 법령 및 도로교통 관계 법령
- ㉯ 서비스의 자세 및 운송질서의 확립
- ㉰ 교통안전수칙(신규교육의 경우에는 대열운행, 졸음운전, 운전 중 휴대폰 사용 등 교통사고 요인과 관련된 교통안전수칙을 포함)
- ㉱ 응급처치 방법
- ㉲ 차량용 소화기 사용법 등 차량화재 예방 및 대처방법
- ㉳ 경제운전 및 그 밖에 운전업무에 필요한 사항

② 교육실시기관 : 운수종사자 연수기관, 한국교통안전공단, 연합회 또는 조합

③ 교육훈련 담당자 선임
- ㉮ 운송사업자는 그의 운수종사자에 대한 교육계획의 수립, 교육의 시행 및 일상의 교육훈련업무를 위하여 종업원 중에서 교육훈련 담당자를 선임하여야 한다.
- ㉯ 자동차 면허 대수가 20대 미만인 운송사업자인 경우에는 교육훈련 담당자를 선임하지 아니할 수 있다.

④ 교육계획 수립 및 결과 통보
- ㉮ 교육계획의 수립 : 교육실시기관은 매년 11월 말까지 조합과 협의하여 다음 해의 교육계획을 수립하여 시·도지사 및 조합에 보고하거나 통보하여야 한다.
- ㉯ 교육결과 : 그 해의 교육결과를 다음 해 1월 말까지 시·도지사 및 조합에 보고하거나 통보하여야 한다.

05 택시운전자격의 취소 등 처분기준

(1) 일반기준
① 위반행위가 둘 이상인 경우로서 그에 해당하는 각각의 처분기준이 다른 경우에는 그 중 무거운 처분기준에 따른다.
② 위반행위의 횟수에 따른 행정처분의 기준은 최근 1년간 같은 위반행위로 행정처분을 받은 경우에 적용한다. 이 경우 행정처분 기준의 적용은 같은 위반행위에 대한 행정처분일과 그 처분 후의 위반행위가 다시 적발된 날을 기준으로 한다.
③ 자격정지처분을 받은 사람이 다음의 어느 하나에 해당하는 경우에는 2분의 1 범위에서 가중 또는 감경할 수 있다. 이 경우 가중기간은 6개월을 초과할 수 없다.
- ㉮ 가중사유
  - ㉠ 위반행위가 사소한 부주의나 오류가 아닌 고의나 중대한 과실에 의한 것으로 인정되는 경우
  - ㉡ 위반의 내용정도가 중대하여 이용객에게 미치는 피해가 크다고 인정되는 경우
- ㉯ 감경사유
  - ㉠ 위반행위가 고의나 중대한 과실이 아닌 사소한 부주의나 오류로 인한 것으로 인정되는 경우
  - ㉡ 위반의 내용정도가 경미하여 이용객에게 미치는 피해가 적다고 인정되는 경우
  - ㉢ 위반행위를 한 사람이 처음 해당 위반행위를 한 경우로서 최근 5년 이상 해당 여객자동차운송사업의 모범적인 운수종사자로 근무한 사실이 인정되는 경우
  - ㉣ 그 밖에 여객자동차운수사업에 대한 정부 정책상 필요하다고 인정되는 경우

④ 자격정지처분을 받은 사람이 정당한 사유 없이 기일 내에 운전자격증을 반납하지 아니할 때에는 해당 처분을 2분의 1의 범위에서 가중하여 처분하고, 가중처분을 받은 사람이 기일 내에 운전자격증을 반납하지 아니할 때에는 자격취소처분을 한다.

(2) 개별기준

위반행위	처분기준 1차 위반	처분기준 2차 이상 위반
① 택시운전자격의 결격사유에 해당하게 된 경우	자격취소	-
② 부정한 방법으로 택시운전자격을 취득한 경우	자격취소	-
③ 특정강력범죄 및 마약류관리에 관한 법률등을 위반하여 금고 이상의 형을 받은 경우	자격취소	-
④ 다음의 어느 하나에 해당하는 행위로 과태료 처분을 받은 사람이 1년 이내에 같은 위반행위를 한 경우 ㉮ 정당한 이유 없이 여객의 승차를 거부하거나 여객을 중도에서 내리게 하는 행위 ㉯ 신고하지 않거나 미터기에 의하지 않은 부당한 요금을 요구하거나 받는 행위 ㉰ 일정한 장소에서 장시간 정차하여 여객을 유치하는 행위	자격정지 10일	자격정지 20일
⑤ 위 ④의 ㉮부터 ㉰까지의 어느 하나에 해당하는 행위로 1년간 세 번의 과태료 또는 자격정지처분을 받은 사람이 같은 위 ④의 ㉮부터 ㉰까지의 어느 하나에 해당하는 위반행위를 한 경우	자격취소	-
⑥ 운송수입금 전액을 내지 아니하여 과태료처분을 받은 사람이 그 과태료처분을 받은 날부터 1년 이내에 같은 위반행위를 세 번 한 경우	자격정지 20일	자격정지 20일
⑦ 운송수입금 전액을 내지 아니하여 과태료처분을 받은 사람이 그 과태료처분을 받은 날부터 1년 이내에 같은 위반행위를 네 번 이상 한 경우	자격정지 50일	자격정지 50일
⑧ 중대한 교통사고로 다음의 어느 하나에 해당하는 수의 사상자를 발생하게 한 경우 ㉮ 사망자 2명 이상 ㉯ 사망자 1명 및 중상자 3명 이상 ㉰ 중상자 6명 이상	자격정지 60일 자격정지 50일 자격정지 40일	자격정지 60일 자격정지 50일 자격정지 40일
⑨ 교통사고와 관련하여 거짓이나 그 밖의 부정한 방법으로 보험금을 청구하여 금고 이상의 형을 선고받고 그 형이 확정된 경우	자격취소	-
⑩ 운전업무와 관련하여 다음의 어느 하나에 해당하는 부정 또는 비위(非違)사실이 있는 경우 ㉮ 택시운전자격증을 타인에게 대여한 경우 ㉯ 개인택시운송사업자가 불법으로 타인으로 하여금 대리운전을 하게 한 경우	자격취소 자격정지 30일	- 자격정지 30일
⑪ 그 밖에 다음의 어느 하나에 해당한 경우 ㉮ 택시운전자격정지의 처분기간 중에 택시 운전업무에 종사한 경우 ㉯ 도로교통법 위반으로 사업용 자동차를 운전할 수 있는 운전면허가 취소된 경우 ㉰ 정당한 사유 없이 운수종사자의 교육과정을 마치지 않은 경우	자격취소 자격취소 자격정지 5일	 자격정지 5일

06 택시운수사업에 사용되는 자동차의 차령

(1) 사업용 자동차의 차령

여객자동차 운수사업에 사용되는 자동차는 운수사업의 종류에 따라 "차령"(車齡) 및 운행거리를 넘겨 운행하지 못한다. 다만, 시·도지사는 해당 시·도의 여객자동차 운수사업용 자동차의 운행여건 등을 고려하여 안전성 요건이 충족되는 경우에는 2년의 범위에서 차령을 연장할 수 있다.

차종	사업의 구분		차령
승용 자동차	여객자동차 운송사업용	개인택시(경형·소형)	5년
		개인택시(배기량 2,400cc 미만)	7년
		개인택시(배기량 2,400cc 이상)	9년
		개인택시(환경친화적자동차)	9년
		일반택시(경형·소형)	3년 6개월
		일반택시(배기량 2,400cc 미만)	4년
		일반택시(배기량 2,400cc 이상)	6년
		일반택시(환경친화적자동차)	6년
	자동차대여 사업용	경형·소형·중형	5년
		대형	8년
	특수여객자동차 운송사업용	경형·소형·중형	6년
		대형	10년
승합 자동차	전세버스운송사업용 또는 특수여객자동차운송사업용		11년
	그 밖의 사업용		9년

(2) 차령 연장요건

① 택시운송사업(일반택시운송사업 및 개인택시운송사업)에 사용되는 자동차의 경우 사업구역의 도로 여건, 사업구역 내 택시운송사업용 자동차의 평균운행거리와 전국 택시운송사업용 자동차의 평균운행거리의 차이 등을 고려할 때 기본차령을 적용하는 것이 현저히 불합리한 경우에는 국토교통부장관이 정하여 고시하는 산정방법에 따른 변경 가능 기간의 범위에서 해당 사업구역을 관할하는 특별시·광역시·특별자치시·특별자치도 또는 시·군의 조례로 차령을 달리 정할 수 있다. 다만, 차령을 더하는 경우에는 기본차령에서 2년을 초과하지 못한다.

② 시·도지사가 해당 시·도의 자동차 운행 여건 등을 고려하여 해당 시·도의 공보에 차령 연장 등에 관한 고시를 한 경우 다음의 요건을 충족한 자동차의 차령은 해당 고시에서 정한 기간만큼 연장된다. 다만, 그 연장 기간은 2년을 초과하지 못한다.

㉮ 기본차령기간이 만료되기 전 2개월 이내 및 연장된 차령 기간에 승용자동차는 1년마다, 승합자동차는 6개월마다 자동차관리법에 따른 임시검사를 받아 검사기준에 적합할 것. 다만, 여객자동차운송사업용 승용자동차 및 자동차대여사업용 승용자동차의 차령 연장을 위한 임시검사는 자동차관리법에 따른 정기검사로 대체할 수 있되, 일반택시운송사업자 및 자동차대여사업자와 자동차관리법에 따라 정기검사를 수행하는 지정정비사업자가 동일한 경우에는 해당 일반택시운송사업자 및 자동차대여사업자는 다른 지정정비사업자로부터 정기검사를 받아야 한다.

㉯ 운송사업자의 준수 사항 중 자동차의 장치 및 설비 등에 관한 준수 사항에 위반되지 않는다고 판정될 것

(3) 대폐차에 충당되는 자동차

① **대폐차의 정의** : 차령이 만료되거나 운행거리를 초과한 차량 등을 다른 차량으로 대체하는 것

② **차량충당연한** : 승용자동차는 1년, 승합자동차는 3년

③ **차량충당연한의 기산일**
  ㉮ 제작연도에 등록된 자동차 : 최초의 신규등록일
  ㉯ 제작연도에 등록되지 아니한 자동차 : 제작연도의 말일

④ **차량충당연한 예외사항**
  ㉮ 여객자동차 운수사업에 사용되었던 자동차로서 본인이 소유한 자동차를 도난, 횡령 또는 횡령 또는 편취 당한 경우로 말소등록이 된 자동차를 여객자동차 운수사업자가 자동차관리법에 따른 임시검사에 합격한 후 다시 등록하는 경우. 다만, 차령을 초과한 자동차는 제외한다.
  ㉯ 전기자동차 또는 수소전기자동차의 배터리를 신규로 교체한 경우. 다만, 차령을 초과한 자동차는 제외한다.

07 과징금

(1) 과징금의 부과기준

국토교통부장관, 시·도지사 또는 시장·군수·구청장은 여객자동차 운수사업자에게 사업정지 처분을 하여야 하는 경우에 그 사업정지 처분이 그 여객자동차 운수사업을 이용하는 사람들에게 심한 불편을 주거나 공익을 해칠 우려가 있는 때에는 그 사업정지 처분을 갈음하여 5천만원 이하의 과징금을 부과·징수할 수 있다.

(2) 과징금의 사용 용도

① **벽지노선이나 그 밖에 수익성이 없는 노선으로서 다음의 노선을 운행하여서 생긴 손실의 보전(補塡)**
  ㉮ 노선의 연장 또는 변경의 명령을 받고 버스를 운행함으로써 결손이 발생한 노선
  ㉯ 개선명령을 받은 노선 등(벽지노선 등)
  ㉰ 수요응답형 여객자동차운송사업의 노선 중 수익성이 없는 노선
  ㉱ 그 밖의 수익성이 없는 노선 중 지역주민의 교통 불편과 결손액의 정도를 고려하여 시·도지사가 정한 노선

② 운수종사자의 양성, 교육훈련, 그 밖의 자질 향상을 위한 시설과 운수종사자에 대한 지도 업무를 수행하기 위한 시설의 건설 및 운영

③ 지방자치단체가 설치하는 터미널을 건설하는 데에 필요한 자금의 지원

④ 터미널 시설의 정비·확충

⑤ **여객자동차 운수사업의 경영 개선이나 여객자동차 운수사업의 발전을 위하여 필요한 다음의 사업**
  ㉮ 여객자동차 운수사업의 경영개선에 관한 연구를 주목적으로 설립된 연구기관 중 국토교통부장관이 지정하는 연구기관의 운영
  ㉯ 연합회나 조합이 국토교통부장관 또는 시·도지사로부터 권한을 위탁받아 수행하는 사업

⑥ 위 ①항부터 ⑤항까지의 용도 중 어느 하나의 목적을 위한 보조나 융자

⑦ 여객자동차운수사업법을 위반하는 행위를 예방 또는 근절하기 위하여 지방자치단체가 추진하는 사업

SECTION 01 여객자동차 운수사업법령

(3) 주요 위반내용에 따른 업종별 과징금 부과기준(단위 : 만원)

위반내용	위반횟수	일반택시	개인택시
면허를 받거나 등록한 업종의 범위를 벗어나 사업을 한 경우	1차 2차 3차 이상	180 360 540	180 360 540
여객자동차운송사업자가 면허를 받은 사업구역 외의 행정구역에서 사업을 한 경우	1차 2차 3차 이상	40 80 160	40 80 160
한정면허를 받은 여객자동차운송사업자가 면허를 받은 업무범위 또는 면허기간을 위반하여 사업을 한 경우	1차 2차 3차 이상	180 360 540	180 360 540
면허를 받거나 등록한 차고를 이용하지 않고 차고지가 아닌 곳에서 밤샘주차를 한 경우	1차 2차	10 15	10 15
신고를 하지 않거나 거짓으로 신고를 하고 개인택시를 대리운전하게 한 경우	1차 2차	– –	120 240
운임 및 요금에 대한 신고 또는 변경신고를 하지 않고 운송을 개시한 경우	1차 2차 3차 이상	40 80 160	20 40 80
1년에 3회 이상 사업용자동차의 표시를 하지 않은 경우		10	10
운수종사자의 자격요건을 갖추지 않은 사람을 운전업무에 종사하게 한 경우	1차 2차	360 720	360 720
자동차의 운전석 및 그 옆 좌석에 에어백을 설치하지 않은 경우	1차 2차 3차 이상	180 360 540	180 360 540
택시운송사업자가 미터기를 부착하지 않거나 사용하지 않고 여객을 운송한 경우(구간운임제 시행지역은 제외)	1차 2차 3차 이상	40 80 160	40 80 160
자동차 안에 게시해야 할 사항을 게시하지 않은 경우	1차 2차	20 40	20 40
정류소에서 주차 또는 정차 질서를 문란하게 한 경우	1차 2차	20 40	20 40
운송사업자가 속도제한장치 또는 운행기록계가 장착된 운송사업용 자동차를 해당 장치 또는 기기가 정상적으로 작동되지 않은 상태에서 운행한 경우	1차 2차 3차 이상	60 120 180	60 120 180
차실에 냉방·난방장치를 설치하여야 할 자동차에 이를 설치하지 않고 여객을 운송한 경우	1차 2차 3차 이상	60 120 180	60 120 180
운행하기 전에 점검 및 확인을 하지 않은 경우	1차 2차	10 15	10 15
차량 정비, 운전자의 과로 방지 및 정기적인 차량 운행 금지 등 안전수송을 위한 명령을 위반하여 운행한 경우	1차 2차	20 40	20 40
운송사업자(개인택시운송사업자 및 특수여객자동차운송사업자는 제외)가 차량 운행 전에 운수종사자의 건강상태, 운행경로 숙지 여부 등을 확인하지 않거나, 확인 결과 운수종사자가 질병·피로 또는 그 밖의 사유로 안전한 운전을 할 수 없다고 판단됨에도 해당 운수종사자로 하여금 차량을 운행하게 한 경우 또는 해당 운수종사자를 대신하여 대체 운수종사자를 투입(노선 여객자동차운송사업만 해당)하지 않은 경우	1차 2차 3차 이상	180 360 540	–
운수종사자의 교육에 필요한 조치를 하지 않은 경우	1차 2차 3차 이상	30 60 90	–

08 과태료

(1) 과태료의 부과 및 일반 기준

① 하나의 행위가 둘 이상의 위반행위에 해당하는 경우에는 그 중 무거운 과태료의 부과기준에 따른다.

② 위반행위의 횟수에 따른 과태료의 가중된 부과기준은 최근 1년간 같은 위반행위로 과태료 부과처분을 받은 경우에 적용한다. 이 경우 기간의 계산은 위반행위에 대하여 과태료 부과처분을 받은 날과 그 처분 후 다시 같은 위반행위를 하여 적발된 날을 기준으로 한다.

③ 부과권자는 해당 위반행위의 정도, 위반행위의 동기와 그 결과 등을 고려하여 과태료 금액의 2분의 1의 범위에서 가중하거나 경감할 수 있으며, 가중하는 경우에는 과태료 금액의 상한(1천만원)을 넘길 수 없다.

④ **과태료 금액을 가중할 수 있는 경우**
  ㉮ 위반의 내용·정도가 중대하여 이용객 등에게 미치는 피해가 크다고 인정되는 경우
  ㉯ 최근 1년간 같은 위반행위로 과태료 부과처분을 3회를 초과하여 받은 경우
  ㉰ 그 밖에 위반행위의 정도, 위반행위의 동기와 그 결과 등을 고려하여 늘릴 필요가 있다고 인정되는 경우

(2) 주요 위반행위별 과태료 부과기준

위반행위	과태료 금액(만원)		
	1회	2회	3회 이상
① 교통사고 시 시의 조치를 하지 않은 경우	50	75	100
② 중대한 교통사고 시 보고를 하지 않거나 거짓 보고를 한 경우	20	30	50
③ 운수종사자로부터 운송수익금의 전액을 납부받지 않은 경우	500	1,000	1,000
④ 좌석안전띠가 정상적으로 작동될 수 있는 상태를 유지하지 않은 경우	20	30	50
⑤ 운수종사자에게 여객의 좌석안전띠 착용에 관한 교육을 실시하지 않은 경우	20	30	50
⑥ 운수종사자의 요건을 갖추지 않고 여객자동차 운송사업의 운전업무에 종사한 경우	50	50	50
⑦ 운전업무 종사자격을 증명하는 증표를 사업용자동차 안에 게시하지 않은 경우	10	15	20
⑧ 운수종사자의 준수 사항 중 다음의 항목을 위반한 경우 ㉮ 정당한 사유없이 여객의 승차를 거부하거나 여객을 중도에서 내리게 하는 행위 ㉯ 부당한 운임 또는 요금을 받는 행위 ㉰ 일정한 장소에 오랜 시간 정차하여 여객을 유치하는 행위	20	20	20
⑨ 운수종사자의 준수 사항 중 다음의 항목을 위반한 경우 ㉮ 여객이 승하차하기 전에 자동차를 출발시키거나 승하차할 여객이 있는데도 정차하지 아니하고 정류소를 지나치는 행위 ㉯ 여객자동차운송사업용 자동차 안에서 흡연하는 행위 ㉰ 택시요금미터를 임의로 조작 또는 훼손하는 행위	10	10	10
⑩ 차량의 출발 전에 여객이 좌석안전띠를 착용하도록 안내하지 않은 경우	3	5	10

SECTION 02 택시운송사업의 발전에 관한 법령

01 목적 및 정의

(1) 택시운송사업의 발전에 관한 법률의 목적
① 택시운송사업의 건전한 발전을 도모
② 택시운수종사자의 복지 증진
③ 국민의 교통편의 제고

(2) 용어의 정의

용어	정의
택시운송사업	여객자동차운수사업법에 따른 일반택시운송사업과 개인택시운송사업
여객자동차운송사업	다른 사람의 수요에 응하여 자동차를 사용하여 유상(有償)으로 여객을 운송하는 사업
택시운송사업자	택시운송사업면허를 받아 택시운송사업을 경영하는 자
택시운수종사자	여객자동차 운수사업법에 따른 운전업무 종사자격을 갖추고 택시운송사업의 운전업무에 종사하는 사람
택시운수종사자단체	택시운수종사자가 조직하는 단체로서 대통령령으로 정하는 바에 따라 등록한 단체
택시공영차고지	택시운송사업에 제공되는 차고지(車庫地)로서 특별시장·광역시장·특별자치시장·도지사·특별자치도지사 또는 시장·군수·구청장(자치구의 구청장)이 설치한 것
택시공동차고지	택시운송사업에 제공되는 차고지로서 2인 이상의 일반택시운송사업자가 공동으로 설치 또는 임차하거나 조합 또는 연합회가 설치 또는 임차한 차고지

02 택시정책심의위원회

(1) 설치목적 및 소속
① **설치목적 및 소속** : 택시운송사업에 관한 중요 정책 등에 관한 사항을 심의를 위하여 국토교통부장관 소속으로 위원회를 둔다.
② **위원회의 구성** : 위원장 1명을 포함한 10명 이내의 위원으로 구성
③ **위원의 위촉** : 다음의 어느 하나에 해당하는 사람 중에서 전문분야와 성별 등을 고려하여 국토교통부장관이 위촉한다.
　㉮ 택시운송사업에 5년 이상 종사한 사람
　㉯ 교통관련 업무에 공무원으로 2년 이상 근무한 경력이 있는 사람
　㉰ 택시운송사업 분야에 관한 학식과 경험이 풍부한 사람
④ **위원회의 위원장** : 위원 중에서 호선(互選)한다.
⑤ **위원의 임기** : 2년

(2) 심의사항
① 택시운송사업의 면허제도에 관한 중요 사항
② 사업구역별 택시 총량에 관한 사항
③ 사업구역 조정 정책에 관한 사항
④ 택시운수종사자의 근로여건 개선에 관한 중요 사항
⑤ 택시운송사업의 서비스 향상에 관한 중요 사항
⑥ 택시운송사업의 발전에 관한 법률 또는 다른 법률에서 위원회의 심의를 거치도록 한 사항
⑦ 그 밖에 택시운송사업에 관한 중요한 사항으로서 위원장이 회의에 부치는 사항

택시운송사업 발전 기본계획의 수립
국토교통부장관은 택시운송사업을 체계적으로 육성·지원하고 국민의 교통편의 증진을 위하여 관계 중앙행정기관의 장 및 시·도지사의 의견을 들어 5년 단위의 택시운송사업 발전 기본계획을 5년 마다 수립하여야 한다.

03 택시운수종사자 관련 사항

(1) 운송비용 전가 금지 등
군(광역시의 군은 제외) 지역을 제외한 사업구역의 일반택시운송사업자는 택시의 구입 및 운행에 드는 비용 중 다음의 각 비용을 택시운수종사자에게 부담시켜서는 아니 된다.
① 택시 구입비(신규차량을 택시운수종사자에게 배차하면서 추가 징수하는 비용 포함)
② 유류비
③ 세차비
④ 택시운송사업자가 차량 내부에 붙이는 장비의 설치비 및 운영비
⑤ 사고로 인한 차량수리비, 보험료 증가분 등 교통사고 처리에 드는 비용(해당 교통사고가 음주 등 택시운수종사자의 고의·중과실로 인하여 발생한 것인 경우는 제외)

(2) 택시운수종사자 소정근로시간 산정 특례
① 일반택시운송사업 택시운수종사자의 근로시간을 1주간 40시간 이상이 되도록 정하여야 한다.
② **시행일**
　㉮ 서울특별시 : 2021년 1월 1일
　㉯ 서울특별시 외의 사업구역 : 공포(2019.8.20) 후 5년을 넘지 아니하는 범위에서 시행지역의 성과, 사업구역별 매출액 및 근로시간의 변화 등을 종합적으로 고려하여 대통령령으로 정하는 날

SECTION 02 택시운송사업의 발전에 관한 법령

(3) 택시운수종사자의 준수사항
① 정당한 사유 없이 여객의 승차를 거부하거나 여객을 중도에서 내리게 하는 행위
② 부당한 운임 또는 요금을 받는 행위
③ 여객을 합승하도록 하는 행위
④ 여객의 요구에도 불구하고 영수증 발급 또는 신용카드결제에 응하지 아니하는 행위(영수증발급기 및 신용카드결제기가 설치되어 있는 경우에 한정)

(4) 택시운수종사자 복지기금
① 기금의 재원
　㉮ 출연금(개인·단체·법인으로부터의 출연금에 한정)
　㉯ 복지기금운용 수익금
　㉰ 액화석유가스를 연료로 사용하는 차량을 판매하여 발생한 수입 중 일부로서 택시운송사업자가 조성하는 수입금
　㉱ 택시 표시등 이용 광고사업에 따라 발생하는 광고 수입 중 택시운송사업자가 조성하는 수입금
② 기금의 용도
　㉮ 택시운수종사자의 건강검진 등 건강관리 서비스 지원
　㉯ 택시운수종사자 자녀에 대한 장학사업
　㉰ 기금의 관리·운용에 필요한 경비
　㉱ 그 밖에 택시운수종사자의 복지향상을 위하여 필요한 사업으로서 국토교통부장관이 정하는 사업

04 기타

(1) 신규 택시운송사업면허의 제한 등
① 다음의 각 사업구역에서는 누구든지 신규 택시운송사업면허를 받을 수 없다.
　㉮ 사업구역별 택시 총량을 산정하지 아니한 사업구역
　㉯ 국토교통부장관이 사업구역별 택시 총량의 재산정을 요구한 사업구역
　㉰ 고시된 사업구역별 택시 총량보다 해당 사업구역 내의 택시의 대수가 많은 사업구역. 다만, 해당 사업구역이 연도별 감차 규모를 초과하여 감차 실적을 달성한 경우 그 초과분의 범위에서 관할 지방자치단체의 조례로 정하는 바에 따라 신규 택시운송사업면허를 받을 수 있다.
② 위 ①항의 각 사업구역에서 일반택시운송사업자가 사업계획을 변경하고자 하는 경우 증차를 수반하는 사업계획의 변경은 할 수 없다.

(2) 택시운행정보의 관리 등
① 국토교통부장관 또는 시·도지사는 택시정책을 효율적으로 수행하기 위하여 운행기록장치와 택시요금미터를 활용하여 다음의 정보를 수집·관리하는 택시 운행정보 관리시스템을 구축·운영할 수 있다.
　㉮ 주행거리, 속도, 위치정보(GPS), 분당 회전수(RPM), 브레이크 신호, 가속도 등 운행기록장치에 기록된 정보
　㉯ 승차일시, 승차거리, 영업거리, 요금정보 등 택시요금미터에 기록된 정보
② 국토교통부장관 또는 시·도지사는 택시 운행정보 관리시스템을 구축·운영하기 위한 정보를 수집·이용할 수 있다.
③ 택시 운행정보 관리시스템으로 처리된 전산자료는 교통사고 예방 등 공공의 목적을 위하여 국토교통부장관 또는 시·도지사는 택시 운행정보 관리시스템으로 처리된 전체자료를 택시운송사업자, 여객자동차 운수사업자 조합 및 연합회와 공동 이용할 수 있다.

05 택시발전법상 운전업무 종사자격의 취소 등 처분기준

위반행위	처분기준		
	1차 위반	2차 위반	3차 이상 위반
정당한 사유 없이 여객의 승차를 거부하거나 여객을 중도에서 내리게 하는 행위	경고	자격정지 30일	자격취소
부당한 운임 또는 요금을 받는 행위	경고	자격정지 30일	자격취소
여객을 합승하도록 하는 행위	경고	자격정지 10일	자격정지 20일
여객의 요구에도 불구하고 영수증 발급 또는 신용카드결제에 응하지 않는 행위(영수증발급기 및 신용카드결제기가 설치되어 있는 경우에 한정)	경고	자격정지 10일	자격정지 20일

※ 택시발전법상 운전업무 종사자격의 취소 등 처분기준은 여객자동차운수사업법상의 취소 등 처분기준과 다름에 유의합니다.

06 택시발전법상 과태료의 부과기준

위반행위	과태료 금액(만원)		
	1회 위반	2회 위반	3회 위반 이상
택시의 구입 및 운행에 드는 비용 중 택시운송사업자가 부담해야 할 비용을 택시운수종사자에게 전가시킨 경우 ☞ 12쪽 우측단 (1)운송비용 전가 금지 등 참조	500	1,000	1,000
택시운수종사자 준수사항을 위반한 경우 ☞ 13쪽 좌측단 (3)택시운수종사자의 준수사항 참조	20	40	60
택시운송사업자에 대한 보조금의 사용내역 등에 관한 사항을 보고하지 않거나 거짓으로 한 경우	25	50	50
택시운송사업자에 대한 보조금의 사용내역 등에 관한 서류제출을 하지 않거나 거짓 서류를 제출한 경우	50	75	100
보조금의 사용내역을 감독하기 위한 소속 공무원의 검사를 정당한 사유 없이 거부·방해 또는 기피한 경우	50	75	100

SECTION 03 도로교통법령

01 총칙

(1) 도로의 정의 및 구분

"도로"라 함은 도로법에 따른 도로, 유료도로법에 따른 유료도로, 농어촌도로 정비법에 따른 농어촌도로, 그 밖에 현실적으로 불특정 다수의 사람 또는 차마가 통행할 수 있도록 공개된 장소로서 안전하고 원활한 교통을 확보할 필요가 있는 장소를 말한다.

구분	설명
도로법에 따른 도로	일반의 교통에 공용되는 도로로서 고속국도, 일반국도, 특별시도·광역도, 지방도, 시도, 군도, 구도로 그 노선이 지정 또는 인정된 도로
유료도로법에 따른 도로	도로법에 따른 도로로서 통행료 또는 사용료를 받은 도로
농어촌도로 정비법에 따른 도로	농어촌지역 주민의 교통 편익과 생산·유통활동 등에 공용(共用)되는 공로(公路)로 면도, 이도, 농도로 구분
기타 도로	그 밖에 현실적으로 불특정 다수의 사람 또는 차마가 통행할 수 있도록 공개된 장소로서 안전하고 원활한 교통을 확보할 필요가 있는 장소

(2) 용어의 정의

용어	설명
자동차전용도로	자동차만 다닐 수 있도록 설치된 도로
고속도로	자동차의 고속 운행에만 사용하기 위하여 지정된 도로
중앙선	차마의 통행 방향을 명확하게 구분하기 위하여 도로에 황색실선 또는 황색점선 등의 안전표시로 표시한 선 또는 중앙분리대나 울타리 등으로 설치한 시설물. 다만, 가변차로가 설치된 경우에는 신호기가 지시하는 진행방향의 가장 왼쪽에 있는 황색점선
차도(車道)	연석선(차도와 보도를 구분하는 돌 등으로 이어진 선), 안전표지나 그와 비슷한 인공구조물을 이용하여 경계(境界)를 표시하여 모든 차가 통행할 수 있도록 설치된 도로의 부분
차로	차마가 한 줄로 도로의 정하여진 부분을 통행하도록 차선(車線)에 의하여 구분되는 차도의 부분
차선	차로와 차로를 구분하기 위하여 그 경계지점을 안전표지에 의하여 표시한 선
보도	연석선, 안전표지나 그와 비슷한 인공구조물로 경계를 표시하여 보행자(유모차 및 보행보조용 의자차를 포함)가 통행할 수 있도록 한 도로의 부분
길가장자리 구역	보도와 차도가 구분되지 아니한 도로에서 보행자의 안전을 확보하기 위하여 안전표지 등으로 경계를 표시한 도로의 가장자리 부분
안전지대	도로를 횡단하는 보행자나 통행하는 차마의 안전을 위하여 안전표지나 이와 비슷한 인공구조물로 표시한 도로의 부분
주차	운전자가 승객을 기다리거나 화물을 싣거나 차가 고장 나거나 그 밖의 사유로 차를 계속 정지 상태에 두는 것 또는 운전자가 차로부터 떠나서 즉시 그 차를 운전할 수 없는 상태에 두는 것
정차	운전자가 5분을 초과하지 아니하고 차를 정지시키는 것으로서 주차 외의 정지 상태
서행	운전자가 차를 즉시 정지시킬 수 있는 정도의 느린 속도로 진행하는 것
앞지르기	차의 운전자가 앞서가는 다른 차의 옆을 지나서 그 차의 앞으로 나가는 것
일시정지	차의 운전자가 그 차의 바퀴를 일시적으로 완전히 정지시키는 것
운전	도로(술에 취한 상태에서의 운전금지, 과로한 때 등의 운전금지, 사고발생 시의 조치 등은 도로 외의 곳을 포함)에서 차를 그 본래의 사용방법에 따라 사용하는 것(조종을 포함)
모범운전자	무사고운전자 또는 유공운전자의 표시장을 받거나 2년 이상 사업용 자동차 운전에 종사하면서 교통사고를 일으킨 전력이 없는 사람으로서 경찰청장이 정하는 바에 따라 선발되어 교통안전 봉사활동에 종사하는 사람

(3) 차와 자동차의 구분

① **차** : 자동차, 건설기계, 원동기장치자전거, 자전거, 사람 또는 가축의 힘이나 그 밖의 동력에 의하여 도로에서 운전되는 것으로 다만, 철길이나 가설된 선에 의하여 운전되는 것, 유모차와 행정안전부령이 정하는 보행보조용 의자차를 제외한다.

② **자동차** : 철길이나 가설된 선을 이용하지 아니하고 원동기를 사용하여 운전되는 차(견인되는 자동차도 자동차의 일부로 봄)로서 자동차관리법과 건설기계관리법에 따른 다음의 차를 말한다.

　㉠ 자동차관리법에 따른 차 : 승용자동차, 승합자동차, 화물자동차, 특수자동차, 이륜자동차(원동기장치자전거는 제외)

　㉡ 건설기계관리법에 따른 차 : 덤프트럭, 아스팔트살포기, 노상안정기, 콘크리트믹서트럭, 콘크리트펌프, 천공기(트럭적재식), 도로보수트럭, 3톤 미만의 지게차

02 신호기 및 안전표지

(1) 신호 또는 지시의 우선 순위

① 도로를 통행하는 보행자와 차마의 운전자는 교통안전시설이 표시하는 신호 또는 지시와 국가경찰공무원·자치경찰공무원 또는 경찰보조자(이하 "경찰공무원등"이라 함)가 하는 신호 또는 지시를 따라야 한다.

② 도로를 통행하는 보행자와 모든 차마의 운전자는 교통안전시설이 표시하는 신호 또는 지시와 교통정리를 하는 경찰공무원등의 신호 또는 지시가 서로 다른 경우에는 경찰공무원등의 신호 또는 지시에 따라야 한다.

(2) 경찰공무원등의 범위(신호 또는 지시에 우선적으로 따라야 하는 사람)

① 교통정리를 하는 국가경찰공무원(전투경찰순경을 포함)

② 제주특별자치도의 자치경찰공무원

SECTION 03 도로교통법령

③ 국가경찰공무원 및 자치경찰공무원을 보조하는 다음의 사람(경찰보조자)
- ㉮ 모범운전자
- ㉯ 군사훈련 및 작전에 동원되는 부대의 이동을 유도하는 군사경찰
- ㉰ 본래의 긴급한 용도로 운행하는 소방차·구급차를 유도하는 소방공무원

(3) 차량신호등

신호의 종류		신호의 뜻
원형 등화	녹색의 등화	• 차마는 직진 또는 우회전할 수 있다. • 비보호좌회전표지 또는 비보호좌회전표시가 있는 곳에서는 좌회전할 수 있다.
	황색의 등화	• 차마는 정지선이 있거나 횡단보도가 있을 때에는 그 직전이나 교차로의 직전에 정지하여야 하며, 이미 교차로에 차마의 일부라도 진입한 경우에는 신속히 교차로 밖으로 진행하여야 한다. • 차마는 우회전할 수 있고 우회전하는 경우에는 보행자의 횡단을 방해하지 못한다.
	적색의 등화	• 차마는 정지선, 횡단보도 및 교차로의 직전에서 정지하여야 한다. 우회전하려는 경우 정지선, 횡단보도 및 교차로의 직전에서 정지한 후 신호에 따라 진행하는 다른 차마의 교통을 방해하지 않고 우회전할 수 있다.
	황색등화의 점멸	• 차마는 다른 교통 또는 안전표지의 표시에 주의하면서 진행할 수 있다.
	적색등화의 점멸	• 차마는 정지선이나 횡단보도가 있는 때에는 그 직전이나 교차로의 직전에 일시정지한 후 다른 교통에 주의하면서 진행할 수 있다.
화살표 등화	녹색화살표시의 등화	• 차마는 화살표시 방향으로 진행할 수 있다.
	황색화살표의 등화	• 화살표시 방향으로 진행하려는 차마는 정지선이 있거나 횡단보도가 있을 때에는 그 직전이나 교차로의 직전에 정지하여야 하며, 이미 교차로에 차마의 일부라도 진입한 경우에는 신속히 교차로 밖으로 진행하여야 한다.
	적색화살표의 등화	• 화살표시 방향으로 진행하려는 차마는 정지선, 횡단보도 및 교차로의 직전에서 정지하여야 한다.
	황색화살표등화의 점멸	• 차마는 다른 교통 또는 안전표지의 표시에 주의하면서 화살표시 방향으로 진행할 수 있다.
	적색화살표등화의 점멸	• 차마는 정지선이나 횡단보도가 있을 때에는 그 직전이나 교차로의 직전에 일시정지한 후 다른 교통에 주의하면서 화살표시 방향으로 진행할 수 있다.
	녹색화살표의 등화(하향)	• 차마는 화살표로 지정한 차로로 진행할 수 있다.
	적색×표 표시의 등화	• 차마는 ×표가 있는 차로로 진행할 수 없다.
	적색×표 표시 등화의 점멸	• 차마는 ×표가 있는 차로에 진입할 수 없고, 이미 차마의 일부라도 진입한 경우에는 신속히 그 차로 밖으로 진로를 변경하여야 한다.

(4) 안전표지

① **안전표지의 정의** : 안전표지란 교통안전에 필요한 주의·규제·지시 등을 표시하는 표지판이나 도로의 바닥에 표시하는 기호·문자 또는 선 등을 말한다.

② **안전표지의 종류**
- ㉮ 주의표지 : 도로상태가 위험하거나 도로 또는 그 부근에 위험물이 있는 경우에 필요한 안전조치를 할 수 있도록 이를 도로사용자에게 알리는 표지
- ㉯ 규제표지 : 도로교통의 안전을 위하여 각종 제한·금지 등의 규제를 하는 경우에 이를 도로사용자에게 알리는 표지
- ㉰ 지시표지 : 도로의 통행방법·통행구분 등 도로교통의 안전을 위하여 필요한 지시를 하는 경우에 도로사용자가 이에 따르도록 알리는 표지
- ㉱ 보조표지 : 주의표지·규제표지 또는 지시표지의 주기능을 보충하여 도로사용자에게 알리는 표지
- ㉲ 노면표시 : 도로교통의 안전을 위하여 각종 주의·규제·지시 등의 내용을 노면에 기호·문자 또는 선으로 도로사용자에게 알리는 표지

노면표시의 기본 색상
- 백색 : 동일방향의 교통류 분리 및 경계 표시
- 황색 : 반대방향의 교통류 분리 또는 도로이용의 제한 및 지시
- 청색 : 지정방향의 교통류 분리 표시(버스전용차로표시 및 다인승차량전용차선표시)
- 적색 : 어린이보호구역 또는 주거지역 안에 설치하는 속도제한표시의 테두리선 및 소방시설 주변 정차·주차금지표시에 사용

03 차마의 통행

(1) 도로의 중앙이나 좌측 부분을 통행할 수 있는 경우

① 도로가 일방통행인 경우
② 도로의 파손, 도로공사나 그 밖의 장애 등으로 도로의 우측 부분을 통행할 수 없는 경우
③ 도로의 우측 부분의 폭이 6m가 되지 아니하는 도로에서 다른 차를 앞지르려는 경우. 다만, 도로의 좌측부분을 확인할 수 없는 경우, 반대 방향의 교통을 방해할 우려가 있는 경우, 안전표지 등으로 앞지르기가 금지하거나 제한하고 있는 경우에는 그러하지 아니하다.
④ 도로 우측 부분의 폭이 차마의 통행에 충분하지 아니한 경우
⑤ 가파른 비탈길의 구부러진 곳에서 교통의 위험을 방지하기 위하여 지방경찰청장이 필요하다고 인정하여 구간 및 통행방법을 지정하고 있는 경우에 그 지정에 따라 통행하는 경우

(2) 차로에 따른 통행구분

도로	차로 구분	통행할 수 있는 차종
고속도로 외의 도로	왼쪽 차로	승용자동차 및 경형·소형·중형 승합자동차
	오른쪽 차로	대형 승합자동차, 화물자동차, 특수자동차, 건설기계, 이륜자동차, 원동기장치자전거
고속도로	편도 2차로	1차로	앞지르기를 하려는 모든 자동차. 다만, 차량통행량 증가 등 도로상황으로 인하여 부득이하게 시속 80km 미만으로 통행할 수밖에 없는 경우에는 앞지르기를 하는 경우가 아니라도 통행할 수 있다.
		2차로	모든 자동차
	편도 3차로 이상	1차로	앞지르기를 하려는 승용자동차 및 앞지르기를 하려는 경형·소형·중형 승합자동차. 다만, 차량통행량 증가 등 도로상황으로 인하여 부득이하게 시속 80km 미만으로 통행할 수밖에 없는 경우에는 앞지르기를 하는 경우가 아니라도 통행할 수 있다.
		왼쪽 차로	승용자동차 및 경형·소형·중형 승합자동차
		오른쪽 차로	대형 승합자동차, 화물자동차, 특수자동차, 건설기계

SECTION 03 도로교통법령

제 01 장 ㅣ 교통 및 운수 관련 법규

※ 모든 차는 위 표에서 지정된 차로보다 오른쪽에 있는 차로로 통행할 수 있다.

※ 앞지르기를 할 때에는 위 표에서 지정된 차로의 왼쪽 바로 옆 차로로 통행할 수 있다.

※ 도로의 진출입 부분에서 진출입하는 때와 정차 또는 주차한 후 출발하는 때의 상당한 거리 동안은 이 표에서 정하는 기준에 따르지 아니할 수 있다.

※ 위 표에서 사용하는 용어의 뜻은 다음 각 목과 같다.

　가. "왼쪽 차로"란 다음에 해당하는 차로를 말한다.
　　1) 고속도로 외의 도로의 경우 : 차로를 반으로 나누어 1차로에 가까운 부분의 차로. 다만, 차로수가 홀수인 경우 가운데 차로는 제외한다.
　　2) 고속도로의 경우 : 1차로를 제외한 차로를 반으로 나누어 그 중 1차로에 가까운 부분의 차로. 다만, 1차로를 제외한 차로의 수가 홀수인 경우 그 중 가운데 차로는 제외한다.

　나. "오른쪽 차로"란 다음에 해당하는 차로를 말한다.
　　1) 고속도로 외의 도로의 경우 : 왼쪽 차로를 제외한 나머지 차로
　　2) 고속도로의 경우 : 1차로와 왼쪽 차로를 제외한 나머지 차로

참고

차로별 통행방법

4차로 고속도로			
1차로 앞지르기 차로	2차로 왼쪽 차로	3차로 오른쪽 차로	4차로 오른쪽 차로

4차로 일반도로			
1차로 왼쪽 차로	2차로 왼쪽 차로	3차로 오른쪽 차로	4차로 오른쪽 차로

3차로 일반도로		
1차로 왼쪽 차로	2차로 오른쪽 차로	3차로 오른쪽 차로

(4) 전용차로의 종류 및 통행할 수 있는 차

종류	통행할 수 있는 차	
	고속도로	고속도로 외의 도로
버스전용 차로	9인승 이상 승용 자동차 및 승합 자동차(승용자동차 또는 12인승 이하의 승합자동차는 6인 이 상이 승차한 경우에 한함)	① 36인승 이상의 대형승합자동차 ② 36인승 미만의 사업용 승합자동차 ③ 신고필증을 교부받아 어린이를 운송할 목적으로 운행 중인 어린이통학버스 ④ 위 ①항 내지 ③항 외의 차로 지방경찰청장이 지정한 다음의 어느 하나에 해당하는 승합자동차 ㉮ 노선을 지정하여 운행하는 통학·통근용 승합자동차 중 16인승 이상 승합자동차 ㉯ 국제행사 참가인원 수송 등 특히 필요하다고 인정되는 승합자동차(지방경찰청장이 정한 기간 이내) ㉰ 관광진흥법에 따른 관광숙박업자 또는 여객자동차 운수사업법 시행령에 따른 전세버스운송사업자가 운행하는 25인승 이상의 외국인 관광객 수송용 승합자동차(외국인 관광객이 승차한 경우에 한함)
다인승전용 차로	3인 이상 승차한 승용·승합자동차(다인승전용차로와 버스전용차로가 동시에 설치되는 경우에는 버스전용차로를 통행할 수 있는 차를 제외)	
자전거전용 차로	자전거	

04 자동차등의 속도

(1) 도로별, 차로수별 속도

도로 구분			최고속도	최저속도
일 반 도 로	1. 주거지역·상업지역 및 공업지역의 일반도로		•50km/h 이내 •단, 지방경찰청장이 지정한 노선 또는 구간에서는 60km/h 이내	제한 없음
	2. 위 "1" 외의 일반도로		•60km/h 이내 •단, 편도 2차로 이상의 도로에서는 80km/h 이내	
고 속 도 로	편도 2차로 이상	모든 고속도로	•100km/h •단, 적재중량 1.5톤 초과 화물자동차, 특수자동차, 건설기계, 위험물운반자동차는 80km/h	50km/h
		지정·고시한 노선 또는 구간의 고속도로	•120km/h 이내 •단, 적재중량 1.5톤 초과 화물자동차, 특수자동차, 건설기계, 위험물운반자동차는 90km/h	50km/h
	편도1차로		80km/h	50km/h
	자동차전용도로		90km/h	30km/h

(2) 이상 기후 시의 운행 속도

운행속도	이상 기후 상태
최고속도의 100분의 20을 줄인 속도로 운행하여야 하는 경우	•비가 내려 노면이 젖어 있는 경우 •눈이 20mm 미만 쌓인 경우
최고속도의 100분의 50을 줄인 속도로 운행하여야 하는 경우	•폭우·폭설·안개 등으로 가시거리가 100m 이내인 경우 •노면이 얼어붙은 경우 •눈이 20mm 이상 쌓인 경우

05 서행 및 일시정지 등의 이행

구분		이행해야 할 장소
서행	서행할 때	•교차로에서 좌·우회전할 때 각각 서행 •교통정리를 하고 있지 아니하는 교차로에 들어가려고 하는 차의 운전자는 그 차가 통행하고 있는 도로의 폭보다 교차하는 도로의 폭이 넓은 경우에는 서행 •안전지대에 보행자가 있는 경우와 차로가 설치되어 있지 아니한 좁은 도로에서 보행자의 옆을 지나는 경우에는 안전거리를 두고 서행
	서행할 곳	•교통정리를 하고 있지 아니하는 교차로 •도로가 구부러진 부근 •비탈길의 고갯마루 부근 •가파른 비탈길의 내리막 •지방경찰청장이 안전표지에 의하여 지정한 곳

일시정지	• 보도와 차도가 구분된 도로에서 도로 외의 곳을 출입하는 때에는 보도를 횡단하기 직전에 일시정지 • 신호기 등이 표시하는 신로가 없는 철길건널목을 통과하려는 경우에는 철길건널목 앞에서 일시정지 • 보행자가 횡단보도를 통행하고 있을 때에는 보행자의 횡단을 방해하거나 위험을 주지 아니하도록 그 횡단보도 앞에서 일시정지 • 보행자전용도로의 통행이 허용된 차의 운전자는 보행자를 위험하게 하거나 보행자의 통행을 방해하지 아니하도록 차를 보행자의 걸음 속도로 운행하거나 일시정지 • 교차로나 그 부근에서 긴급자동차가 접근하는 경우에는 교차로를 피하여 일시정지 • 교통정리를 하고 있지 아니하고 좌우를 확인할 수 없거나 교통이 빈번한 교차로에서는 일시정지 • 지방경찰청장이 필요하다고 인정하여 안전표지로 지정한 곳 • 어린이가 보호자 없이 도로를 횡단할 때, 도로에서 앉아 있거나 서 있는 때 또는 놀이를 하는 때 등 어린이에 대한 교통사고의 위험이 있는 것을 발견한 경우, 앞을 보지 못하는 사람이 흰색 지팡이를 가지거나 장애인보조견을 동반하고 도로를 횡단하고 있는 경우, 지하도나 육교 등 도로 횡단시설을 이용할 수 없는 지체장애인이나 노인 등이 도로를 횡단하고 있는 경우에는 일시정지 • 차량신호등이 적색등화의 점멸인 경우 정지선이나 횡단보도가 있을 때에는 그 직전이나 교차로의 직전에 일시정지

06 교차로 통행방법

(1) 교차로 통행방법
① **우회전하려는 경우** : 미리 도로의 우측 가장자리를 서행하면서 우회전하여야 한다. 이 경우 우회전하는 차의 운전자는 신호에 따라 정지하거나 진행하는 보행자 또는 자전거에 주의하여야 한다.
② **좌회전하려는 경우** : 미리 도로의 중앙선을 따라 서행하면서 교차로의 중심 안쪽을 이용하여 좌회전하여야 한다. 다만, 지방경찰청장이 교차로의 상황에 따라 특히 필요하다고 인정하여 지정한 곳에서는 교차로의 중심 바깥쪽을 통과할 수 있다.

(2) 교통정리가 없는 교차로에서의 양보운전
① 먼저 진입한 차가 통행우선권을 갖는다.(단, 최우선 통행권을 갖는 긴급자동차를 제외한 경우임)
② 동시진입차 간의 통행 우선순위는 다음 순서에 따른다.
㉮ 통행 우선순위차(긴급 자동차, 지정을 받은 차) 우선
㉯ 넓은 도로에서 진입하는 차가 좁은 도로에서 진입하는 차보다 우선
㉰ 우측도로에서 진입하는 차가 좌측도로에서 진입하는 차보다 우선
㉱ 직진차가 좌회전 차보다 우선

07 긴급자동차의 우선 통행 등

(1) 긴급자동차의 우선 통행
① 긴급자동차는 긴급하고 부득이한 경우에는 도로의 중앙이나 좌측 부분을 통행할 수 있다.

② 긴급자동차는 도로교통법이나 이 법에 따른 명령에 따라 정지하여야 하는 경우에도 불구하고 긴급하고 부득이한 경우에는 정지하지 아니할 수 있다.
③ 교차로나 그 부근에서 긴급자동차가 접근하는 경우에는 차의 운전자는 교차로를 피하여 일시정지하여야 한다.
④ 소방차·구급차·혈액 공급차량 등의 자동차 운전자는 해당 자동차를 그 본래의 긴급한 용도로 운행하지 아니하는 경우에는 경광등을 켜거나 사이렌을 작동하여서는 아니 된다. 다만, 범죄 및 화재 예방 등을 위한 순찰·훈련 등을 실시하는 경우에는 그러하지 아니하다.

(2) 긴급자동차에 대한 특례
긴급자동차에 대하여는 도로교통법상의 규정된 다음의 사항을 적용하지 아니한다.
① 자동차의 속도 제한(단, 긴급자동차에 대하여 속도를 제한한 경우에는 속도제한 규정을 적용)
② 앞지르기의 금지의 시기 및 장소(앞지르기 방법에 대해서는 특례가 적용되지 않는다는 점에 주의)
③ 끼어들기의 금지

08 자동차의 정비 및 점검

(1) 자동차의 정비
① 차의 사용자, 정비책임자 또는 운전자는 정비불량차(법에 따른 명령에 의한 장치가 정비되어 있지 아니한 차)를 운전하도록 시키거나 운전하여서는 아니 된다.
② 운송사업용 자동차 또는 화물자동차 운전자가 해서는 안되는 행위
㉮ 운행기록계가 설치되어 있지 아니하거나 고장 등으로 사용할 수 없는 운행기록계가 설치된 자동차를 운전하는 행위
㉯ 운행기록계를 원래의 목적대로 사용하지 아니하고 자동차를 운전하는 행위
㉰ 승차를 거부하는 행위

(2) 자동차의 점검
① **정비불량차에 해당하는 경우** : 경찰공무원은 그 차를 정지시킨 후, 운전자에게 그 차의 자동차등록증 또는 자동차운전면허증을 제시하도록 요구하고 그 차의 장치를 점검할 수 있다.
② **정비불량 사항이 발견된 경우** : 정비 불량 상태의 정도에 따라 운전자로 하여금 응급조치를 하게 한 후 운전을 하도록 하거나 도로 또는 교통상황을 고려하여 통행구간, 통행로와 위험방지를 위한 필요한 즈건을 정한 후 그에 따라 운전을 계속하게 할 수 있다.
③ 정비 상태가 매우 불량하여 위험발생의 우려가 있는 경우
㉮ 지방경찰청장은 그 차의 자동차등록증을 보관하고 운전의 일시정지를 명할 수 있다.
㉯ 필요한 경우 10일의 범위에서 정비기간을 정하여 그 차의 사용을 정지시킬 수 있다.

SECTION 03 도로교통법령

제 01 장 | 교통 및 운수 관련 법규

09 운전면허

(1) 운전할 수 있는 차의 종류

면허구분 종별	면허구분 구분		운전할 수 있는 차량
제1종	대형면허		• 승용자동차, 승합자동차, 화물자동차 • 건설기계 　- 덤프트럭, 아스팔트살포기, 노상안정기 　- 콘크리트믹서트럭, 콘크리트펌프, 천공기(트럭적재식) 　- 도로보수트럭, 3톤 미만의 지게차 • 특수자동차(대형견인차, 소형견인차 및 구난차는 제외) • 원동기장치자전거
제1종	보통면허		• 승용자동차 • 승차정원 15인 이하의 승합자동차 • 적재중량 12톤 미만의 화물자동차 • 건설기계(도로를 운행하는 3톤 미만의 지게차에 한함) • 총중량 10톤 미만의 특수자동차(구난차등 은 제외) • 원동기장치자전거
제1종	소형면허		• 3륜화물자동차 • 3륜승용자동차 • 원동기장치자전거
제1종	특수면허	대형견인차	• 견인형 특수자동차 • 제2종 보통면허로 운전할 수 있는 차량
제1종	특수면허	소형견인차	• 총중량 3.5톤 이하의 견인형 특수자동차 • 제2종 보통면허로 운전할 수 있는 차량
제1종	특수면허	구난차	• 구난형 특수자동차 • 제2종 보통면허로 운전할 수 있는 차량
제2종	보통면허		• 승용자동차 • 승차정원 10인승 이하의 승합자동차 • 적재중량 4톤 이하의 화물자동차 • 총중량 3.5톤 이하의 특수자동차 • 원동기장치자전거
제2종	소형면허		• 이륜자동차(측차부를 포함) • 원동기장치자전거

(2) 운전면허취득 응시기간의 제한

제한기간	세부 내용
5년	• 무면허운전금지의 규정에 위반하여 사람을 사상한 후 구호조치 및 사고발생 신고의무를 위반한 경우에는 그 위반한 날로부터 5년 • 술에 취한 상태에서의 운전금지 또는 과로. 질병. 약물의 영향으로 정상적으로 운전하지 못할 우려가 있을 때의 운전금지 규정에 위반하여 구호조치 및 사고발생 신고의무를 위반한 경우에는 그 위반한 날로부터 5년
4년	• 무면허운전금지, 술에 취한 상태에서의 운전금지, 과로 · 질병 · 약물로 정상적으로 운전하지 못할 우려가 있는 때의 운전금지 이외의 사유로 사람을 사상한 후 구호조치 및 사고발생 신고의무를 위반한 경우에는 그 위반한 날부터 4년
3년	• 술에 취한 상태에서 운전, 음주측정거부, 무면허운전 등을 위반하여 운전을 하다가 2회 이상 교통사고를 일으킨 경우에는 운전면허가 취소된 날부터 3년 • 자동차 등을 이용하여 범죄행위를 하거나 다른 사람의 자동차 등을 훔치거나 빼앗은 사람이 무면허운전금지 규정에 위반하여 그 자동차 등을 운전한 경우에는 그 위반한 날부터 각각 3년

제한기간	세부 내용
2년	• 무면허운전금지 규정을 3회 이상 위반하여 자동차 등을 운전한 경우에는 그 위반한 날로부터 2년 • 술에 취한 상태에서의 운전금지, 경찰공무원의 음주측정 거부금지 규정을 2회 이상 위반(무면허운전 금지규정을 함께 위반한 경우도 포함)하여 운전면허가 취소된 경우 운전면허가 취소된 날부터 2년 • 운전면허를 받을 자격이 없는 사람이 운전면허를 받거나 거짓이나 그 밖의 부정한 수단으로 운전면허를 받는 경우 또는 운전면허 효력의 정지기간 중 운전면허증 또는 운전면허증에 갈음하는 증명서를 발급받은 사실이 드러나 운전면허가 취소된 경우 운전면허가 취소된 날부터 2년 • 다른 사람이 부정하게 운전면허를 받도록 하기 위하여 운전면허시험에 대신 응시한 경우로 인해 운전면허가 취소된 경우에는 운전면허가 취소된 날부터 2년 • 다른 사람의 자동차 등을 훔치거나 빼앗아 운전면허가 취소된 경우 운전면허가 취소된 날부터 2년
1년	• 앞서 기술한 5년~2년의 경우 외의 사유로 운전면허가 취소된 경우에는 취소된 날부터 1년(원동기장치자전거면허를 받고자 하는 경우에는 6월). ※ 예외 : 적성검사를 받지 아니하거나 운전면허증을 갱신하지 아니하여 운전면허가 취소된 사람 또는 제1종 운전면허를 받은 사람이 적성검사에 불합격되어 다시 제2종 운전면허를 받고자 하는 사람의 경우에는 그러하지 아니하다.
기타	• 운전면허의 효력의 정지처분을 받고 있는 경우에는 그 정지처분 기간

(3) 운전면허 취소처분 개별기준

① 교통사고로 사람을 죽게 하거나 다치게 하고, 구호조치를 하지 아니한 때

② **술에 취한 상태에서 운전한 다음의 경우**

　㉮ 술에 취한 상태의 기준(혈중알코올농도 0.03% 이상)을 넘어서 운전을 하다가 교통사고로 사람을 죽게 하거나 다치게 한 때

　㉯ 혈중알코올농도 0.08% 이상의 상태에서 운전한 때

　㉰ 술에 취한 상태의 기준을 넘어 운전하거나 술에 취한 상태의 측정에 불응한 사람이 다시 술에 취한 상태(혈중알코올농도 0.03% 이상)에서 운전한 때

③ 술에 취한 상태에서 운전하거나 술에 취한 상태에서 운전하였다고 인정할 만한 상당한 이유가 있음에도 불구하고 경찰공무원의 측정 요구에 불응한 때

④ 다른 사람에게 운전면허증 대여(도난, 분실 제외)한 다음의 경우

　㉮ 면허증 소지자가 다른 사람에게 면허증을 대여하여 운전하게 한 때

　㉯ 면허 취득자가 다른 사람의 면허증을 대여 받거나 그 밖에 부정한 방법으로 입수한 면허증으로 운전한 때

⑤ 운전면허 결격사유에 해당된 때

⑥ 약물(마약 · 대마 · 향정신성 의약품 및 환각물질)의 투약 · 흡연 · 섭취 · 주사 등으로 정상적인 운전을 하지 못할 염려가 있는 상태에서 자동차 등을 운전한 때

⑦ 공동위험행위로 구속된 때

⑧ 난폭운전으로 구속된 때

⑨ 정기적성검사에 불합격하거나 적성검사기간 만료일 다음 날부터 적성검사를 받지 아니하고 1년을 초과한 때

⑩ 수시적성검사에 불합격하거나 수시적성검사 기간을 초과한 때

⑪ 운전면허 행정처분 기간중에 운전한 때

⑫ 허위・부정한 수단으로 운전면허를 받은 다음의 경우
　㉮ 허위・부정한 수단으로 운전면허를 받은 때
　㉯ 결격사유에 해당하여 운전면허를 받을 자격이 없는 사람이 운전면허를 받은 때
　㉰ 운전면허 효력의 정지기간중에 면허증 또는 운전면허증에 갈음하는 증명서를 교부받은 사실이 드러난 때
⑬ 등록되지 아니하거나 임시운행 허가를 받지 아니한 자동차(이륜자동차를 제외)를 운전한 때
⑭ 자동차 등을 이용하여 형법상 특수상해, 특수폭행, 특수협박, 특수손괴를 행하여 구속된 때
⑮ 운전면허를 가진 사람이 다른 사람을 부정하게 합격시키기 위하여 운전면허 시험에 응시한 때
⑯ 단속하는 경찰공무원 등 및 시・군・구 공무원을 폭행하여 형사입건된 때
⑰ 제1종 보통 및 제2종 보통면허를 받기 이전에 연습면허의 취소 사유가 있었던 때(연습면허에 대한 취소절차 진행중 제1종 보통 및 제2종 보통면허를 받은 경우를 포함)

(4) 벌점・누산점수 초과로 인한 면허 취소

1회의 위반・사고로 인한 벌점 또는 연간 누산점수가 다음 표의 벌점 또는 누산점수에 도달한 때에는 그 운전면허를 취소한다.

기간	벌점 또는 누산점수
1년간	121점 이상
2년간	201점 이상
3년간	271점 이상

(5) **운전면허 정지처분 개별기준**

벌점	범칙행위
100	• 술에 취한 상태의 기준을 넘어서 운전한 때(혈중알코올농도 0.03% 이상 0.08% 미만) • 자동차 등을 이용하여 형법상 특수상해 등(보복운전)을 하여 입건된 때 • 속도위반(100km/h 초과)
80	• 속도위반(80km/h 초과 100km/h 이하)
60	• 속도위반(60km/h 초과 80km/h 이하)
40	• 정차・주차위반에 대한 조치불응(단체에 소속되거나 다수인에 포함되어 경찰공무원의 3회 이상의 이동명령에 따르지 아니하고 교통을 방해한 경우에 한함) • 공동위험행위로 형사입건된 때 • 난폭운전으로 형사입건된 때 • 안전운전의무위반(단체에 소속되거나 다수인에 포함되어 경찰공무원의 3회 이상의 안전운전 지시에 따르지 아니하고 타인에게 위험과 장해를 주는 속도나 방법으로 운전한 경우에 한함) • 승객의 차내 소란행위 방치운전 • 출석기간 또는 범칙금 납부기간 만료일부터 60일이 경과될 때까지 즉결심판을 받지 아니한 때
30	• 통행구분 위반(중앙선 침범에 한함) • 속도위반(40km/h 초과 60km/h 이하) • 철길건널목 통과방법위반 • 어린이통학버스 특별보호 위반 • 어린이통학버스 운전자의 의무위반(좌석안전띠를 매도록 하지 아니한 운전자는 제외) • 고속도로・자동차전용도로 갓길통행 • 고속도로 버스전용차로・다인승전용차로 통행위반 • 운전면허증 등의 제시의무위반 또는 운전자 신원확인을 위한 경찰공무원의 질문에 불응
15	• 신호・지시위반 • 속도위반(20km/h 초과 40km/h 이하) • 속도위반(어린이 보호구역 안에서 오전 8시부터 오후 8시까지 사이에 제한속도를 20km/h 이내에서 초과한 경우에 한정) • 앞지르기 금지시기・장소위반 • 적재 제한 위반 또는 적재물 추락 방지 위반 • 운전 중 휴대용 전화 사용 • 운전 중 운전자가 볼 수 있는 위치에 영상 표시 • 운전 중 영상표시장치 조작 • 운행기록계 미설치 자동차 운전금지 등의 위반
10	• 통행구분 위반(보도침범, 보도 횡단방법 위반) • 지정차로 통행위반(진로변경 금지장소에서의 진로변경 포함) • 일반도로 전용차로 통행위반 • 안전거리 미확보(진로변경 방법위반 포함) • 앞지르기 방법위반 • 보행자 보호 불이행(정지선위반 포함) • 승객 또는 승하차자 추락방지조치위반 • 안전운전 의무 위반 • 노상 시비・다툼 등으로 차마의 통행 방해행위 • 돌・유리병・쇳조각이나 그 밖에 도로에 있는 사람이나 차마를 손상시킬 우려가 있는 물건을 던지거나 발사하는 행위 • 도로를 통행하고 있는 차마에서 밖으로 물건을 던지는 행위

감경기준

• 위반행위에 대한 처분기준이 운전면허의 취소처분에 해당하는 경우에는 해당 위반행위에 대한 처분벌점을 110점으로 하고, 운전면허의 정지처분에 해당하는 경우에는 처분 집행일수의 2분의 1로 감경한다.
• 다만, 벌점・누산점수 초과로 인한 면허취소에 해당하는 경우에는 면허가 취소되기 전의 누산점수 및 처분벌점을 모두 합산하여 처분벌점을 110점으로 한다.

(6) **인적피해 교통사고 결과에 따른 벌점기준**

구분	벌점	내용
사망 1명마다	90	사고발생 시부터 72시간 이내에 사망한 때
중상 1명마다	15	3주 이상의 치료를 요하는 의사의 진단이 있는 사고
경상 1명마다	5	3주 미만 5일 이상의 치료를 요하는 의사의 진단이 있는 사고
부상신고 1명마다	2	5일 미만의 치료를 요하는 의사의 진단이 있는 사고

※ 비고
• 교통사고 발생 원인이 불가항력이거나 피해자의 명백한 과실인 때에는 행정처분을 하지 아니함
• 자동차와 원동기장치자전거 대 사람 교통사고의 경우 쌍방과실인 때에는 그 벌점을 2분의 1로 감경
• 자동차와 원동기장치자전거 대 자동차와 원동기장치자전거 교통사고의 경우에는 그 사고원인 중 중한 위반행위를 한 운전자만 적용
• 교통사고로 인한 벌점산정에 있어서 처분받을 운전자 본인의 피해에 대하여는 벌점을 산정하지 아니함

(7) **교통사고 야기 시 조치 등 불이행에 따른 벌점기준**

벌점	내용
15	• 물적피해 교통사고를 야기한 후 도주한 때 • 교통사고를 일으킨 즉시(그때, 그 자리에서, 곧) 사상자를 구호하는 등 조치를 하지 아니하였으나 그 후 자진신고를 한 때
30	• 고속도로, 특별시・광역시 및 시의 관할구역과 군(광역시의 군을 제외)의 관할구역 중 경찰관서가 위치하는 리 또는 동지역에서 3시간(그 밖의 지역에서는 12시간) 이내에 자진신고를 한 때
60	• 벌점 30점 규정에 의한 시간 후 48시간 이내에 자진신고를 한 때

SECTION 03 도로교통법령

(8) 범칙행위 및 범칙금액

범칙행위	차종별 범칙금액	
	승합자동차등	승용자동차등
• 속도위반(60km/h 초과) • 어린이통학버스 운전자의 의무 위반(좌석안전띠를 매도록 하지 않은 경우는 제외) • 인적 사항 제공의무 위반(주·정차된 차만 손괴한 것이 분명한 경우에 한정)	13만원	12만원
• 속도위반(40km/h 초과 60km/h 이하) • 승객의 차 안 소란행위 방치 운전 • 어린이통학버스 특별보호 위반	10만원	9만원
• 안전표지가 설치된 곳에서의 정차·주차 금지 위반	9만원	8만원
• 신호·지시 위반 • 중앙선 침범, 통행구분 위반 • 속도위반(20km/h 초과 40km/h 이하) • 횡단·유턴·후진 위반 • 앞지르기 방법 위반 • 앞지르기 금지 시기·장소 위반 • 철길건널목 통과방법 위반 • 긴급자동차에 대한 양보·일시정지 위반 • 운전 중 휴대용 전화 사용 • 운전 중 영상표시장치 조작 • 횡단보도 보행자 횡단 방해(신호 또는 지시에 따라 도로를 횡단하는 보행자의 통행 방해를 포함) • 보행자전용도로 통행 위반(보행자전용도로 통행방법 위반을 포함) • 긴급한 용도나 그 밖에 허용된 사항 외에 경광등이나 사이렌 사용 • 승차 인원 초과, 승객 또는 승하차자 추락 방지조치 위반 • 어린이·앞을 보지 못하는 사람 등의 보호 위반 • 운전 중 운전자가 볼 수 있는 위치에 영상 표시 • 운행기록계 미설치 자동차 운전 금지 등의 위반 • 고속도로·자동차전용도로 갓길 통행 • 고속도로버스전용차로·다인승전용차로 통행 위반	7만원	6만원
• 혼잡 완화조치 위반 • 속도위반(20km/h 이하) • 진로 변경방법 위반 • 급제동 금지 위반 • 끼어들기 금지 위반 • 서행의무 위반 • 일시정지 위반 • 방향전환·진로변경 시 신호 불이행 • 운전석 이탈 시 안전 확보 불이행 • 동승자 등의 안전을 위한 조치 위반 • 지방경찰청 지정·공고 사항 위반 • 좌석안전띠 미착용 • 이륜자동차·원동기장치자전거 인명보호 장구 미착용 • 어린이통학버스와 비슷한 도색·표지 금지 위반 • 지정차로 통행 위반, 차로 너비보다 넓은 차 통행 금지 위반(진로 변경 금지 장소에서의 진로 변경을 포함)	3만원	3만원
• 최저속도 위반 • 일반도로 안전거리 미확보 • 등화 점등·조작 불이행(안개가 끼거나 비 또는 눈이 올 때는 제외한다) • 불법부착장치 차 운전(교통단속용 장비의 기능을 방해하는 장치를 한 차의 운전은 제외) • 사업용 승합자동차 또는 노면전차의 승차 거부 • 택시의 합승(장기 주차·정차하여 승객을 유치하는 경우로 한정)·승차거부·부당요금징수행위	2만원	2만원

범칙행위	승합자동차등	승용자동차등
• 돌, 유리병, 쇳조각, 그 밖에 도로에 있는 사람이나 차마를 손상시킬 우려가 있는 물건을 던지거나 발사하는 행위 • 도로를 통행하고 있는 차마에서 밖으로 물건을 던지는 행위	5만원	5만원
• 특별교통안전교육의 미이수 　가. 과거 5년 이내에 법 제44조를 1회 이상 위반하였던 사람으로서 다시 같은 조를 위반하여 운전면허 효력 정지처분을 받게 되거나 받은 사람이 그 처분기간이 끝나기 전에 특별교통안전교육을 받지 않은 경우	15만원	15만원
나. 가목 외의 경우	10만원	10만원
• 경찰관의 실효된 면허증 회수에 대한 거부 또는 방해	3만원	3만원

※ 승합자동차등 : 승합자동차, 4톤 초과 화물자동차, 특수자동차, 건설기계 및 노면전차

※ 승용자동차등 : 승용자동차 및 4톤 이하 화물자동차

(9) 어린이보호구역 및 노인·장애인보호구역에서의 과태료 부과기준

범칙행위	과태료		
		승합 자동차등	승용 자동차등
• 신호 또는 지시를 따르지 않은 차의 고용주등		14만원	13만원
• 제한속도를 준수하지 않은 차의 고용주등 　－ 60km/h 초과 　－ 40km/h 초과 60km/h 이하 　－ 20km/h 초과 40km/h 이하 　－ 20km/h 이하		17만원 14만원 11만원 7만원	16만원 13만원 10만원 7만원
• 다음 각 호의 규정을 위반하여 정차 또는 주차를 한 차의 고용주등 　－ 정차 및 주차의 금지 　－ 주차금지의 장소 　－ 정차 또는 주차의 방법 및 시간의 제한	어린이 보호구역	13만원 (14만원)	12만원 (13만원)
	노인·장애인 보호구역	9만원 (10만원)	8만원 (9만원)

※ 과태료 금액에서 괄호 안의 금액은 같은 장소에서 2시간 이상 정차 또는 주차위반을 하는 경우에 적용한다.

(10) 어린이보호구역 및 노인·장애인보호구역에서의 범칙금액 부과기준

범칙행위	범칙금액		
		승합 자동차등	승용 자동차등
• 신호·지시 위반 • 횡단보도 보행자 횡단 방해		13만원	12만원
• 60km/h 초과 속도위반 • 40km/h 초과 60km/h 이하 속도위반 • 20km/h 초과 40km/h 이하 속도위반 • 20km/h 이하 속도위반		16만원 13만원 10만원 6만원	15만원 12만원 9만원 6만원
• 통행 금지·제한 위반 • 보행자 통행 방해 또는 보호 불이행		9만원	8만원
• 정차·주차금지 위반 • 주차금지 위반 • 정차·주차방법 위반 • 정차·주차 위반에 대한 조치 불응	어린이 보호구역	13만원	12만원
	노인·장애인 보호구역	9만원	8만원

SECTION 04 교통사고처리특례법령

01 특례의 적용

(1) 특례 적용

① 교통사고처리특례법은 차의 교통으로 인하여 사고가 발생하여 운전자를 형사 처벌하여야 하는 경우에 적용되는 법으로 인적 피해 및 물적 피해에 대해 다음과 같이 적용한다.
  ㉮ 인적 피해를 야기한 경우 : 형법 제268조에 따른 업무상과실·중과실 치사상죄 적용
  ㉯ 물적 피해를 야기한 경우 : 도로교통법 제151조의 과실재물손괴죄를 적용

② 보험 또는 공제에 가입된 경우의 특례 적용
  ㉮ 교통사고를 일으킨 차가 보험 또는 공제에 가입된 경우에는 교통사고처리특례법상의 특례 적용 사고가 발생한 경우에 운전자에 대하여 공소를 제기할 수 없다.
  ㉯ 다만, 다음 각 호의 어느 하나에 해당하는 경우에는 공소를 제기할 수 있다.
    ㉠ 교통사고처리특례법상 특례 적용이 배제되는 사고에 해당하는 경우
    ㉡ 피해자가 신체의 상해로 인하여 생명에 대한 위험이 발생하거나 불구(不具) 또는 불치(不治)나 난치(難治)의 질병이 생긴 경우
    ㉢ 보험계약 또는 공제계약이 무효로 되거나 해지되거나 계약상의 면책 규정 등으로 인하여 보험회사, 공제조합 또는 공제사업자의 보험금 또는 공제금 지급의무가 없어진 경우

> **참고**
> **벌칙 규정**
> • 형법 제268조(업무상과실·중과실 치사상죄) 업무상 과실 또는 중대한 과실로 인하여 사람을 사상에 이르게 한 자는 5년 이하의 금고 또는 2천만원 이하의 벌금에 처한다.
> • 도로교통법 제151조(벌칙) 차의 운전자가 업무상 필요한 주의를 게을리하거나 중대한 과실로 다른 사람의 건조물이나 그 밖의 재물을 손괴한 때에는 2년 이하의 금고나 500만원 이하의 벌금에 처한다.

(2) 사고운전자가 형사처벌 대상이 되는 경우

① 사망사고
② 차의 교통으로 업무상과실치상죄 또는 중과실치상죄를 범하고 피해자를 구호하는 등의 조치를 하지 아니하고 도주하거나, 피해자를 사고장소로부터 옮겨 유기하고 도주한 경우
③ 차의 교통으로 업무상과실치상죄 또는 중과실치상죄를 범하고 음주측정요구에 불응한 경우(운전자가 채혈 측정을 요청하거나 동의한 경우는 제외)
④ 신호·지시 위반 사고
⑤ 중앙선침범 사고, 횡단, 유턴 또는 후진중 사고
⑥ 과속(20km/h 초과) 사고
⑦ 앞지르기의 방법·금지시기·금지장소 또는 끼어들기의 금지 위반하거나 고속도로에서의 앞지르기 방법 위반 사고
⑧ 철길건널목 통과방법 위반 사고
⑨ 횡단보도에서 보행자 보호의무 위반 사고
⑩ 무면허 운전중 사고
⑪ 주취·약물복용 운전중 사고
⑫ 보도침범, 통행방법 위반 사고
⑬ 승객추락방지의무 위반 사고
⑭ 어린이 보호구역내 어린이 보호의무 위반 사고
⑮ 자동차의 화물이 떨어지지 아니하도록 필요한 조치를 하지 아니하고 운전한 경우
⑯ 민사상 손해배상을 하지 않은 경우
⑰ 중상해 사고를 유발하고 형사상 합의가 안 된 경우

> **참고**
> **중상해의 범위**
> • 생명에 대한 위험 : 생명유지에 불가결한 뇌 또는 주요 장기에 중대한 손상
> • 불구 : 사지절단 등 신체 중요부분의 상실·중대변형 또는 시각·청각·언어 생식기능 등 중요한 신체기능의 영구적 상실
> • 불치나 난치의 질병 : 사고 후유증으로 중증의 정신장애·하반신 마비 등 완치 가능성이 없거나 희박한 중대질병

(3) 사고운전자 가중처벌

① 사고운전자가 피해자를 구호하는 등의 조치를 하지 아니하고 도주한 경우
  ㉮ 피해자를 사망에 이르게 하고 도주하거나, 도주 후에 피해자가 사망한 경우 : 무기 또는 5년 이상의 징역
  ㉯ 피해자를 상해에 이르게 한 경우 : 1년 이상의 유기징역 또는 500만원 이상 3천만원 이하의 벌금

② 사고운전자가 피해자를 사고 장소로부터 옮겨 유기하고 도주한 경우
  ㉮ 피해자를 사망에 이르게 하고 도주하거나, 도주 후에 피해자가 사망한 경우 : 사형, 무기 또는 5년 이상의 징역
  ㉯ 피해자를 상해에 이르게 한 경우 : 3년 이상의 유기징역

③ 위험운전 치사상의 경우
  ㉮ 음주 또는 약물의 영향으로 정상적인 운전이 곤란한 상태에서 자동차(원동기장치자전거 포함)를 운전하여 사람을 사망에 이르게 한 경우 : 무기 또는 3년 이상의 징역
  ㉯ 음주 또는 약물의 영향으로 정상적인 운전이 곤란한 상태에서 자동차(원동기장치자전거 포함)를 운전하여 사람을 상해에 이르게 한 경우 : 1년 이상 15년 이하의 징역 또는 1천만원 이상 3천만원 이하의 벌금

SECTION 04 교통사고처리특례법령

제 01 장 | 교통 및 운수 관련 법규

02 중대 교통사고 유형 및 대처방법

(1) 사망사고

① 사망사고의 정의

㉮ 교통안전법령의 정의 : 교통사고가 주된 원인이 되어 교통사고 발생 시부터 30일 이내에 사람이 사망한 사고

㉯ 도로교통법령상의 정의 : 교통사고 발생 후 72시간 내 사망한 사고

② 사망사고 성립요건

항목	내용	예외 사항
장소적 요건	• 모든 장소 – 도로교통법 : 도로상으로 한정 – 교통사고처리특례법 : 모든 장소로 확대	–
운전자 과실	• 운전자로서 요구되는 업무상 주의의무를 소홀히 한 과실	• 자동차 본래의 운행목적이 아닌 작업 중 과실로 피해자가 사망한 경우(안전사고) • 운전자의 과실을 논할 수 없는 경우
피해자 요건	• 운행중인 자동차에 충격되어 사망한 경우	• 피해자의 과실 등 고의 사고 • 운행목적이 아닌 작업과실로 피해자가 사망한 경우(안전사고)

(2) 도주(뺑소니) 사고

① 도주(뺑소니)인 경우

㉮ 피해자 사상 사실을 인식하거나 예견됨에 가버린 경우

㉯ 피해자를 사고현장에 방치한 채 가버린 경우

㉰ 현장에 도착한 경찰관에게 거짓으로 진술한 경우

㉱ 사고운전자를 바꿔치기 하여 신고한 경우

㉲ 사고운전자가 연락처를 거짓으로 알려준 경우

㉳ 피해자가 이미 사망하였다고 사체 안치 후송 등의 조치 없이 가버린 경우

㉴ 피해자를 병원까지만 후송하고 계속 치료를 받을 수 있는 조치 없이 가버린 경우

㉵ 쌍방 업무상 과실이 있는 경우에 발생한 사고로 과실이 적은 차량이 도주한 경우

㉶ 자신의 의사를 제대로 표시하지 못하는 나이 어린 피해자가 '괜찮다'라고 하여 조치 없이 가버린 경우

② 도주(뺑소니)가 아닌 경우

㉮ 피해자가 부상 사실이 없거나 극히 경미하여 구호조치가 필요하지 않아 연락처를 제공하고 떠난 경우

㉯ 사고운전자가 심한 부상을 입어 타인에게 의뢰하여 피해자를 후송 조치한 경우

㉰ 사고 장소가 혼잡하여 불가피하게 일부 진행 후 정지하고 되돌아와 조치한 경우

㉱ 사고운전자가 급한 용무로 인해 동료에게 사고처리를 위임하고 가버린 후 동료가 사고 처리한 경우

㉲ 피해자 일행의 구타 · 폭언 · 폭행이 두려워 현장을 이탈한 경우

㉳ 사고운전자가 자기 차량 사고에 대한 조치 없이 가버린 경우

(3) 신호 · 지시위반 사고

① 신호 · 지시위반 사고 사례

㉮ 신호위반 사고 사례

㉠ 신호가 변경되기 전에 출발하여 인적피해를 야기한 경우

㉡ 황색 주의신호에 교차로에 진입하여 인적피해를 야기한 경우

㉢ 신호내용을 위반하고 진행하여 인적피해를 야기한 경우

㉣ 적색 차량신호에 진행하다 정지선과 횡단보도 사이에서 보행자를 충격한 경우

㉯ 지시위반 사고 사례 : 통행금지, 자동차통행금지, 화물자동차통행금지, 승합자동차통행금지 등 및 진입금지, 일시정지의 규제표지 등을 위반한 경우

② 신호 · 지시위반 사고의 성립요건

항목	내용	예외 사항
장소적 요건	• 신호기가 설치되어 있는 교차로나 횡단보도 • 경찰공무원등의 수신호 • 규제표지가 설치된 구역(통행금지, 진입금지, 일시정지)	• 진행방향에 신호기가 설치되지 않은 경우 • 신호기의 고장이나 황색 점멸신호등의 경우 • 규제표지 외의 표지판이 설치된 구역
피해자 요건	• 신호 · 지시위반 차량에 충돌되어 인적피해를 입은 경우	• 대물피해만 입은 경우
운전자 과실	• 고의적 과실 • 의도적 과실 • 부주의에 의한 과실	• 불가항력적 과실 • 만부득이한 과실
시설물 설치 요건	• 특별시장 · 광역시장 · 제주특별자치도지사 또는 시장 · 군수(광역시의 군수 제외)가 설치한 신호기나 안전표지	• 아파트단지 등 특정구역 내부의 소통과 안전을 목적으로 자체적으로 설치된 경우는 제외(설치권한 없는 자가 설치)

(4) 중앙선침범 사고

① 중앙선 침범을 적용하는 경우(현저한 부주의)

㉮ 커브 길에서 과속으로 인한 중앙선침범의 경우

㉯ 빗길에서 과속으로 인한 중앙선침범의 경우

㉰ 졸다가 뒤늦은 제동으로 중앙선을 침범한 경우

㉱ 차내 잡담 또는 휴대폰 통화 등의 부주의로 중앙선을 침범한 경우

② 중앙선침범을 적용할 수 없는 경우(만부득이한 경우)

㉮ 사고를 피하기 위해 급제동하다 중앙선을 침범한 경우

㉯ 위험을 회피하기 위해 중앙선을 침범한 경우

㉰ 빙판길 또는 빗길에서 미끄러져 중앙선을 침범한 경우(제한속도 준수)

③ 중앙선침범 사고의 성립요건

항목	내용	예외 사항
장소적 요건	• 황색실선이나 점선의 중앙선이 설치되어 있는 도로 • 자동차전용도로나 고속도로에서의 횡단 · 유턴 · 후진	• 중앙선이 설치되어 있지 않은 경우 • 아파트 단지 내 또는 군부대 내의 사설 중앙선 • 일반도로에서 횡단 · 유턴 · 후진

항목	내용	예외 사항
피해자 요건	• 중앙선침범 자동차에 충돌되어 인적피해를 입은 경우 • 자동차전용도로나 고속도로에서의 횡단 · 유턴 · 후진 자동차에 충돌되어 인적피해를 입은 경우	• 대물피해만 입은 경우
운전자 과실	• 고의적 과실 • 의도적 과실 • 현저한 부주의에 의한 과실	• 신호위반 차량에 충돌되어 피해를 입은 경우
시설물 설치 요건	• 도로교통법에 따라 지방경찰청장이 설치한 중앙선	• 아파트단지 내 또는 군부대 등 특정구역 내부의 소통과 안전을 목적으로 설치된 경우 제외

중앙선 침범
중앙선을 넘어서거나 차체가 걸친 상태에서 운전한 경우에 해당됨

(5) 과속(20km/h 초과) 사고
  ① 속도에 대한 정의
    ㉮ 규제속도 : 법정속도(도로교통법에 따른 도로별 최고 · 최저속도)와 제한속도(지방경찰청장에 의한 지정속도)
    ㉯ 설계속도 : 도로설계의 기초가 되는 자동차의 속도
    ㉰ 주행속도 : 정지시간을 제외한 실제 주행거리의 평균 주행속도
    ㉱ 구간속도 : 정지시간을 포함한 주행거리의 평균 주행속도
  ② 과속사고의 성립요건

항목	내용	예외 사항
장소적 요건	• 도로	• 도로가 아닌 곳에서의 사고
피해자 요건	• 과속차량(20km/h 초과)에 충돌되어 인적피해를 입은 경우	• 제한속도 20km/h 이하 과속 차량에 충돌되어 인적피해를 입은 경우 • 제한속도 20km/h 초과 차량에 충돌되어 대물피해만 입은 경우
운전자 과실	• 제한속도를 20km/h 초과하여 과속운행 중 사고 야기한 경우(이상 기후 시 법령에 따른 법정 최고속도 이하로 감속 운행해야 하는 경우 감속하여 운행해야 하는 속도를 제한속도로 함)	• 제한속도 20km/h 이하로 과속하여 운행 중 사고를 야기한 경우 • 제한속도 20km/h 초과하여 운행 중 대물피해만 입힌 경우
시설물 설치 요건	• 지방경찰청장이 설치한 안전표지 중 – 규제표지(최고속도 제한표지) – 노면표시(속도제한 표지, 어린이보호구역 내 속도제한 표시)	• 과속이 적용되지 않는 표지 – 서행표지 – 안전속도표지

(6) 앞지르기 방법 · 금지위반 사고
  ① 앞지르기 방법 · 금지위반 사고적용 법규
    ㉮ 앞지르기 방법
    ㉯ 앞지르기 금지의 시기 및 장소
    ㉰ 끼어들기의 금지
    ㉱ 갓길 통행금지

② 앞지르기 방법 · 금지위반 사고의 성립요건

항목	내용	예외 사항
장소적 요건	• 앞지르기 금지장소	• 앞지르기 금지장소 외의 지역
피해자 요건	• 앞지르기 방법 · 금지위반 차량에 충돌되어 인적피해를 입은 경우	• 앞지르기 방법 · 금지위반 차량에 충돌되어 대물피해만 입은 경우 • 불가항력인 상황에서 앞지르기하던 차량에 충돌되어 인적피해를 입은 경우
운전자 과실	• 앞지르기 금지위반 사고 – 앞차의 좌측에 다른 차가 앞차와 나란히 가고 있을 때 앞지르기 – 앞차가 다른 차를 앞지르고 있거나 앞지르고자 할 때 앞지르기 – 경찰공무원의 지시를 따르거나 위험을 방지하기 위해 정지 또는 서행하고 있는 앞차 앞지르기 – 앞지르기 금지장소(교차로, 터널 안, 다리 위 등)에서의 앞지르기 • 앞지르기 방법 위반 사고 – 앞차의 우측으로 앞지르기	• 불가항력적인 상황에서 앞지르기하던 중 사고
시설물 설치 요건	• 지방경찰청장이 설치한 안전표지 중 앞지르기 금지표지	• 특정구역 내부의 소통과 안전을 목적으로 권한 없는 사람이 설치한 안전표지

(7) 철길건널목 통과방법위반 사고
  ① 철길건널목의 종류
    ㉮ 제1종 건널목 : 차단기, 건널목경보기 및 교통안전표지가 설치되어 있는 경우
    ㉯ 제2종 건널목 : 건널목경보기 및 교통안전표지만 설치되어 있는 경우
    ㉰ 제3종 건널목 : 교통안전표지만 설치되어 있는 경우
  ② 철길건널목 통과방법위반 사고의 성립요건

항목	내용	예외 사항
장소적 요건	• 철길건널목	• 역 구내의 철길건널목
피해자 요건	• 철길건널목 통과방법 위반 사고로 인적피해를 입은 경우	• 철길건널목 통과방법 위반 사고로 대물피해만을 입은 경우
운전자 과실	• 철길건널목 통과방법 위반 과실 – 철길건널목 전에 일시정지 불이행 – 안전미확인 통행중 사고 – 차량이 고장난 경우 승객 대피, 차량이동 조치 불이행 • 철길건널목 진입금지 – 차단기가 내려져 있는 경우 – 차단기가 내려지려고 하는 경우 – 경보기가 울리고 있는 경우	• 철길건널목 신호기, 경보기 등의 고장으로 일어난 사고 ※ 신호기 등이 표시하는 신호에 따르는 때에는 일시정지하지 아니하고 통과할 수 있다.

(8) 보행자 보호의무위반 사고

① 보행자로 인정되는 경우와 아닌 경우
⑦ 횡단보도 보행자에 해당하는 경우
- ㉠ 횡단보도를 걸어가는 사람
- ㉡ 횡단보도에서 원동기장치자전거나 자전거를 끌고 가는 사람
- ㉢ 횡단보도에서 원동기장치자전거나 자전거를 타고 가다 이를 세우고 한발은 페달에 다른 한발은 지면에 서 있는 사람
- ㉣ 세발자전거를 타고 횡단보도를 건너는 어린이
- ㉤ 손수레를 끌고 횡단보도를 건너는 사람

⑭ 횡단보도 보행자에 해당하지 않는 경우
- ㉠ 횡단보도에서 원동기장치자전거나 자전거를 타고 가는 사람
- ㉡ 횡단보도에 누워 있거나, 앉아 있거나, 엎드려 있는 사람
- ㉢ 횡단보도 내에서 교통정리를 하고 있는 사람
- ㉣ 횡단보도 내에서 택시를 잡고 있는 사람
- ㉤ 횡단보도 내에서 화물 하역작업을 하고 있는 사람
- ㉥ 보도에 서 있다가 횡단보도 내로 넘어진 사람

② 횡단보도로 인정되는 경우와 아닌 경우
⑦ 횡단보도 노면표시가 있으나 횡단보도표지판이 설치되지 않은 경우에도 횡단보도로 인정

⑭ 횡단보도 노면표시가 포장공사로 반은 지워졌으나, 반이 남아 있는 경우에도 횡단보도로 인정

⑭ 횡단보도 노면표시가 완전히 지워지거나, 포장공사로 덮여졌다면 횡단보도 효력 상실

③ 보행자 보호의무위반 사고의 성립요건

항목	내용	예외 사항
장소적 요건	• 횡단보도 내	• 보행신호가 적색등화일 때의 횡단보도
피해자 요건	• 횡단보도를 횡단하고 있는 보행자가 충돌되어 인적피해를 입은 경우	• 보행신호가 적색등화일 때 횡단을 시작한 보행자를 충돌한 경우 • 횡단보도를 건너는 것이 아닌 경우(횡단보도 내에 누워있거나 싸우고 있거나, 택시를 잡고 있는 등)
운전자 과실	• 횡단보도를 건너고 있는 보행자를 충돌한 경우 • 횡단보도 전에 정지한 차량을 추돌하여 추돌된 차량이 밀려나가 보행자를 충돌한 경우 • 보행신호가 녹색등화일 때 횡단보도를 진입하여 건너고 있는 보행자를 보행신호가 녹색등화의 점멸 또는 적색등화로 변경된 상태에서 충돌한 경우	• 적색등화에 횡단보도를 진입하여 건너고 있는 보행자를 충돌한 경우 • 횡단보도를 건너가다 신호가 변경되어 중앙선에 서 있는 보행자를 충돌한 경우 • 횡단보도를 건너다가 보행신호가 적색등화로 변경되어 되돌아가고 있는 보행자를 충돌한 경우 • 녹색등화가 점멸되고 있는 횡단보도를 진입하여 건너고 있는 보행자를 적색등화에 충돌한 경우
시설물 설치 요건	• 지방경찰청장이 설치한 횡단보도	• 아파트 단지나 학교, 군부대 등 특정구역 내부의 소통과 안전을 목적으로 권한이 없는 자에 의해 설치된 경우 제외

(9) 무면허 운전

① 무면허 운전의 정의
⑦ 정의 : 도로에서 운전면허를 받지 아니하고 운전하는 행위

⑭ 운전에 해당하지 않는 경우 : 조수석에서 차안의 기기를 만지는 도중 핸드 브레이크가 풀려 시동이 걸리지 않은 채 10m 미끄러져 내려가다 사고가 발생한 경우

② 무면허 운전의 유형
⑦ 운전면허를 취득하지 않고 운전하는 행위

⑭ 운전면허 적성검사기간 만료일로부터 1년간의 취소유예기간이 지난 면허증으로 운전하는 행위

⑭ 운전면허 취소처분을 받은 후에 운전하는 행위

⑭ 운전면허 정지 기간 중에 운전하는 행위

⑭ 제2종 운전면허로 제1종 운전면허를 필요로 하는 자동차를 운전하는 행위

⑭ 제1종 대형면허로 특수면허가 필요한 자동차를 운전하는 행위

㊐ 운전면허시험에 합격한 후 운전면허증을 발급받기 전에 운전하는 행위

③ 무면허 운전 중 사고의 성립요건

항목	내용	예외 사항
장소적 요건	• 도로나 그 밖에 현실적으로 불특정 다수의 사람 또는 차마의 통행을 위하여 공개된 장소로서 안전하고 원활한 교통을 확보할 필요가 있는 장소(불특정 다수인이 출입하는 공개된 장소로 경찰권이 미치는 곳)	• 불특정 다수의 사람 또는 차마가 사용되는 곳이 아닌 장소(특정인만이 출입하는 통제·관리되는 경찰권이 미치지 않는 곳)
피해자 요건	• 무면허로 운전하는 자동차에 충돌되어 인적피해를 입은 경우 • 무면허로 운전하는 자동차에 충돌되어 대물피해를 입은 경우로 보험면책으로 합의되지 않으면 공소권 있음	• 무면허로 운전하는 자동차에 충돌되어 대물피해를 입은 경우
운전자 과실	• 무면허 상태에서 운전하는 경우	• 운전면허 취소사유가 발생한 상태이나 취소처분을 받기 전에 운전하는 경우

(10) 주취·약물복용 운전중 사고

① 음주운전인 경우와 아닌 경우
⑦ 불특정 다수인이 이용하는 도로와 특정인이 이용하는 주차장 또는 학교 경내 등에서의 음주운전도 형사처벌 대상. 단 특정인만이 이용하는 장소에서의 음주운전으로 인한 운전면허 행정처분은 불가
- ㉠ 공개되지 않은 통행로에서의 음주운전도 처벌 대상 : 공장이나 관공서, 학교, 사기업 등의 정문 안쪽 통행로와 같이 문, 차단기에 의해 도로와 차단되고 별도로 관리되는 장소의 통행로에서의 음주운전도 처벌 대상
- ㉡ 술을 마시고 주차장(주차선 안 포함)에서 음주운전 하여도 처벌 대상
- ㉢ 호텔, 백화점, 고층건물, 아파트 내 주차장 안의 통행로뿐만 아니라 주차선 안에서 음주운전해도 처벌 대상

⑭ 혈중알코올농도 0.03% 미만에서의 음주운전은 처벌 불가

② 주취·약물복용 운전중 사고의 성립요건

항목	내용	예외 사항
장소적 요건	• 도로나 그 밖에 현실적으로 불특정 다수의 사람 또는 차마의 통행을 위하여 공개된 장소로서 안전하고 원활한 교통을 확보할 필요가 있는 장소 • 공개되지 않은 통행로로 문, 차단기에 의해 도로와 차단되고 별도로 관리되는 장소 • 주차장 또는 주차선 안	–
피해자 요건	• 음주운전 자동차에 충돌되어 인적사고를 입는 경우	• 음주운전 자동차에 충돌되어 대물피해를 입은 경우(보험에 가입되어 있다면 공소권 없음으로 처리)
운전자 과실	• 음주한 상태에서 자동차를 운전하여 일정거리 운행한 경우 • 혈중알코올농도가 0.03% 이상인 상태에서 음주측정에 불응한 경우 • 주차장 또는 주차선 안에서 운전하는 경우	• 혈중알코올농도가 0.03% 미만인 상태에서 음주측정에 불응

(11) 보도침범, 보도횡단방법위반 사고

① 보도의 개념
  ㉮ 보도 : 차와 사람의 통행을 분리시켜 보행자의 안전을 확보하기 위해 연석이나 방호울타리 등으로 차도와 분리하여 설치된 도로의 일부분으로 차도와 대응되는 개념
  ㉯ 보도침범 사고 : 보도에 차마가 들어서는 과정, 보도에 차마의 차체가 걸치는 과정, 보도에 주차시킨 차량을 전진 또는 후진시키는 과정에서 통행중인 보행자와 충돌한 경우
  ㉰ 보도횡단방법위반 사고 : 차마의 운전자는 도로에서 도로 외의 곳에 출입하기 위해서는 보도를 횡단하기 직전에 일시 정지하여 보행자의 통행을 방해하지 아니하도록 되어 있으나 이를 위반하여 보행자와 충돌하여 인적피해를 야기한 경우

② 보도침범, 보도횡단방법위반 사고의 성립요건

항목	내용	예외 사항
장소적 요건	• 보도와 차도가 구분된 도로에서 보도 내 사고	• 보도와 차도의 구분이 없는 도로는 제외
피해자 요건	• 보도 내에서 보행 중 사고	• 피해자가 자전거 또는 원동기장치자전거를 타고 가던 중 사고는 제차로 간주되어 적용 제외
운전자 과실	• 고의적 과실 • 의도적 과실 • 현저한 부주의에 의한 과실	• 불가항력적 과실 • 만부득이한 과실 • 단순 부주의 과실
시설물 설치요건	• 보도설치 권한이 있는 행정관서에서 설치·관리하는 보도	• 학교·아파트 단지 등 특정구역 내부의 소통과 안전을 목적으로 설치된 보도

(12) 승객추락방지의무위반 사고

① 승객추락방지의무에 해당하는 경우
  ㉮ 문을 연 상태에서 출발하여 타고 있는 승객이 추락한 경우
  ㉯ 승객이 타거나 또는 내리고 있을 때 갑자기 문을 닫아 문에 충격된 승객이 추락한 경우
  ㉰ 버스 운전자가 개·폐 안전장치인 전자감응장치가 고장난 상태에서 운행 중에 승객이 내리고 있을 때 출발하여 승객이 추락한 경우

② 승객추락방지의무에 해당하지 않는 경우
  ㉮ 승객이 임의로 차문을 열고 상체를 내밀어 차밖으로 추락한 경우
  ㉯ 운전자가 사고방지를 위해 취한 급제동으로 승객이 차밖으로 추락한 경우
  ㉰ 화물자동차 적재함에 사람을 태우고 운행 중에 운전자의 급가속 또는 급제동으로 피해자가 추락한 경우

③ 승객추락방지의무위반 사고의 성립요건

항목	내용	예외 사항
자동차 요건	• 승용, 승합, 화물, 건설기계 등 자동차에만 적용	• 이륜자동차 및 자전거는 제외
피해자 요건	• 탑승 승객이 문이 열려있는 상태로 출발한 차량에서 추락하여 피해를 입은 경우	• 적재되어 있는 화물의 추락 사고는 제외
운전자 과실	• 차의 문이 열려 있는 상태로 출발하는 행위	• 차량이 정지하고 있는 상태에서의 추락은 제외

(13) 어린이 보호구역내 어린이 보호의무위반 사고

① 어린이 보호구역으로 지정될 수 있는 장소
  ㉮ 유치원, 초등학교 또는 특수학교
  ㉯ 정원 100명 이상의 보육시설(관할 경찰서장과 협의된 경우에는 정원이 100명 미만의 보육시설 주변도로에 대해서도 지정 가능)
  ㉰ 학원 수강생이 100명 이상인 학원(관할 경찰서장과 협의된 경우에는 정원이 100명 미만의 학원 주변도로에 대해서도 지정 가능)
  ㉱ 외국인학교 또는 대안학교, 국제학교 및 외국교육기관 중 유치원·초등학교 교과과정이 있는 학교

② 어린이 보호의무위반 사고의 성립요건

항목	내용	예외 사항
장소적 요건	• 어린이 보호구역으로 지정된 장소	• 어린이 보호구역이 아닌 장소
피해자 요건	• 어린이가 상해를 입은 경우	• 성인이 상해를 입은 경우
운전자 과실	• 어린이에게 상해를 입힌 경우	• 성인에게 상해를 입힌 경우

03 교통사고 처리의 이해

(1) 용어의 정의
  ① 교통 : 차를 운전하여 사람 또는 화물을 이동시키거나 운반하는 등 차를 그 본래의 용법에 따라 사용하는 것
  ② 교통사고 : 차의 교통으로 인하여 사람을 사상하거나 물건을 손괴하는 것
  ③ 대형사고 : 3명 이상의 사망(교통사고 발생일부터 30일 이내에 사망)하거나 20명 이상의 사상자가 발생한 사고
  ④ 교통조사관 : 교통사고를 조사하여 검찰에 송치하는 등 교통사고 조사업무를 처리하는 경찰 공무원

⑤ **스키드 마크(Skid mark)** : 차의 급제동으로 인하여 타이어의 회전이 정지된 상태에서 노면에 미끄러져 생긴 타이어 마모흔적 또는 활주흔적

⑥ **요 마크(Yaw mark)** : 급핸들 등으로 인하여 차의 바퀴가 돌면서 차축과 평행하게 옆으로 미끄러진 타이어의 마모흔적

⑦ **충돌** : 차가 반대방향 또는 측방에서 진입하여 그 차의 정면으로 다른 차의 정면 또는 측면을 충격한 것

⑧ **추돌** : 2대 이상의 차가 동일방향으로 주행 중 뒤차가 앞차의 후면을 충격한 것

⑨ **접촉** : 차가 추월, 교행 등을 하려다가 차의 좌우측면을 서로 스친 것

⑩ **전도** : 차가 주행 중 도로 또는 도로 이외의 장소에 차체의 측면이 지면에 접하고 있는 상태(지면에 좌측면이 접해 있으면 좌전도, 우측면이 접해 있으면 우전도)

⑪ **전복** : 차가 주행 중 도로 또는 도로 이외의 장소에 뒤집혀 넘어진 것

⑫ **추락** : 차가 도로변 절벽 또는 교량 등 높은 곳에서 떨어진 것

⑬ **뺑소니** : 교통사고를 야기한 차의 운전자가 피해자를 구호하는 등 도로교통법령에 따른 조치를 취하지 아니하고 도주한 것

(2) 수사기관의 교통사고 처리 기준

① **인피사고(사람을 사망하게 하거나 다치게 한 교통사고)의 처리**
  ㉮ 사람을 사망하게 한 교통사고의 가해자는 교통사고처리특례법을 적용하여 기소의견으로 송치
  ㉯ 부상사고의 피해자가 가해자에 대해 처벌을 희망하지 않는 의사표시를 한 때에는 교통사고처리특례법을 적용하여 불기소의견으로 송치. 다만, 사고의 원인행위에 대하여는 도로교통법을 적용하여 통고처분 또는 즉결심판 청구
  ㉰ 부상사고로 피해자가 가해자에 대하여 처벌을 희망하지 아니하는 의사표시가 없는 경우 교통사고처리특례법을 적용하여 기소의견으로 송치
  ㉱ 부상사고로 피해자가 가해자에 대하여 처벌을 희망하지 아니하는 의사표시가 없는 경우라도 보험 또는 공제에 가입된 경우에는 다음에 해당하는 경우를 제외하고 교통사고처리특례법을 적용하여 불기소의견으로 송치. 다만, 사고의 원인행위에 대하여는 도로교통법을 적용하여 통고처분 또는 즉결심판 청구
    ㉠ 피해자가 생명의 위험이 발생하거나 불구·불치·난치의 질병(중상해)에 이르게 된 경우
    ㉡ 보험등의 계약이 해지되거나 보험사 등의 보험금 등 지급의 무가 없어진 경우

② **물피사고(다른 사람의 건조물이나 그 밖의 재물을 손괴한 교통사고)의 처리**
  ㉮ 피해자가 가해자에 대하여 처벌을 희망하지 아니하는 의사표시가 있는 경우 보험등에 가입된 경우에는 단순 물적피해 교통사고 조사보고서를 작성하고, 교통경찰 업무관리시스템(TCS)의 교통사고접수 처리대장에 입력한 후 종결
  ㉯ 피해자가 가해자에 대하여 처벌을 희망하지 아니하는 의사표시가 없거나 보험등에 가입되지 아니한 경우에는 기소의견으로 송치. 다만, 피해액이 20만원 미만인 경우에는 즉결심판을 청구하고 교통사고접수 처리대장에 입력한 후 종결

③ **뺑소니 사고의 처리**
  ㉮ 인피 뺑소니사고 : 특정범죄가중처벌 등에 관한 법률을 적용하여 기소의견으로 송치
  ㉯ 물피 뺑소니사고
    ㉠ 도로에서 교통상의 위험과 장해를 발생시키거나 발생시킬 우려가 있는 물피 뺑소니 사고에 대해서는 도로교통법을 적용하여 기소의견으로 송치
    ㉡ 주·정차된 차만 손괴한 것이 분명하고 피해자에게 인적사항을 제공하지 않은 물피 뺑소니사고에 대해서는 도로교통법을 적용하여 통고처분 또는 즉심청구하고 교통경찰 업무관리시스템(TCS)에서 결과보고서 작성한 후 종결

④ **주취운전 중 인피사고를 일으킨 운전자에 대하여는 다음 각 호의 사항을 종합적으로 고려하여 특정범죄가중처벌 등에 관한 법률을 적용하여 위험운전 치사상죄를 적용**
  ㉮ 가해자가 마신 술의 양
  ㉯ 사고발생 경위, 사고위치 및 피해정도
  ㉰ 비정상적 주행 여부, 똑바로 걸을 수 있는지 여부, 말할 때 혀가 꼬였는지 여부, 횡설수설하는지 여부, 사고 상황을 기억하는지 여부 등 사고 전·후의 운전자 행태

⑤ **피해자와의 손해배상 합의기간** : 교통조사관은 부상사고로써 사고를 일으킨 운전자가 보험등에 가입되지 아니한 경우 또는 중상해 사고를 야기한 운전자에게 특별한 사유가 없는 한 사고를 접수한 날부터 2주간 합의할 수 있는 기간을 주어야 한다.

교통사고로 처리하지 아니하는 경우
- 자살·자해행위로 인정되는 경우
- 확정적 고의에 의하여 타인을 사상하거나 물건을 손괴한 경우
- 낙하물에 의하여 차량 탑승자가 사상하였거나 물건이 손괴된 경우
- 축대, 절개지 등이 무너져 차량 탑승자가 사상하였거나 물건이 손괴된 경우
- 사람이 건물, 육교 등에서 추락하여 진행중인 차량과 충돌 또는 접촉하여 사상한 경우
- 그 밖의 차의 교통으로 발생하였다고 인정되지 아니한 안전사고의 경우
※ 위에 해당하는 사고의 경우라도 운전자가 이를 피할 수 있었던 경우에는 교통사고로 처리

적중 예상문제

PART 01 | 교통 및 운수 관련 법규

SECTION 1 여객자동차 운수사업법령

01 여객자동차 운수사업법의 목적과 거리가 먼 것은?

① 여객자동차 운수사업에 관한 질서 확립
② 여객의 원활한 운송
③ 여객자동차 운수사업의 종합적인 발달 도모
④ 운수종사자의 복지 향상

> **해설** 여객자동차 운수사업법은 여객자동차 운수사업에 관한 질서를 확립하고 여객의 원활한 운송과 여객자동차 운수사업의 종합적인 발달을 도모하여 공공복리를 증진하는 것을 목적으로 한다.

02 여객자동차 운수사업법령상 "다른 사람의 수요에 응하여 자동차를 사용하여 유상으로 여객을 운송하는 사업"은 무엇에 대한 정의인가?

① 여객자동차운송사업
② 여객자동차운수사업
③ 여객자동차터미널사업
④ 여객자동차운송플랫폼사업

> **해설** 용어의 정의
> - 여객자동차운수사업 : 여객자동차운송사업, 자동차대여사업, 여객자동차터미널사업 및 여객자동차운송플랫폼사업
> - 여객자동차운송사업 : 다른 사람의 수요에 응하여 자동차를 사용하여 유상(有償)으로 여객을 운송하는 사업
> - 여객자동차운송플랫폼사업 : 여객의 운송과 관련한 다른 사람의 수요에 응하여 이동통신단말장치, 인터넷 홈페이지 등에서 사용되는 응용프로그램(운송플랫폼이라 한다)을 제공하는 사업

03 여객자동차 운수사업법령상 '여객이 승차 또는 하차할 수 있도록 노선 사이에 설치한 장소'는?

① 정류장 ② 택시 승차대
③ 정류소 ④ 중앙차로

> **해설** 용어의 정의
> - 정류소 : 여객이 승차 또는 하차할 수 있도록 노선 사이에 설치한 장소
> - 택시 승차대 : 택시운송사업용 자동차에 승객을 승차·하차시키거나 승객을 태우기 위하여 대기하는 장소 또는 구역

04 여객자동차 운수사업법령상 택시운송사업의 구분에 해당하지 않는 것은?

① 경형 ② 밴형
③ 모범형 ④ 고급형

> **해설** 택시운송사업의 구분 : 경형, 소형, 중형, 대형, 모범형, 고급형

05 여객자동차 운수사업법령상 "고급형"택시운송사업의 기준으로 옳은 것은?

① 배기량 1,900cc 이상의 승용자동차
② 배기량 2,000cc 이상의 승용 또는 승합자동차
③ 2,600cc 이상의 승용 또는 승합자동차
④ 2,800cc 이상의 승용자동차

> **해설** 고급형은 배기량 2,800cc 이상의 승용자동차를 사용하는 택시운송사업을 말한다.

06 여객자동차 운수사업법령상 다음의 기준을 만족하는 택시운송사업은?

- 배기량 1,600cc 이상의 승용자동차(승차정원 5인승 이하의 것만 해당)
- 길이 4.7m 초과이면서 너비 1.7m를 초과하는 승용자동차(승차정원 5인승 이하의 것만 해당)

① 중형
② 대형
③ 모범형
④ 고급형

> **해설** 택시운송사업의 구분
>
> | 구분 | 자동차 | 배기량 | 길이 및 너비 | 승차정원 |
> |---|---|---|---|---|
> | 경형 | 승용 | 1,000cc 미만 | 길이 3.6m 이하이면서 너비 1.6mm 이하 | 5인승 이하 |
> | 소형 | 승용 | 1,600cc 미만 | 길이 4.7m 이하이거나 너비 1.7m 이하 | 5인승 이하 |
> | 중형 | 승용 | 1,600cc 이상 | 길이 4.7m 초과이면서 너비 1.7m를 초과 | 5인승 이하 |
> | 대형 | 승용 | 2,000cc 이상 | – | 6인승 이상 10인승 이하 |
> | | 승합 | 2,000cc 이상 | | 13인승 이하 |
> | 모범형 | 승용 | 1,900cc 이상 | – | 5인승 이하 |
> | 고급형 | 승용 | 2,800cc 이상 | – | – |

07 여객자동차 운수사업법상 대형 및 고급형 택시운송사업의 사업구역이 아닌 것은?

① 특별시 ② 광역시
③ 도 ④ 시·군

> **해설** 택시운송사업의 사업구역
> - 경형·소형·중형·모범형 택시운송사업 : 특별시·광역시·특별자치시·특별자치도 또는 시·군 단위
> - 대형 및 고급형 택시운송사업 : 특별시·광역시·도 단위

08 택시운송사업의 사업구역과 인접한 주요교통시설 및 범위 기준으로 틀린 것은?

① 고속철도의 역의 경계선을 기준으로 10km
② 국제 정기편 운항이 이루어지는 공항의 경계선을 기준으로 100km
③ 여객이용시설이 설치된 무역항의 경계선을 기준으로 50km
④ 복합환승센터의 경계선을 기준으로 10km

> **해설** 사업구역과 인접한 주요교통시설 및 범위
> - 고속철도의 역의 경계선을 기준으로 10km
> - 국제 정기편 운항이 이루어지는 공항의 경계선을 기준으로 50km
> - 여객이용시설이 설치된 무역항의 경계선을 기준으로 50km
> - 복합환승센터의 경계선을 기준으로 10km

정답 01 ④ 02 ① 03 ③ 04 ② 05 ④ 06 ① 07 ④ 08 ②

적중 예상문제

제 01 장 ┃ 교통 및 운수 관련 법규

09 여객자동차 운수사업법령상 시외버스운송사업의 운송형태에 해당하지 않는 것은?

① 고속형   ② 직행형
③ 좌석형   ④ 일반형

> **해설** 시외버스운송사업의 운송형태 : 고속형, 직행형, 일반형

10 다음 중 택시운송사업용 자동차에 표시해야 하는 사항이 아닌 것은?(단, 승합자동차를 사용하는 대형 및 고급형의 경우 제외한다.)

① 사업자가 가입한 콜 호출 번호
② 자동차의 종류
③ 관할관청(특별시 · 광역시 · 특별자치시 및 특별자치도는 제외)
④ 운송가맹사업자 상호(운송가맹점으로 가입한 개인택시운송사업자만 해당)

> **해설** 택시운송사업용 자동차의 표시(승합자동차를 사용하는 대형 및 고급형은 제외)
> • 자동차의 종류("경형", "소형", "중형", "대형", "모범")
> • 관할관청(특별시 · 광역시 · 특별자치시 및 특별자치도는 제외)
> • 운송가맹사업자 상호(운송가맹점으로 가입한 개인택시운송사업자만 해당)
> • 그 밖에 시 · 도지사가 정하는 사항

11 다음 중 일반택시 차량 내부에 항상 게시하여야 하는 부착물이 아닌 것은?

① 회사명 및 차고지 등을 적은 표지판
② 교통이용 불편사항 연락처
③ 운전자의 운전적성 정밀검사 이수증
④ 운전자의 택시운전자격증명

> **해설** 운전자의 운전적성 정밀검사 이수는 택시운전자격을 취득하기 위한 것으로 차량 내부에 부착해야 할 게시물에는 해당되지 않는다.

12 여객자동차 운수사업법령상 교통사고 시 운송사업자가 조치해야 할 사항으로 거리가 먼 것은?

① 신속한 응급수송수단의 마련
② 가족이나 그 밖의 연고자에 대한 신속한 통지
③ 사고현장의 신속한 정리 및 정돈
④ 대체운송수단의 확보

> **해설** 사고 시의 조치
> • 신속한 응급수송수단의 마련
> • 가족이나 그 밖의 연고자에 대한 신속한 통지
> • 유류품의 보관
> • 목적지까지 여객을 운송하기 위한 대체운송수단의 확보와 여객에 대한 편의의 제공
> • 그 밖에 사상자의 보호 등 필요한 조치

13 여객자동차 운수사업법령상 "중대한 교통사고"에 해당되지 않는 것은?

① 전복(顚覆) 사고
② 화재가 발생한 사고
③ 중상자 없이 사망자가 1명인 사고
④ 사망자 없이 중상자가 6명 이상인 사고

> **해설** 중대한 교통사고의 범위
> • 전복(顚覆) 사고
> • 화재가 발생한 사고
> • 사망자 2명 이상 발생한 사고
> • 사망자 1명과 중상자 3명 이상 발생한 사고
> • 중상자 6명 이상 발생한 사고

14 여객자동차 운수사업법령상 중대한 교통사고 발생 시 운송사업자는 몇 시간 이내에 사고의 개략적인 상황을 관할 시 · 도지사에게 보고하여야 하는가?

① 12시간   ② 24시간
③ 72시간   ④ 96시간

> **해설** 운송사업자는 중대한 교통사고가 발생하였을 때에는 24시간 이내에 사고의 일시 · 장소 및 피해사항 등 사고의 개략적인 상황을 관할 시 · 도지사에게 보고한 후 72시간 이내에 사고보고서를 작성하여 관할 시 · 도지사에게 제출하여야 한다.

15 여객자동차 운수사업법령상 사업자단체인 조합의 사업으로 적절하지 않는 것은?

① 여객자동차 운수사업자의 공동 이익을 도모하는 사업
② 경영자 및 종사원의 교육훈련
③ 조합원의 사업용자동차 사고로 생긴 배상 책임에 대한 공제
④ 운수사업자의 경영 개선을 위한 지도에 관한 사항

> **해설** 조합원의 사업용자동차 사고 또는 소유 · 사용 · 관리하는 동안 발생한 사고 등으로 인한 배상책임 등의 공제는 공제조합의 사업에 해당된다.

16 여객자동차 운수사업법령상 일반택시 운전업무 종사자격의 요건으로 틀린 것은?

① 19세 이상으로서 해당 운전경력이 1년 이상일 것
② 사업용 자동차를 운전하기에 적합한 운전면허를 보유하고 있을 것
③ 운전적성 정밀검사 기준에 적합할 것
④ 택시운전자격시험에 합격하고 자격증을 취득할 것

> **해설** 20세 이상으로서 해당 운전경력이 1년 이상이어야 한다.

17 여객자동차 운수사업법령상 운전적성정밀검사의 종류가 아닌 것은?

① 신규검사   ② 특별검사
③ 자격유지검사   ④ 정기검사

> **해설** 운전적성정밀검사의 종류 : 신규검사, 특별검사, 자격유지검사

18 여객자동차 운수사업법령상 운전적성정밀검사 중 특별검사의 대상으로 볼 수 없는 사람은?

① 중상 이상의 사상(死傷)사고를 일으킨 자
② 과거 1년간 운전면허 행정처분기준에 따라 계산한 누산점수가 81점 이상인 자
③ 질병, 과로, 그 밖의 사유로 안전운전을 할 수 없다고 인정되는 자인지 알기 위하여 운송사업자가 신청한 자
④ 신규검사의 적합판정을 받은 자로서 운전적성정밀검사를 받은 날부터 3년 이내에 취업하지 아니한 자

> **해설** 보기 ④항은 신규검사 대상자이다.

19 신규검사의 적합판정을 받은 자로서 운전적성정밀검사를 받은 날부터 3년 이내에 취업하지 않은 사람이 받아야 하는 운전적성정밀검사의 종류는?

① 신규검사   ② 특별검사
③ 자격유지검사   ④ 정기검사

정답 09 ③   10 ①   11 ③   12 ③   13 ③   택시운전자격시험 문제집   **정답** 14 ②   15 ③   16 ①   17 ④   18 ④   19 ①

해설 신규검사 대상자
- 신규로 여객자동차 운송사업용 자동차를 운전하려는 자
- 여객자동차 운송사업용 자동차 또는 화물자동차 운송사업용 자동차의 운전업무에 종사하다가 퇴직한 자로서 신규검사를 받은 날부터 3년이 지난 후 재취업하려는 자. 다만, 재취업일까지 무사고로 운전한 자는 제외한다.
- 신규검사의 적합판정을 받은 자로서 운전적성정밀검사를 받은 날부터 3년 이내에 취업하지 아니한 자. 다만, 신규검사를 받은 날부터 취업일까지 무사고로 운전한 사람은 제외한다.

20 다음 중 '택시운전자격증'을 잃어버리거나 헐어 못 쓰게 된 경우 재발급 신청은 어디에 하여야 하는가?

① 관할 구청 ② 한국교통안전공단
③ 도로교통공단 ④ 관할 경찰서

해설 운전자격증 또는 운전자격증명에 다음의 사항이 있는 경우 재발급에 필요한 구비서류를 첨부하여 한국교통안전공단 또는 운전자격증명 발급기관(일반택시운송사업조합, 개인택시운송사업조합)에 신청하여야 한다.
- 기록사항에 착오가 있거나 변경된 내용이 있어 정정을 받으려는 경우
- 운전자격증 등을 잃어버리거나 헐어 못 쓰게 된 경우

21 여객자동차 운수사업법령상 운수종사자가 퇴직할 경우 운전자격증명은 누구에게 반납하여야 하는가?

① 운송사업자
② 한국교통안전공단
③ 시·도지사
④ 여객자동차 운송사업조합

해설 운수종사자가 퇴직하는 경우에는 본인의 운전자격증명을 운송사업자에게 반납하여야 하며, 운송사업자는 지체없이 해당 운전자격증명 발급기관에 그 운전자격증명을 제출하여야 한다.

22 여객자동차운송사업용 자동차의 운전업무에 종사하는 사람이 사업용 자동차 안에 게시하여야 하는 것은?

① 주민등록증 ② 운전자격증명
③ 운전면허증 ④ 운전자 개인정보

해설 운수종사자는 운전자격증명을 게시할 때에는 해당 사업용 안에 승객이 쉽게 볼 수 있는 위치에 본인의 운전자격증명을 항상 게시하여야 한다. 다만, 구역 여객자동차운송사업의 운수종사자 중 대통령령으로 정하는 운수종사자는 운전자격증명을 전자적 매체·기기 등을 통한 방법으로 게시할 수 있다.

23 여객자동차 운수사업법령상 운수종사자에 대한 교육의 종류에 해당되지 <u>않는</u> 것은?

① 신규교육 ② 정기교육
③ 수시교육 ④ 보수교육

해설 운수종사자 교육의 종류 : 신규교육, 보수교육, 수시교육

24 여객자동차 운수사업법령상 운수종사자 교육대상자와 교육시간이 <u>잘못 연결</u>된 것은?

① 새로 채용한 운수종사자의 신규교육 – 16시간
② 법령위반 종사자에 대한 보수교육 – 8시간
③ 무사고·무벌점 기간이 5년 이상 10년 미만인 운수종사자에 대한 보수교육 – 4시간
④ 무사고·무벌점 기간이 5년 미만인 운수종사자에 대한 보수교육 – 8시간

해설 운수종사자 교육

구분	교육대상자	교육시간	교육주기
신규교육	새로 채용한 운수종사자(사업용자동차를 운전하다가 퇴직한 후 2년 이내에 다시 채용된 사람은 제외)	16	–
보수교육	무사고·무벌점 기간이 5년 이상 10년 미만인 운수종사자	4	격년
	무사고·무벌점 기간이 5년 미만인 운수종사자		매년
	법령위반 운수종사자	8	수시
수시교육	국제행사 등에 대비한 서비스 및 교통안전 증진 등을 위하여 국토교통부장관 또는 시·도지사가 교육을 받을 필요가 있다고 인정하는 운수종사자	4	필요 시

25 운수종사자 교육의 교육담당 기관이 <u>아닌</u> 곳은?

① 운수종사자 연수기관
② 연합회
③ 조합
④ 도로교통공단

해설 운수종사자의 교육은 운수종사자 연수기관, 한국교통안전공단, 연합회 또는 조합이 한다.

26 법령위반 운수종사자에 대한 보수교육(특별검사 대상자 제외)은 해당 운수종사자가 과태료, 과징금 또는 사업정지처분을 받은 날부터 (　) 이내에 실시하여야 한다. (　) 안에 들어갈 내용으로 옳은 것은?

① 1개월 ② 2개월
③ 3개월 ④ 5개월

해설 법령위반 운수종사자에 대한 보수교육(특별검사 대상자 제외)은 해당 운수종사자가 과태료, 과징금 또는 사업정지처분을 받은 날부터 3개월 이내에 실시하여야 한다.

27 운수종사자 교육의 종류 중 보수교육 대상자 선정을 위한 무사고·무벌점 기간의 산정 기준은?

① 전년도 6월말 ② 전년도 10월말
③ 전년도 12월말 ④ 당해년도 1월말

해설 보수교육 대상자 선정을 위한 무사고·무벌점 기간은 전년도 10월 말을 기준으로 산정한다.

28 운송사업자는 운수종사자에 대한 교육훈련업무를 위하여 종업원 중에서 교육훈련 담당자를 선임하여야 하는데, 교육훈련 담당자의 선임을 하지 않아도 되는 운송사업자는?

① 자동차 면허 대수가 20대 미만인 운송사업자
② 자동차 면허 대수가 30대 미만인 운송사업자
③ 자동차 면허 대수가 40대 미만인 운송사업자
④ 자동차 면허 대수가 50대 미만인 운송사업자

해설 운송사업자는 그의 운수종사자에 대한 교육계획의 수립, 교육의 시행 및 일상의 교육훈련업무를 위하여 종업원 중에서 교육훈련 담당자를 선임하여야 한다. 다만, 자동차 면허 대수가 20대 미만인 운송사업자인 경우에는 교육훈련 담당자를 선임하지 아니할 수 있다.

29 운송사업자는 그 해의 운수종사자 교육결과를 언제까지 시·도지사 및 조합에 보고하거나 통보하여야 하는가?

① 그 해 12월 말 ② 다음 해 1월 말
③ 다음 해 2월 말 ④ 다음 해 3월 말

해설 교육실시기관은 매년 11월 말까지 조합과 협의하여 다음 해의 교육계획을 수립하여 시·도지사 및 조합에 보고하거나 통보하여야 하며, 그 해의 교육결과를 다음 해 1월 말까지 시·도지사 및 조합에 보고하거나 통보하여야 한다.

정답 20 ② 21 ① 22 ② 23 ② 24 ④
정답 25 ④ 26 ③ 27 ② 28 ① 29 ②

적중 예상문제 | 제 01 장 | 교통 및 운수 관련 법규

30 여객자동차 운수사업법령상 택시운전자격의 취소 및 효력정지의 처분기준과 관련하여 감경의 사유가 **아닌** 것은?

① 위반행위가 고의나 중대한 과실이 아닌 사소한 부주의나 오류로 인한 것으로 인정되는 경우
② 위반행위를 한 사람이 처음 해당 위반행위를 한 경우로서, 5년 이상 해당 여객자동차운송사업의 운수종사자로서 모범적으로 근무해 온 사실이 인정되는 경우
③ 여객자동차운수사업에 대한 정부 정책상 필요하다고 인정되는 경우
④ 위반의 내용정도가 중대하여 이용객에게 미치는 피해가 크다고 인정되는 경우

해설 가중사유
• 위반행위가 사소한 부주의나 오류가 아닌 고의나 중대한 과실에 의한 것으로 인정되는 경우
• 위반의 내용정도가 중대하여 이용객에게 미치는 피해가 크다고 인정되는 경우

31 여객자동차 운수사업법령상 운전자격의 취소 및 효력정지에 대한 내용으로 **틀린** 것은?

① 자격정지처분의 가중사유가 있을 경우 그 늘리는 기간은 1년을 초과할 수 없다.
② 위반의 내용정도가 중대하여 이용객에게 미치는 피해가 크다고 인정되는 경우 가중사유가 될 수 있다.
③ 자격정지처분을 받은 사람이 정당한 사유없이 기일 내에 운전자격증을 반납하지 않을 때에는 해당 처분을 2분의 1 범위에서 가중하여 처분할 수 있다.
④ 위반행위가 고의나 중대한 과실이 아닌 사소한 부주의나 오류로 인한 것으로 인정되는 경우 감경사유가 될 수 있다.

해설 처분관할관청은 자격정지처분을 받은 사람이 가중 또는 감경 사유에 해당하는 경우 그 처분을 2분의 1 범위에서 늘리거나 줄일 수 있다. 이 경우 늘리는 그 늘리는 기간은 6개월을 초과할 수 없다.

32 여객자동차 운수사업법령상 택시운전자격의 취소 및 효력정지의 처분과 관련하여 처분기준이 **다른** 하나는?

① 부정한 방법으로 택시운전자격을 취득한 경우
② 면허의 결격사유에 해당하게 된 경우
③ 도로교통법 위반으로 사업용 자동차를 운전할 수 있는 운전면허가 취소된 경우
④ 정당한 사유없이 법에서 정한 운수종사자의 교육을 받지 않은 경우

해설 보기 중 ①, ②, ③항은 자격취소, ④항은 자격정지 5일에 처분된다.

33 여객자동차 운수사업법령에서 정한 운수종사자의 준수사항을 이행하지 않아 1년간 세 번의 과태료 처분을 받은 사람이 같은 위반행위를 한 경우 택시운전자격의 처분기준은?

① 자격정지 15일
② 자격정지 50일
③ 자격취소
④ 자격정지 5일

해설 법에서 정한 운수종사자의 준수사항을 이행하지 않아 1년간 세 번의 과태료 처분을 받은 사람이 같은 위반행위를 한 경우 운전자격이 취소된다.

34 여객자동차 운수사업법령상 정당한 사유 없이 운수종사자의 교육과정을 마치지 않은 경우 택시운전자격의 처분기준은?

① 자격정지 15일
② 자격정지 30일
③ 자격취소
④ 자격정지 5일

해설 정당한 사유 없이 운수종사자의 교육과정을 마치지 않은 경우 1차 위반 및 2차 이상 위반 시 모두 자격정지 5일에 해당된다.

35 여객자동차 운수사업법령상 교통사고로 인하여 사망자 2명 이상의 사망자가 발생한 경우 택시운전자격의 처분기준은?

① 자격취소
② 자격정지 60일
③ 자격정지 50일
④ 자격정지 40일

해설 인명피해 교통사고에 따른 운전자격 처분기준
• 사망자 2명 이상 : 자격정지 60일
• 사망자 1명 및 중상자 3명 이상 : 자격정지 50일
• 중상자 6명 이상 : 자격정지 40일

36 여객자동차 운수사업법령상 위반행위에 따른 택시운전자격 처분기준이 자격취소에 해당하는 것은?

① 개인택시운송사업자가 불법으로 타인으로 하여금 대리운전을 하게 한 경우
② 교통사고로 중상자 6명 이상을 다치게 한 경우
③ 정당한 사유 없이 법에서 정한 운수종사자의 교육을 받지 않은 경우
④ 교통사고와 관련하여 거짓으로 보험금을 청구하여 금고 이상의 형을 선고받고 그 형이 확정된 경우

해설
• ①항 : 자격정지 30일
• ②항 : 자격정지 40일
• ③항 : 자격정지 5일
• ④항 : 자격취소

37 여객자동차운송사업용 일반택시의 차령 기준으로 **틀린** 것은?

① 경형 · 소형 - 3년 6개월
② 배기량 2,400cc 미만 - 5년
③ 배기량 2,400cc 이상 - 6년
④ 전기자동차 - 6년

해설 여객자동차동운송사업용 택시의 차령

사업의 구분		차령
개인택시	경형 · 소형	5년
	배기량 2,400cc 미만	7년
	배기량 2,400cc 이상	9년
	환경친화적자동차	9년
일반택시	경형 · 소형	3년 6개월
	배기량 2,400cc 미만	4년
	배기량 2,400cc 이상	6년
	환경친화적자동차	6년

※환경친화적자동차 : 전기자동차, 태양광자동차, 수소전기자동차

38 여객자동차 운수사업에 사용되는 자동차의 차령 제한에 대한 설명으로 **틀린** 것은?

① 시 · 도지사는 해당 시 · 도의 여객자동차 운수사업용 자동차의 운행 여건 등을 고려하여 대통령령으로 정하는 안전성 요건이 충족되는 경우에는 2년의 범위에서 차령을 연장할 수 있다.
② 대폐차에 충당되는 자동차의 차량충당연한은 승용자동차의 경우 3년, 승합자동차의 경우 5년이다.
③ 국토교통부장관은 자동차의 제작 · 조립이 중단되거나 출고가 지연되는 등 부득이한 사유로 자동차를 공급하는 것이 현저히 곤란하다고 인정하면 6개월의 범위에서 차령을 초과하여 운행하게 할 수 있다.
④ 차령과 그 연장요건, 차량충당연한의 기산일 및 계산 방법 등에 관하여 필요한 사항은 대통령령으로 정한다.

정답 30 ④ 31 ① 32 ④ 33 ③ 34 ④

정답 35 ② 36 ④ 37 ② 38 ②

해설 대폐차란 차령이 만료되거나 운행거리를 초과한 차량 등을 다른 차량으로 대체하는 것으로 대폐차에 사용되는 자동차의 차량충당연한은 승용자동차의 경우 1년, 승합자동차의 경우는 3년이다.

39 다음 보기의 괄호 안에 들어갈 내용으로 알맞은 것은?

> 국토교통부장관 또는 시·도지사는 여객자동차 운수사업자에게 사업정지처분을 하여야 하는 경우에 그 사업정지 처분이 그 여객자동차 운수사업을 이용하는 사람들에게 심한 불편을 주거나 공익을 해칠 우려가 있는 때에는 그 사업정지 처분을 갈음하여 ( ) 이하의 과징금을 부과·징수할 수 있다.

① 2천만원
② 3천만원
③ 5천만원
④ 7천만원

해설 국토교통부장관 또는 시·도지사는 여객자동차 운수사업자에게 사업정지처분을 하여야 하는 경우에 그 사업정지처분이 그 여객자동차 운수사업을 이용하는 사람들에게 심한 불편을 주거나 공익을 해칠 우려가 있는 때에는 그 사업정지 처분을 갈음하여 5천만원 이하의 과징금을 부과·징수할 수 있다.

40 여객자동차 운수사업법령상 사업정지 처분에 갈음하여 부과되는 과징금의 사용 용도가 아닌 것은?

① 터미널 시설의 정비·확충
② 벽지노선 등을 운행하여 생긴 손실의 보전(補塡)
③ 지방자치단체가 설치하는 터미널을 건설하는 데에 필요한 자금의 지원
④ 운수종사자의 복지 향상을 위한 자금 지원

해설 **과징금의 사용 용도**
• 벽지노선이나 그 밖에 수익성이 없는 노선 등을 운행하여 생긴 손실의 보전(補塡)
• 운수종사자의 양성, 교육훈련, 그 밖의 자질 향상을 위한 시설과 운수종사자에 대한 지도 업무를 수행하기 위한 시설의 건설 및 운영
• 지방자치단체가 설치하는 터미널을 건설하는 데에 필요한 자금의 지원
• 터미널 시설의 정비·확충
• 여객자동차 운수사업의 경영 개선이나 여객자동차 운수사업의 발전을 위하여 필요한 사업
• 여객자동차운수사업법을 위반하는 행위를 예방 또는 근절하기 위하여 지방자치단체가 추진하는 사업

41 여객자동차 운수사업법령상 1차 위반 시 과징금 180만원이 부과되는 위반내용은?

① 운수종사자의 자격요건을 갖추지 않은 사람을 운전업무에 종사하게 한 경우
② 면허를 받거나 등록한 업종의 범위를 벗어나 사업을 한 경우
③ 운수종사자의 교육에 필요한 조치를 하지 않은 경우
④ 면허를 받은 사업구역 외의 행정구역에서 사업을 한 경우

해설 과징금 부과기준(단위 : 만원)

위반내용	위반횟수	일반택시	개인택시
운수종사자의 자격요건을 갖추지 않은 사람을 운전업무에 종사하게 한 경우	1차	360	360
	2차	720	720
면허를 받거나 등록한 업종의 범위를 벗어나 사업을 한 경우	1차	180	180
	2차	360	360
	3차 이상	540	540
운수종사자의 교육에 필요한 조치를 하지 않은 경우	1차	30	-
	2차	60	-
	3차 이상	90	-
여객자동차운송사업자가 면허를 받은 사업구역 외의 행정구역에서 사업을 한 경우	1차	40	40
	2차	80	80
	3차 이상	160	160

42 여객자동차 운수사업법령상 과태료 부과 및 일반기준에 관한 설명으로 틀린 것은?

① 하나의 행위가 둘 이상의 위반행위에 해당하는 경우에는 그 중 가벼운 과태료의 부과기준에 따른다.
② 위반행위의 횟수에 따른 과태료의 가중된 부과기준은 최근 1년간 같은 위반행위로 과태료 부과처분을 받은 경우에 적용한다.
③ 위반의 내용·정도가 중대하여 이용객 등에게 미치는 피해가 크다고 인정되는 경우 과태료 금액을 가중할 수 있다.
④ 과태료 금액을 가중하는 경우에는 과태료 금액의 상한인 1천만원을 넘길 수 없다.

해설 하나의 행위가 둘 이상의 위반행위에 해당하는 경우에는 그 중 무거운 과태료의 부과기준에 따른다.

43 여객자동차 운수사업법령상 중대한 교통사고 시 보고를 하지 않거나 거짓 보고를 한 경우 1회 위반 시의 과태료 금액은?

① 10만원
② 20만원
③ 30만원
④ 50만원

해설 중대한 교통사고 시 보고를 하지 않거나 거짓 보고를 한 경우 1회 20만원, 2회 30만원, 3회 이상 50만원의 과태료가 부과된다.

44 다음 보기 중 여객자동차 운수사업법령상 과태료 금액이 다른 위반행위는?(단, 1회 위반 시 기준이다.)

① 정당한 사유 없이 여객의 승차를 거부하거나 여객을 중도에 내리게 하는 행위
② 일정한 장소에 오랜 시간 정차하여 여객을 유치(誘致)하는 행위
③ 부당한 운임 또는 요금을 받는 행위
④ 여객자동차운송사업용 자동차 안에서 흡연하는 행위

해설 **운수종사자의 준수사항 위반에 따른 과태료**

위반행위	과태료 금액(만원)		
	1회	2회	3회 이상
• 정당한 사유없이 여객의 승차를 거부하거나 여객을 중도에서 내리게 하는 행위 • 부당한 운임 또는 요금을 받는 행위 • 일정한 장소에 오랜 시간 정차하여 여객을 유치하는 행위	20	20	20
• 여객이 승하차하기 전에 자동차를 출발시키거나 승하차할 여객이 있는데도 정차하지 아니하고 정류소를 지나치는 행위 • 여객자동차운송사업용 자동차 안에서 흡연하는 행위 • 택시요금미터를 임의로 조작 또는 훼손하는 행위	10	10	10

45 여객자동차 운수사업법령상 운수종사자가 차량의 출발 전에 여객이 좌석안전띠를 착용하도록 안내하지 않은 경우 1회 위반 시에 부과되는 과태료 금액은?

① 3만원
② 5만원
③ 10만원
④ 20만원

해설 1회 3만원, 2회 5만원, 3회 10만원

정답 39 ③ 40 ④ 41 ②　　　정답 42 ① 43 ② 44 ④ 45 ①

적중 예상문제

제 01 장 l 교통 및 운수 관련 법규

SECTION 2 택시운송사업의 발전에 관한 법률

46 택시운송사업의 발전에 관한 법률의 목적과 거리가 먼 것은?

① 택시운송사업의 건전한 발전을 도모
② 여객의 원활한 운송
③ 택시운수종사자의 복지 증진
④ 국민의 교통편의 제고

> **해설** 택시운송사업의 발전에 관한 법률은 택시운송사업의 발전에 관한 사항을 규정함으로써 택시운송사업의 건전한 발전을 도모하여 택시운수종사자의 복지 증진과 국민의 교통편의 제고에 이바지함을 목적으로 한다.

47 택시공영차고지의 설치권한을 가진 사람에 해당되지 않는 자는?

① 시장　　　　　② 군수
③ 도지사　　　　④ 연합회

> **해설**
> • 택시공영차고지 : 택시운송사업에 제공되는 차고지(車庫地)로서 특별시장 · 광역시장 · 특별자치시장 · 도지사 · 특별자치도지사 또는 시장 · 군수 · 구청장(자치구의 구청장)이 설치한 것
> • 택시공동차고지 : 택시운송사업에 제공되는 차고지로서 2인 이상의 일반택시운송사업자가 공동으로 설치 또는 임차하거나 조합 또는 연합회가 설치 또는 임차한 차고지

48 택시운송사업의 발전에 관한 법률에 근거하여 택시운송사업에 관한 중요 정책 등에 관한 사항을 심의를 위하여 국토교통부장관 소속으로 둔 기관은?

① 조합
② 택시발전위원회
③ 택시정책심의위원회
④ 연합회

> **해설** 택시운송사업에 관한 중요 정책 등에 관한 사항을 심의를 위하여 국토교통부장관 소속으로 한 택시정책심의위원회는 위원장 1명을 포함한 10명 이내의 위원으로 구성되며 위원의 임기는 2년이다.

49 택시운송사업의 발전에 관한 법률과 관련하여 다음 보기의 (　) 안에 들어갈 내용으로 옳은 것은?

> 국토교통부장관은 택시운송사업을 체계적으로 육성 · 지원하고 국민의 교통편의 증진을 위하여 (　㉠　) 단위의 택시운송사업 발전 기본계획을 (　㉡　) 마다 수립하여야 한다.

① ㉠ 5년, ㉡ 10년
② ㉠ 5년, ㉡ 5년
③ ㉠ 10년, ㉡ 5년
④ ㉠ 10년, ㉡ 10년

> **해설** 국토교통부장관은 택시운송사업을 체계적으로 육성 · 지원하고 국민의 교통편의 증진을 위하여 관계 중앙행정기관의 장 및 시 · 도지사의 의견을 들어 5년 단위의 택시운송사업 발전 기본계획을 5년 마다 수립하여야 한다.

50 택시운송사업의 발전에 관한 법률상 일반택시운송사업자가 운수종사자에게 부담시킬 수 없는 비용이 아닌 것은?

① 유류비 및 세차비
② 택시운송사업자가 차량 내부에 붙이는 장비의 설치비 및 운영비
③ 신규차량을 운수종사자에게 배차하면서 추가 징수하는 비용을 포함한 택시 구입비
④ 운수종사자의 음주사고로 인한 차량수리비

> **해설** 운송비용 전가 금지 항목
> • 택시 구입비(신규차량을 택시운수종사자에게 배차하면서 추가 징수하는 비용 포함)
> • 유류비
> • 세차비
> • 택시운송사업자가 차량 내부에 붙이는 장비의 설치비 및 운영비
> • 사고로 인한 차량수리비, 보험료 증가분 등 교통사고 처리에 드는 비용(해당 교통사고가 음주 등 택시운수종사자의 고의 · 중과실로 인하여 발생한 것인 경우는 제외)

51 택시운송사업의 발전에 관한 법률상 일반택시 운수종사자가 운전 중 직접 부담하여야 하는 비용은?

① 유류비
② 세차비
③ 택시구입비
④ 식비

> **해설** 50번 해설 참조

52 택시운송사업의 발전에 관한 법률상 택시운수종사자의 준수사항이 아닌 것은?

① 정당한 사유 없이 여객의 승차를 거부하거나 여객을 중도에서 내리게 하는 행위
② 부당한 운임 또는 요금을 받는 행위
③ 운행기록계가 설치되어 있지 않은 자동차를 운전하는 행위
④ 여객을 합승하도록 하는 행위

> **해설** 택시운송사업의 발전에 관한 법률상 택시운수종사자의 준수사항
> • 정당한 사유 없이 여객의 승차를 거부하거나 여객을 중도에서 내리게 하는 행위
> • 부당한 운임 또는 요금을 받는 행위
> • 여객을 합승하도록 하는 행위
> • 여객의 요구에도 불구하고 영수증 발급 또는 신용카드결제에 응하지 아니하는 행위 (영수증발급기 및 신용카드결제기가 설치되어 있는 경우에 한정)
> ※ 보기 ③항의 경우 도로교통법상 특정 운전자의 준수사항에 해당된다.

53 택시운송사업의 발전에 관한 법률상 국토교통부장관 또는 시 · 도지사가 운행기록장치와 택시요금미터를 활용하여 수집할 수 있는 정보가 아닌 것은?

① 주행거리 및 속도
② 위치정보(GPS)
③ 분당 회전수(RPM)
④ 승객 관련 정보

> **해설** 운행기록장치와 택시요금미터를 활용하여 수집할 수 있는 정보
> • 주행거리, 속도, 위치정보(GPS), 분당 회전수(RPM), 브레이크신호, 가속도 등 운행기록장치에 기록된 정보
> • 승차일시, 승차거리, 영업거리, 요금정보 등 택시요금미터에 기록된 정보

54 택시운송사업의 발전에 관한 법률상 택시운수종사자의 위반행위에 따른 운전업무 종사자격 취소 등 처분기준에 대한 내용이 틀린 것은?

① 여객의 요구에도 불구하고 영수증 발급에 응하지 않아 3차 이상 처분을 받은 경우 : 자격정지 20일
② 여객을 합승하도록 하는 행위로 인하여 3차 이상 처분을 받는 경우 : 자격정지 20일
③ 정당한 사유 없이 여객의 승차를 거부하는 행위로 3차 이상 처분을 받은 경우 : 자격취소
④ 여객을 합승하도록 하는 행위로 3차 이상 처분을 받은 경우 : 자격취소

정답 46 ② 47 ④ 48 ③ 49 ② 50 ④　　택시운전자격시험 문제집　　**정답** 51 ④ 52 ③ 53 ④ 54 ④

해설 택시발전법상 운전업무 종사자격의 취소 등 처분기준

위반행위	처분기준		
	1차 위반	2차 위반	3차 이상 위반
정당한 사유 없이 여객의 승차를 거부하거나 여객을 중도에서 내리게 하는 행위	경고	자격정지 30일	자격취소
부당한 운임 또는 요금을 받는 행위	경고	자격정지 30일	자격취소
여객을 합승하도록 하는 행위	경고	자격정지 10일	자격정지 20일
여객의 요구에도 불구하고 영수증 발급 또는 신용카드결제에 응하지 않는 행위(영수증발급기 및 신용카드결제기가 설치되어 있는 경우에 한정)	경고	자격정지 10일	자격정지 20일

55 택시운송사업의 발전에 관한 법률과 도로교통법, 여객자동차 운수사업법의 내용이 다를 경우 적용 기준으로 옳은 것은?

① 도로교통법을 우선하여 적용한다.
② 택시운송사업의 발전에 관한 법률을 우선하여 적용한다.
③ 여객자동차 운수사업법을 우선하여 적용한다.
④ 어느 법률을 적용하더라도 상관없다.

해설 다른 법률과의 관계
- 택시운송사업의 발전에 관한 법률은 택시운송사업에 관하여 다른 법률에 우선하여 적용한다.
- 택시운송사업 및 택시운수종사자에 관하여 택시운송사업의 발전에 관한 법률에서 정한 사항 외에는 여객자동차 운수사업법에 따른다.

SECTION 3 도로교통법령

56 다음 중 도로교통법상의 도로에 해당되지 않는 것은?

① 깊은 산 속 비포장도로
② 통행이 자유로운 아파트 단지 내의 큰 도로
③ 공원의 휴양지 도로
④ 군부대 내 도로

해설 도로교통법상 도로는 도로법에 따른 도로, 유료도로법에 따른 유료도로, 농어촌도로 정비법에 따른 농어촌도로, 그 밖에 현실적으로 불특정 다수의 사람 또는 차마가 통행할 수 있도록 공개된 장소로서 안전하고 원활한 교통을 확보할 필요가 있는 장소를 말하며, 자동차 운전학원 운동장, 학교 운동장, 유료주차장 내, 해수욕장의 모래밭 길 등 출입에 제한을 받는 곳은 도로교통법상의 도로에 해당되지 않는다.

57 다음 중 '차도와 보도를 구분하는 돌 등으로 이어진 선'을 무엇이라 하는가?

① 구분선   ② 차선
③ 연석선   ④ 경계선

해설 용어의 정의
- 연석선 : 차도와 보도를 구분하는 돌 등으로 이어진 선
- 차선 : 차로와 차로를 구분하기 위하여 그 경계지점을 안전표지로 표시한 선

58 도로교통법상 연석선, 안전표지나 그와 비슷한 인공구조물로 경계를 표시하여 보행자가 통행할 수 있도록 한 도로의 부분은?

① 보도
② 길가장자리구역
③ 횡단보도
④ 자전거횡단도

해설 보도란 연석선(차도와 보도를 구분하는 돌 등으로 이어진 선), 안전표지나 그와 비슷한 인공구조물로 경계를 표시하여 보행자가 통행할 수 있도록 한 도로의 부분을 말한다.

59 도로교통법상 정차란 운전자가 (   )을 초과하지 아니하고 차를 정지시키는 것으로서 주차 외의 정지상태를 말한다. (   ) 안에 맞는 것은?

① 5분   ② 7분
③ 9분   ④ 10분

해설 "정차"란 운전자가 5분을 초과하지 아니하고 차를 정지시키는 것으로서 주차 외의 정지 상태를 말한다.

60 다음 중 도로교통법에서 규정하는 '차'에 해당되지 않는 것은?

① 자동차
② 원동기장치자전거
③ 기차
④ 사람이 끌고 가는 손수레

해설 도로교통법상 '차'의 정의 : 자동차, 건설기계, 원동기장치자전거, 자전거, 사람 또는 가축의 힘이나 그 밖의 동력에 의하여 도로에서 운전되는 것으로 다만, 철길이나 가설된 선에 의하여 운전되는 것, 유모차와 행정안전부령이 정하는 보행보조용 의자차를 제외한다.

61 도로교통법상 '어린이통학버스'의 신고 요건 중 교육대상으로 하는 시설의 어린이의 연령기준은?

① 8세 미만   ② 10세 미만
③ 13세 미만   ④ 17세 미만

해설 어린이통학버스란 법령으로 정해진 시설 가운데 어린이(13세 미만의 사람)를 교육 대상으로 하는 시설에서 어린이의 통학 등에 이용되는 자동차로 관할 경찰서장에게 신고하고 신고필증을 교부받은 자동차를 말한다.

62 어린이통학버스로 신고할 수 있는 자동차의 승차정원 기준으로 맞는 것은?

① 11인승 이상
② 16인승 이상
③ 17인승 이상
④ 9인승 이상

해설 어린이통학버스로 신고할 수 있는 자동차는 승차정원 9인승 이상의 자동차로 한다.

63 도로교통법상 안전표지의 종류가 아닌 것은?

① 주의표지   ② 안내표지
③ 규제표지   ④ 노면표시

해설 도로교통법상의 안전표지란 교통안전에 필요한 주의·규제·지시 등을 표시하는 표지판이나 도로의 바닥에 표시하는 기호·문자 또는 선 등을 말하는 것으로 주의표지, 규제표지, 지시표지, 보조표지 및 노면표시로 구분된다.

64 교통안전시설이 표시하는 신호 또는 지시와 교통정리를 하는 경찰공무원의 신호 또는 지시가 서로 다른 경우 운전자가 취해야 할 조치는?

① 교통안전시설이 표시하는 신호 또는 지시에 따른다.
② 경찰공무원의 신호 또는 지시에 따른다.
③ 둘 중 어느 것에 따라도 상관없다.
④ 서로 다른 신호 또는 지시이므로 따를 의무가 없다.

해설 교통안전시설이 표시하는 신호 또는 지시와 교통정리를 위한 경찰공무원 또는 경찰보조자의 신호 또는 지시가 서로 다른 경우에는 경찰공무원 등의 신호 또는 지시에 따라야 한다.

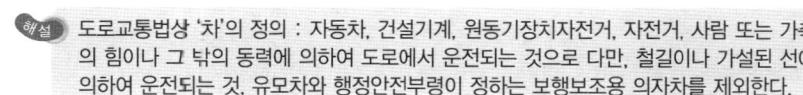

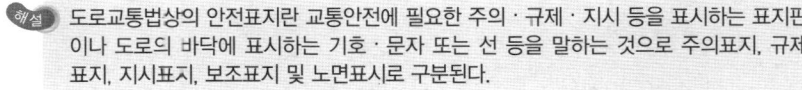

적중 예상문제

제 01 장 ㅣ 교통 및 운수 관련 법규

65 다음 안전표지에 대한 설명으로 맞는 것은?

① 좌우합류도로 표지이다.
② 양측방 통행 표지이다.
③ 오르막길 내리막길 표지이다.
④ 중앙분리대 시작 표지이다.

해설 전방에 중앙분리대가 시작되는 도로가 있음을 알리는 주의표지이다.

66 다음 중 편도 4차로인 고속도로에서 대형승합자동차의 통행차로는?

① 1차로
② 2차로
③ 2차로 및 3차로
④ 3차로 및 4차로

해설 편도 4차로의 고속도로에서 차로에 따른 통행구분
• 1차로 : 앞지르기하려는 승용자동차 및 경형·소형·중형 승합자동차의 앞지르기 차로
• 2차로(왼쪽 차로) : 승용자동차 및 경형·소형·중형 승합자동차
• 3차로 및 4차로(오른쪽 차로) : 대형 승합자동차, 화물자동차, 특수자동차 및 건설기계

67 다음 중 편도 3차로 고속도로 외의 도로에서 차로에 따른 통행차의 기준을 설명한 것으로 틀린 것은?

① 중형 승합자동차가 1차로를 주행하였다.
② 승용자동차가 2차로를 주행하였다.
③ 대형 승합자동차가 1차로를 주행하였다.
④ 건설기계가 3차로를 주행하였다.

해설 편도 3차로인 일반도로에서 1차로는 왼쪽 차로로 승용자동차 및 경형·소형·중형 승합자동차의 주행차로이다.

68 편도 3차로 고속도로에서 1차로가 차량 통행량 증가 등으로 인하여 부득이하게 시속 ( ) 킬로미터 미만으로 통행할 수밖에 없는 경우에는 앞지르기를 하는 경우가 아니더라도 통행할 수 있다. ( ) 안의 기준으로 맞는 것은?

① 80
② 90
③ 100
④ 110

해설 차량통행량 증가 등 도로상황으로 인하여 부득이하게 시속 80km 미만으로 통행할 수밖에 없는 경우에는 앞지르기를 하는 경우가 아니라도 고속도로의 앞지르기 차로인 1차로를 통행할 수 있다.

69 다음은 차로의 순위 기준에 대한 설명이다. 올바른 것은?

① 차로의 순위 지정은 길 가장자리에서부터 1차로로 한다.
② 중앙선이 설치된 도로에서는 도로의 중앙선 쪽으로부터 1차로로 한다.
③ 일방통행도로에서는 도로의 오른쪽부터 1차로로 한다.
④ 버스전용차로가 설치된 도로에서의 차로의 수는 전용차로를 포함한다.

해설 차로의 순위는 도로의 중앙선 쪽에 있는 차로부터 1차로로 한다. 다만, 일방통행도로에서는 도로의 왼쪽부터 1차로로 한다. 또는 버스전용차로가 설치된 도로인 경우 이를 포함하지 않는다.

70 도로 위 청색 실선으로 표시된 노면표시의 뜻은?

① 버스전용차로 표시
② 차로변경 제한선 표시
③ 승용차 차로변경 금지 표시
④ 주·정차 금지표시

해설 노면표시의 색
• 황색 : 중앙선 표시, 노상장애물 중 도로중앙장애물 표시, 주차금지 표시, 정차·주차 금지 표시 및 안전지대 표시
• 청색 : 버스전용차로 표시 및 다인승차량 전용차선 표시
• 적색 : 어린이보호구역 또는 주거지역 안에 설치하는 속도제한 표시의 테두리선

71 고속도로 버스전용차로를 통행할 수 있는 9인승 승용자동차는 ( ) 명 이상 승차한 경우로 한정한다. ( ) 안에 맞는 것은?

① 3
② 4
③ 5
④ 6

해설 승용자동차 또는 12인승 이하의 승합자동차는 6인 이상이 승차한 경우에만 고속도로 버스전용차로를 통행할 수 있다.

72 다음 중 편도 2차로 이상의 고속도로에서 최고속도 중 옳은 것은(단, 지정·고시한 노선 또는 구간의 고속도로는 제외)?

① 특수자동차 – 90km/h
② 승합자동차 – 110km/h
③ 승용차 – 120km/h
④ 적재중량 1.5톤 초과 화물자동차 – 80km/h

해설 편도 2차로 이상의 고속도로에서 최고속도는 100km/h(적재중량 1.5톤을 초과하는 화물자동차, 특수자동차, 위험물운반자동차, 건설기계는 80km/h)이며, 지정·고시한 노선 또는 구간의 고속도로에서는 120km/h(적재중량 1.5톤을 초과하는 화물자동차, 특수자동차, 위험물운반자동차, 건설기계는 90km/h)이다.

73 주거지역·상업지역 및 공업지역의 일반도로에서 자동차의 최고속도는 얼마인가?

① 50km/h
② 60km/h
③ 70km/h
④ 80km/h

해설 주거지역·상업지역 및 공업지역의 일반도로에서 자동차의 최고속도는 50km/h 이내이며, 최저속도는 제한이 없다.

74 편도 1차로인 고속도로에서 자동차의 최고속도는?

① 60km/h
② 80km/h
③ 100km/h
④ 120km/h

해설 편도 1차로인 고속도로에서 자동차의 최고속도는 80km/h이며, 최저속도는 50km/h이다.

75 편도 3차로인 고속도로에서 최고속도의 적용이 다른 자동차는(단, 지정·고시한 노선 또는 구간의 고속도로는 제외)?

① 승용자동차
② 승합자동차
③ 적재중량 1.5톤 이하인 화물자동차
④ 위험물운반자동차

해설 보기 중 ①, ②, ③항의 최고속도는 100km/h, 적재중량 1.5톤을 초과하는 화물자동차, 특수자동차, 위험물운반자동차와 건설기계의 최고속도는 80km/h이다.

정답 65 ④ 66 ④ 67 ③ 68 ① 69 ②

택시운전자격시험 문제집

정답 70 ① 71 ④ 72 ④ 73 ① 74 ② 75 ④

76 자동차전용도로에서 자동차의 최고속도 기준은?

① 120km/h ② 110km/h
③ 100km/h ④ 90km/h

해설 자동차전용도로에서 자동차의 최고속도는 90km/h, 최저속도는 30km/h이다.

77 다음 중 최고속도의 100분의 50을 줄인 속도로 운행해야 하는 경우가 아닌 것은?

① 폭우, 폭설, 안개 등으로 가시거리가 100m 이내인 경우
② 비가 내려 노면이 젖어 있는 경우
③ 노면이 얼어붙은 경우
④ 눈이 20mm 이상 쌓인 경우

해설 비가 내려 노면이 젖어 있는 경우, 눈이 20mm 미만 쌓인 경우는 최고속도의 20/100을 줄인 속도로 운행하여야 한다.

78 편도 3차로 자동차전용도로의 구간에 최고속도 매 시 60km의 안전표지가 설치되어 있다. 다음 중 운전자의 속도 준수방법으로 맞는 것은?

① 매시 90km로 이하로 주행한다.
② 매시 80km로 이하로 주행한다.
③ 매시 70km로 이하로 주행한다.
④ 매시 60km로 이하로 주행한다.

해설 안전표지로 속도를 지정하고 있는 경우에는 법정속도보다 안전표지가 지정하고 있는 규제속도를 우선 준수해야 한다.

79 최고제한속도가 80km/h인 도로에 눈이 20mm 이상 쌓인 경우 자동차의 최고속도는?

① 100km/h ② 80km/h
③ 64km/h   ④ 40km/h

해설 노면이 얼어붙은 경우, 눈이 20mm 이상 쌓인 경우, 가시거리가 100m 이내인 경우 100분의 50을 줄인 속도로 운행해야 하므로, 40km/h가 최고속도가 된다.

80 다음은 앞지르기에 대한 설명이다. 올바른 운전방법은?

① 다른 차를 앞지르려면 앞차의 좌측으로 통행하여야 한다.
② 앞지르기를 할 때는 해당 도로의 최고속도 기준을 넘을 수 있다.
③ 필요한 경우 앞차의 우측으로 앞지르기하거나 2대 이상을 앞지르기할 수 있다.
④ 앞차가 다른 차를 앞지르려고 하는 경우에도 앞지르기할 수 있다.

해설 모든 차의 운전자는 다른 차를 앞지르려면 앞차의 좌측으로 통행하여야 한다. 다만, 자전거의 운전자는 서행하거나 정지한 다른 차를 앞지르려면 앞차의 우측으로 통행할 수 있다. 이 경우 자전거의 운전자는 정지한 차에서 승차하거나 하차하는 사람의 안전에 유의하여 서행하거나 필요한 경우 일시정지하여야 한다.

81 앞차를 앞지르기하고자 할 때의 속도로 알맞은 것은?

① 해당 도로의 최고속도 제한 범위 내
② 자동차의 경제속도 범위 내
③ 해당 도로의 최저속도 제한 범위 내
④ 속도와 무관하다.

해설 앞지르기하고자 할 경우에도 해당 도로의 최고속도 기준을 넘어서 운행해서는 안 된다.

82 앞지르기가 금지되는 장소가 아닌 것은?

① 교차로
② 터널 안
③ 다리 아래
④ 비탈길의 고갯마루 부근

해설 교차로, 터널 안, 다리 위 및 도로의 구부러진 곳, 비탈길의 고갯마루 부근 또는 가파른 비탈길의 내리막 등에서는 다른 차를 앞지르기해서는 안 된다.

83 다음 중 교차로에 진입하여 신호가 바뀐 후에도 지나가지 못해 다른 차량 통행을 방해하는 행위인 "꼬리 물기"를 하였을 때의 위반 행위로 맞는 것은?

① 교차로통행방법 위반
② 일시정지 위반
③ 진로변경방법 위반
④ 혼잡완화조치 위반

해설 신호기로 교통정리를 하고 있는 교차로 진입 시 진행 차로의 앞쪽에 있는 차의 상황에 따라 교차로(정지선이 설치되어 있는 경우에는 그 정지선을 넘은 부분에) 정지하게 되어 다른 차의 통행에 방해가 될 우려가 있는 경우에는 그 교차로에 들어가서는 안 된다.

84 긴급자동차의 우선 통행에 대한 설명으로 틀린 것은?

① 긴급자동차는 긴급하고 부득이한 경우에는 도로의 중앙이나 좌측 부분을 통행할 수 있다.
② 긴급자동차는 정지하여야 하는 경우에도 불구하고 긴급하고 부득이한 경우에는 정지하지 아니할 수 있다.
③ 본래의 긴급한 용도로 사용되고 있는 경우 앞지르기 금지시기 및 장소에서 앞지르기할 수 있다.
④ 본래의 긴급한 용도로 사용되고 있는 경우 앞차의 우측으로 앞지르기할 수 있다.

해설 **긴급자동차에 대한 특례(긴급자동차에 대하여는 적용하지 않는 규정)**
• 자동차의 속도 제한(단, 긴급자동차에 대하여 속도를 제한한 경우에는 속도제한 규정을 적용)
• 앞지르기의 금지의 시기 및 장소
• 끼어들기의 금지

85 다음 중 반드시 일시정지해야 할 장소는?

① 교통정리를 하고 있지 않는 교차로
② 교통정리 없고 좌우를 확인할 수 없거나 교통이 빈번한 교차로
③ 도로가 구부러진 부근
④ 비탈길의 고갯마루 부근

해설 **일시정지해야 하는 장소**
• 교통정리를 하고 있지 아니하고 좌우를 확인할 수 없거나 교통이 빈번한 교차로
• 지방경찰청장이 필요하다고 인정하여 안전표지(일시정지)로 지정한 곳

86 어린이가 보호자 없이 도로를 횡단하고 있는 경우 운전자의 올바른 운전요령은?

① 속도를 줄이고 횡단하고 있는 어린이를 피해 지나간다.
② 경음기를 울려 어린이에게 주의를 주면서 진행하던 속도로 지나간다.
③ 일시정지하여 횡단이 끝난 것을 확인한 뒤 지나간다.
④ 즉시 정지할 수 있는 정도의 속도로 줄여서 천천히 지나간다.

해설 어린이가 보호자 없이 도로를 횡단하는 때, 어린이가 도로에 앉아 있거나 서 있을 때 또는 어린이가 도로에서 놀이를 할 때 등 어린이에 대한 교통사고의 위험이 있는 것을 발견한 경우 모든 운전자는 일시정지 하여야 한다.

정답 76 ④ 77 ② 78 ④ 79 ④ 80 ① 81 ①   **정답** 82 ③ 83 ① 84 ④ 85 ② 86 ③

적중 예상문제

제 01 장 I 교통 및 운수 관련 법규

87 교통안전표지 중 '서행'표지가 설치되어 있는 곳에서는 어느 정도의 속도로 운행해야 하는가?

① 해당 도로의 최고속도에서 100분의 50을 줄인 속도로 운행한다.
② 즉시 정지할 수 있는 정도의 느린 속도로 운행한다.
③ 매시 30km 정도의 속도로 운행한다.
④ 해당 도로의 최고속도에서 100분의 20을 줄인 속도로 운행한다.

> **해설** 서행(徐行)이란 운전자가 차를 즉시 정지시킬 수 있는 정도의 느린 속도로 진행하는 것을 말한다.

88 도로교통법상 정차와 주차가 모두 금지되는 장소는?

① 터널 안
② 도로공사 구역의 가장자리로부터 5m 이내인 곳
③ 다리 위
④ 교차로의 가장자리로부터 5m 이내인 곳

> **해설** 보기 중 ④항은 정차와 주차가 모두 금지되며, 나머지 항목들은 주차가 금지되는 장소이다.

89 야간에 도로에서 차를 운행하는 경우 여객자동차운송사업용 승용자동차인 택시가 켜야 하는 등화는?

① 전조등, 차폭등
② 전조등, 차폭등, 미등
③ 전조등, 차폭등, 미등, 번호등
④ 전조등, 차폭등, 미등, 번호등, 실내조명등

> **해설** 밤에 도로에서 차를 운행하는 경우 자동차는 전조등, 차폭등, 미등, 번호등과 실내조명등(실내조명등은 승합자동차와 여객자동차 운수사업법에 의한 여객자동차운송사업용 승용자동차에 한한다)을 켜야 한다.

90 도로교통법에서 정한 운전이 금지되는 술에 취한 상태의 기준으로 맞는 것은?

① 혈중알코올농도 0.03% 이상인 상태로 운전
② 혈중알코올농도 0.05% 이상인 상태로 운전
③ 혈중알코올농도 0.07% 이상인 상태로 운전
④ 혈중알코올농도 0.1% 이상인 상태로 운전

> **해설** 운전이 금지되는 술에 취한 상태의 기준은 혈중알코올농도 0.03% 이상, 면허 취소에 해당하는 만취 기준은 0.08% 이상이다.

91 편도 2차로 도로에서 어린이통학버스가 도로에 정차하여 어린이나 영·유아가 타고 내리고 있을 경우 운전자의 행동으로 옳은 것은?

① 어린이통학버스에 이르기 전에 일시정지하여 안전을 확인한 후 서행하여 지나간다.
② 정차되어 있는 어린이통학버스 좌측 옆으로 지나간다.
③ 어린이통학버스 운전자에게 차량을 안전한 곳으로 이동하도록 경고한다.
④ 어린이나 영·유아가 타고 내리는 데 방해가 되지 않 도록 중앙선을 넘어 서행으로 지나간다.

> **해설** 어린이통학버스가 도로에 정차하여 어린이나 유아가 타고 내리는 중임을 표시하는 점멸등 등의 장치를 작동 중일 때에는 어린이통학버스가 정차한 차로와 그 차로의 바로 옆 차로로 통행하는 차의 운전자는 어린이통학버스에 이르기 전에 일시정지하여 안전을 확인한 후 서행하여야 한다.

92 편도 2차로 도로에서 1차로로 어린이통학버스가 어린이나 영·유아를 태우고 있음을 알리는 표시를 하며 주행 중이다. 가장 안전한 운전방법은?

① 2차로가 비어 있어도 앞지르기를 하지 않는다.
② 2차로로 앞지르기하여 주행한다.
③ 경음기를 울려 전방 진로를 비켜 달라는 표시를 한다.
④ 반대 차로의 상황을 보다 중앙선을 넘어 앞지르기 한다.

> **해설** 보기 중 가장 안전한 운전 법은 2차로가 비어 있어도 앞지르기를 하지 않는 것이다. 모든 차의 운전자는 어린이나 영·유아를 태우고 있다는 표시를 한 상태로 도로를 통행하는 어린이통학버스를 앞지르지 못한다.

93 교통사고로 사람을 다치게 한 경우 가장 먼저 해야 할 조치는?

① 즉시 정차한 후 가까운 경찰공무원에게 신고한다.
② 즉시 정차하여 사상자를 구호한다.
③ 가입된 보험사에 우선적으로 연락한다.
④ 차량의 파손 범위를 먼저 확인한다.

> **해설** 차의 운전 등 교통으로 인하여 사람을 사상(死傷)하거나 물건을 손괴(損壞)한 경우("교통사고"라고 함)에는 그 차의 운전자나 그 밖의 승무원은 즉시 정차하여 사상자를 구호하는 등 필요한 조치를 하여야 한다.

94 교통사고가 발생한 차의 운전자가 경찰공무원 등에게 신고해야 하는 사항과 가장 거리가 먼 것은?

① 사고가 일어난 곳
② 사상자 수 및 부상 정도
③ 손괴한 물건 및 손괴 정도
④ 사고 현장 주변 교통 상황

> **해설** **교통사고 시 신고사항**
> • 사고가 일어난 곳
> • 사상자 수 및 부상 정도
> • 손괴한 물건 및 손괴 정도
> • 그 밖의 조치사항 등

95 도로교통법상 밤에 고속도로에서 자동차가 고장난 경우, 고장자동차의 표지(안전삼각대)와 함께 사방 (   ) 미터 지점에서 식별할 수 있는 불꽃신호를 추가로 설치하여야 한다. (   )안에 맞는 것은?

① 100
② 200
③ 500
④ 600

> **해설** 밤에는 고장자동차의 표지와 함께 사방 500m 지점에서 식별할 수 있는 적색의 섬광신호·전기제등 또는 불꽃신호를 추가로 설치하여야 한다.

96 다음 중 고속도로 또는 자동차전용도로에서 갓길에 대한 설명으로 올바른 것은?

① 운전 중 피로하거나 졸음운전이 염려될 때는 갓길에 정차하여 휴식을 취할 수 있다.
② 동승자와 운전을 교대하기 위해 잠시 정차할 수 있다.
③ 긴급자동차와 도로 보수 등의 작업을 하는 자동차를 운전하는 경우 갓길로 통행할 수 있다.
④ 도로가 정체될 때 차량의 원활한 소통을 위해 운영된다.

> **해설** 자동차의 운전자는 고속도로 등에서 자동차의 고장 등 부득이한 사정이 있는 경우를 제외하고는 갓길(길어깨)로 통행하여서는 아니 된다. 다만, 긴급자동차와 고속도로등의 보수·유지 등의 작업을 하는 자동차를 운전하는 경우에는 그러하지 아니하다.

정답 87 ② 88 ④ 89 ④ 90 ① 91 ①

택시운전자격시험 문제집

정답 92 ① 93 ② 94 ④ 95 ③ 96 ③

97 다음 중 특별교통안전 권장교육 대상자가 아닌 사람은?

① 운전면허를 받은 사람 중 교육을 받으려는 날에 65세 이상인 사람
② 운전면허효력 정지처분을 받고 그 정지기간이 끝나지 아니한 초보운전자로서 특별교통안전 의무교육을 받은 사람
③ 교통법규 위반 등으로 인하여 운전면허효력 정지처분을 받을 가능성이 있는 사람
④ 적성검사를 받지 않아 운전면허가 취소된 사람

해설 특별교통안전 권장교육을 받을 수 있는 사람
- 교통법규 위반 중 특별교통안전 의무교육을 받아야 하는 사유 외의 사유로 인하여 운전면허효력 정지처분을 받게 되거나 받은 사람
- 교통법규 위반 등으로 인하여 운전면허효력 정지처분을 받을 가능성이 있는 사람
- 특별교통안전 의무교육을 받은 사람
- 운전면허를 받은 사람 중 교육을 받으려는 날에 65세 이상인 사람

98 음주운전으로 사람을 사상한 후 사고발생 시의 필요한 조치 및 사고신고를 하지 않아 운전면허가 취소된 경우 취소된 날부터 몇 년간 운전면허의 취득이 제한되는가?

① 10년 ② 5년
③ 4년   ④ 3년

해설 술에 취한 상태에서의 운전금지, 과로한 때 등의 운전금지, 공동 위험행위의 금지 규정을 위반하여 운전을 하다가 사람을 사상한 후 사고발생 시의 필요한 조치 및 사고신고를 하지 아니하여 운전면허가 취소된 경우 도로교통법에 따라 취소된 날로부터 5년간 운전면허의 취득이 제한된다.

99 제1종 운전면허의 시력(교정시력 포함) 기준으로 알맞은 것은?

① 두 눈을 동시에 뜨고 잰 시력이 0.8 이상이고, 양쪽 눈의 시력이 각각 0.5 이상일 것
② 두 눈을 동시에 뜨고 잰 시력이 0.5 이상일 것
③ 두 눈을 동시에 뜨고 잰 시력이 0.5 이상일 것. 다만, 한쪽 눈을 보지 못하는 사람은 다른 쪽 눈의 시력이 0.6 이상일 것
④ 두 눈을 동시에 뜨고 잰 시력이 0.8 이상일 것

해설 보기 중 ①항은 제1종, ③항은 제2종 운전면허의 시력 기준이다.

100 운전면허 취득에 필요한 색채식별과 관계 없는 색은?

① 붉은색 ② 녹색
③ 노란색 ④ 청색

해설 운전면허를 취득하기 위해서는 붉은색, 녹색 및 노란색의 색채식별이 가능해야 한다.

101 제1종 대형면허를 취득해야만 운전할 수 있는 차는?

① 트레일러 및 레커   ② 3톤 미만의 지게차
③ 아스팔트 살포기   ④ 승용자동차

해설 제1종 보통면허로는 3톤 미만의 지게차를 운전할 수 있으며, 그 외의 건설기계는 제1종 대형면허를 취득해야만 운전할 수 있다. 참고로 견인차(대형 및 소형)와 구난차는 제1종 특수면허를 취득해야 한다.

102 누산 점수 초과로 인한 운전면허 취소 기준으로 옳은 것은?

① 1년간 100점 이상   ② 2년간 191점 이상
③ 3년간 271점 이상   ④ 5년간 301점 이상

해설 1년간 121점 이상, 2년간 201점 이상, 3년간 271점 이상이면 면허가 취소된다.

103 다음 중 위반 시 15점의 벌점이 부과되는 경우가 아닌 것은?

① 40km/h 초과 60km/h 이하의 속도 위반
② 운전 중 휴대용 전화 사용
③ 운행기록계 미설치 자동차 운전금지 등의 위반
④ 운전 중 운전자가 볼 수 있는 위치에 영상 표시

해설 보기 중 ①항의 위반 사항에는 30점의 벌점이 부과된다.

104 범칙행위에 따른 벌점이 30점에 해당하는 행위는?

① 승객의 차내 소란행위 방치운전
② 어린이통학버스 특별보호 위반
③ 앞지르기 금지시기·장소 위반
④ 승객 또는 승하차자 추락방지조치 위반

해설 ① 40점, ② 30점, ③ 15점, ④ 10점

105 인적피해 교통사고 결과에 따른 벌점 기준으로 틀린 것은?

① 사망 1명마다 – 90점
② 중상 1명마다 – 30점
③ 경상 1명마다 – 5점
④ 부상신고 1명마다 – 2점

해설 중상 1명마다 15점의 벌점이 부과된다. 참고로 중상은 3주 이상의 치료를 요하는 의사의 진단이 있는 사고를 말한다.

106 도로교통 행정상 교통사고에 의한 사망은 교통사고 발생 후 몇 시간 이내에 사망한 경우인가?

① 12시간 ② 24시간
③ 48시간 ④ 72시간

해설 교통사고에 의한 사망은 교통사고 발생 후 72시간 내 사망한 것을 말한다. 그러나 이는 행정상의 구분일 뿐 72시간 이후라도 사망원인이 교통사고라면 형사적 책임이 부과된다.

107 승용자동차 운전자의 과속행위에 대한 범칙금 기준으로 맞는 것은(단, 어린이 보호구역 또는 노인·장애인보호구역이 아닌 경우이다.)?

① 시속 60km 초과 – 범칙금 12만원
② 시속 40km 초과 60km 이하 – 범칙금 10만원
③ 시속 20km 초과 40km 이하 – 범칙금 7만원
④ 시속 20km 이하 – 범칙금 5만원

해설 속도위반 범칙금액(승용자동차)
- 60km/h 초과 : 12만원
- 40km/h 초과 60km/h 이하 : 9만원
- 20km/h 초과 40km/h 이하 : 6만원
- 20km/h 이하 : 3만원

108 교통사고를 일으킨 자동차 운전자에 대한 벌점기준으로 맞는 것은?

① 자동차 운전자가 신호위반으로 사망 1명의 교통사고가 발생하면 벌점은 105점이다.
② 피해차량의 탑승자와 가해차량 운전자의 피해에 대해서도 벌점을 산정한다.
③ 교통사고의 원인점수와 인명피해 점수, 물적피해 점수를 합산한다.
④ 자동차 대 자동차 교통사고의 경우 사고원인이 두 차량에 있으면 둘 다 벌점을 산정하지 않는다.

정답 97 ④ 98 ② 99 ① 100 ④ 101 ③ 102 ③
정답 103 ① 104 ② 105 ② 106 ④ 107 ① 108 ①

적중 예상문제

제 01 장 ㅣ 교통 및 운수 관련 법규

해설 ① 신호위반에 대한 벌점 15점과 사망 1명에 대한 벌점 90점으로 105점의 벌점을 받는다. ② 가해차량 운전자 자신의 피해에 대해서는 벌점을 산정하지 않는다. ③ 교통사고의 원인 점수와 인명피해 점수를 합산한다. ④ 자동차 대 자동차 교통사고의 경우 사고원인이 두 차량 모두에 있으면 중한 위반에 대해 적용한다.

109 승용자동차가 어린이보호구역에서 주차금지 위반을 했을 경우의 과태료 금액은?(단, 같은 장소에서 2시간 미만인 경우이다.)

① 12만원 ② 10만원
③ 8만원   ④ 7만원

해설 어린이보호구역 또는 노인·장애인보호구역 내에서의 주차 및 정차는 금지되며, 이를 위반한 승용자동차 운전자에게는 12만원의 과태료가 부과된다.(같은 장소에서 2시간 이상 정차 또는 주차 위반을 한 경우는 13만원)

110 승용자동차가 어린이보호구역에서 제한속도를 20km/h 이하로 초과하여 준수하지 않았다면 부과되는 과태료 금액은?

① 16만원 ② 13만원
③ 10만원 ④ 7만원

해설 어린이보호구역 및 노인·장애인보호구역 속도위반 과태료
• 60km/h 초과 : 16만원
• 40km/h 초과 60km/h 이하 : 13만원
• 20km/h 초과 40km/h 이하 : 10만원
• 20km/h 이하 : 7만원

SECTION 4 교통사고처리특례법령

111 다음 중 교통사고처리 특례법상 처벌의 특례에 대한 설명으로 맞는 것은?

① 차의 교통으로 중과실치상죄를 범한 운전자에 대해 자동차 종합보험에 가입되어 있는 경우 무조건 공소를 제기할 수 없다.
② 차의 교통으로 업무상과실치상죄를 범한 운전자에 대해 피해자와 민사합의를 하여도 공소를 제기할 수 있다.
③ 차의 운전자가 교통사고로 인하여 형사처벌을 받게 되는 경우 5년 이하의 금고 또는 2천만원 이하의 벌금형을 받는다.
④ 규정 속도보다 매시 20km를 초과한 운행으로 인명피해 사고발생 시 종합보험에 가입되어 있으면 공소를 제기할 수 없다.

해설 보기 중 ①항과 ②항의 경우 특례가 배제되는 12가지 조항 해당 여부에 따라 공소 여부가 달라질 수 있으며, ④항의 경우 특례가 배제되는 12개 항목 중 20km/h 초과 과속에 해당하므로 형사처벌 대상이 된다.

112 보험 또는 공제에 가입된 경우라도 특례적용 사고가 발생한 때 공소를 제기할 수 있는 경우는?

① 피해가 대물피해인 경우
② 피해자가 신체의 상해로 인하여 생명에 대한 위험이 발생한 경우
③ 보험회사 등의 보험금 또는 공제금의 지급의무가 유지되고 있는 경우
④ 차량 간의 단순 접촉 사고인 경우

해설 보험 또는 공제에 가입된 경우라도 다음에 해당하는 경우 공소를 제기할 수 있다.
• 교통사고처리특례법상 특례 적용이 배제되는 사고에 해당하는 경우
• 피해자가 신체의 상해로 인하여 생명에 대한 위험이 발생하거나 불구(不具) 또는 불치(不治)나 난치(難治)의 질병이 생긴 경우
• 보험계약 또는 공제계약이 무효로 되거나 해지되거나 계약상의 면책 규정 등으로 인하여 보험회사, 공제조합 또는 공제사업자의 보험금 또는 공제금 지급의무가 없어진 경우

113 차의 운전자가 업무상 과실 또는 중대한 과실로 인하여 사람을 사상에 이르게 한 경우 이에 대한 형법상 벌칙은?

① 5년 이하의 금고 또는 2천만원 이하의 벌금
② 5년 이하의 징역 또는 3천만원 이하의 벌금
③ 3년 이하의 금고 또는 1천만원 이하의 벌금
④ 1년 이하의 징역 또는 3천만원 이하의 벌금

해설 형법 제268조(업무상과실·중과실 치사상) 업무상 과실 또는 중대한 과실로 인하여 사람을 사상에 이르게 한 자는 5년 이하의 금고 또는 2천만원 이하의 벌금에 처한다.

114 도로교통법상 차의 운전자가 중대한 과실로 다른 사람의 건조물을 손괴한 경우의 처벌은?

① 2년 이하의 금고나 2천만원 이하의 벌금
② 2년 이하의 금고나 500만원 이하의 벌금
③ 5년 이하의 금고 또는 2천만원 이하의 벌금
④ 5년 이하의 금고 또는 500원 이하의 벌금

해설 도로교통법 제151조(벌칙) 차의 운전자가 업무상 필요한 주의를 게을리하거나 중대한 과실로 다른 사람의 건조물이나 그 밖의 재물을 손괴한 때에는 2년 이하의 금고나 500만원 이하의 벌금에 처한다.

115 사고운전자가 형사처벌 대상이 되는 경우가 아닌 것은?

① 사망사고인 경우
② 무면허 운전 중 사고
③ 사고를 유발하고 형사상 합의가 이루어진 경우
④ 음주운전 중 사고

해설 사고운전자가 형사처벌 대상이 되는 경우
• 사망사고
• 차의 교통으로 업무상과실치상죄 또는 중과실치상죄를 범하고 피해자를 구호하는 등의 조치를 하지 아니하고 도주하거나, 피해자를 사고장소로부터 옮겨 유기하고 도주한 경우
• 차의 교통으로 업무상과실치상죄 또는 중과실치상죄를 범하고 음주측정요구에 불응한 경우(운전자가 채혈 측정을 요청하거나 동의한 경우는 제외)
• 신호·지시 위반 사고
• 중앙선침범 사고, 횡단, 유턴 또는 후진중 사고
• 과속(20km/h 초과) 사고
• 앞지르기의 방법·금지시기·금지장소 또는 끼어들기의 금지 위반하거나 고속도로에서의 앞지르기 방법 위반 사고
• 철길건널목 통과방법 위반 사고
• 횡단보도에서 보행자 보호의무 위반 사고
• 무면허 운전중 사고
• 주취·약물복용 운전중 사고
• 보도침범, 통행방법 위반 사고
• 승객추락방지의무 위반 사고
• 어린이 보호구역내 어린이 보호의무 위반 사고
• 자동차의 화물이 떨어지지 아니하도록 필요한 조치를 하지 아니하고 운전한 경우
• 민사상 손해배상을 하지 않은 경우
• 중상해 사고를 유발하고 형사상 합의가 안 된 경우

116 다음 중 교통사고를 일으킨 운전자가 종합보험이나 공제조합에 가입되어 있어 교통사고처리특례법의 특례가 적용되는 경우로 맞는 것은?

① 안전운전 의무위반으로 자동차를 손괴하고 경상의 교통사고를 낸 경우
② 교통사고로 사람을 사망에 이르게 한 경우
③ 교통사고를 야기한 후 부상자 구호를 하지 않은 채 도주한 경우
④ 신호 위반으로 경상의 교통사고를 일으킨 경우

117 다음 중 교통사고처리특례법상 중상해의 범위에 속하지 않는 것은?

① 뇌의 중대한 손상   ② 사지절단
③ 중증의 정신장애   ④ 일시적인 시각 장애

38

정답 109 ① 110 ④ 111 ③ 112 ②

택시운전자격시험 문제집

정답 113 ① 114 ② 115 ③ 116 ① 117 ④

해설 중상해의 범위
- 생명에 대한 위험 : 생명유지에 불가결한 뇌 또는 주요 장기에 중대한 손상
- 불구 : 사지절단 등 신체 중요부분의 상실·중대변형 또는 시각·청각·언어·생식기능 등 중요한 신체기능의 영구적 상실
- 불치나 난치의 질병 : 사고 후유증으로 중증의 정신장애·하반신 마비 등 완치 가능성이 없거나 희박한 중대질병

118 사고운전자가 피해자를 사고 장소로부터 옮겨 유기하고 도주하여 피해자가 사망한 경우의 처벌은?

① 무기 또는 5년 이상의 징역
② 사형, 무기 또는 5년 이상의 징역
③ 3년 이상의 유기징역
④ 10년 이하의 징역 또는 500만원 이상 3천만원 이하의 벌금

해설 사고운전자가 피해자를 사고 장소로부터 옮겨 유기하고 도주한 경우
- 피해자를 사망에 이르게 하고 도주하거나, 도주 후에 피해자가 사망한 경우 : 사형, 무기 또는 5년 이상의 징역
- 피해자를 상해에 이르게 한 경우 : 3년 이상의 유기징역

119 도로교통법령상 교통사고에 의한 사망은 교통사고 발생 후 몇 시간 이내에 사망한 경우인가?

① 12시간
② 24시간
③ 48시간
④ 72시간

해설 사망사고의 정의
- 교통안전법령의 정의 : 교통사고가 주된 원인이 되어 교통사고 발생 시부터 30일 이내에 사람이 사망한 사고
- 도로교통법령상의 정의 : 교통사고 발생 후 72시간 내 사망한 사고

120 교통사고에 의한 사망사고에 해당되지 않는 것은?

① 운행 중인 자동차에 충격되어 사망
② 횡단보도 보행 중 자동차에 충격되어 사망
③ 덤프트럭 하역 작업 중 낙하물에 의해 사망
④ 교통사고 발생 후 30시간 경과 후 사망

해설 자동차 본래의 운행목적이 아닌 작업 중 과실로 피해자가 사망한 경우는 교통사고가 아닌 안전사고에 해당된다.

121 중대 교통사고의 유형 중 도주(뺑소니) 사고로 볼 수 있는 경우는?

① 사고운전자를 바꿔치기 하여 신고한 경우
② 사고운전자가 자기 차량 사고에 대한 조치 없이 가버린 경우
③ 사고운전자가 급한 용무로 인해 동료에게 사고처리를 위임하고 가버린 후 동료가 사고 처리한 경우
④ 피해자가 부상 사실이 없거나 극히 경미하여 구호조치가 필요하지 않아 연락처를 제공하고 떠난 경우

해설 도주(뺑소니)가 아닌 경우
- 피해자가 부상 사실이 없거나 극히 경미하여 구호조치가 필요하지 않아 연락처를 제공하고 떠난 경우
- 사고운전자가 심한 부상을 입어 타인에게 의뢰하여 피해자를 후송 조치한 경우
- 사고 장소가 혼잡하여 불가피하게 일부 진행 후 정지하고 되돌아와 조치한 경우
- 사고운전자가 급한 용무로 인해 동료에게 사고처리를 위임하고 가버린 후 동료가 사고 처리한 경우
- 피해자 일행의 구타·폭언·폭행이 두려워 현장을 이탈한 경우
- 사고운전자가 자기 차량 사고에 대한 조치 없이 가버린 경우

122 다음 보기 중 중앙선 침범을 적용하는 경우는?

① 사고를 피하기 위해 급제동하다 중앙선을 침범한 경우
② 길에서 과속으로 인한 중앙선침범의 경우
③ 위험을 회피하기 위해 중앙선을 침범한 경우
④ 제한 속도로 운행 중 빗길에서 미끄러져 중앙선을 침범한 경우

해설 중앙선 침범을 적용하는 경우(현저한 부주의)
- 커브 길에서 과속으로 인한 중앙선침범의 경우
- 빗길에서 과속으로 인한 중앙선침범의 경우
- 졸다가 뒤늦은 제동으로 중앙선을 침범한 경우
- 차내 잡담 또는 휴대폰 통화 등의 부주의로 중앙선을 침범한 경우

123 다음 중 교통사고처리특례법상에서 말하는 과속은 도로교통법에 규정된 법정속도와 지정속도를 얼마나 초과한 경우를 말하는가?

① 10km/h
② 20km/h
③ 30km/h
④ 40km/h

해설 일반적인 과속이란 도로교통법상에 규정된 법정속도와 지정속도를 초과한 경우를 말하고, 교통사고처리특례법상 과속이란 도로교통법에 규정된 법정속도와 지정속도를 20km/h 초과한 경우를 말한다.

124 교통사고처리특례법 처벌의 특례 예외 12개 항 중 과속사고에 해당하는 것은?

① 당해 도로의 제한속도 5km를 초과한 때
② 당해 도르의 제한속도 10km를 초과한 때
③ 당해 도르의 제한속도 15km를 초과한 때
④ 당해 도르의 제한속도 20km를 초과한 때

해설 당해 도로의 제한속도를 매시 20km를 초과한 경우 과속사고에 해당되어 인적피해 발생 시 보험가입 및 합의 여부와 관계없이 형사입건된다.

125 다음 중 교통사고처리특례법상 과속사고에 해당하는 것은?

① 최고속도가 100km인 고속도로에서 매시 110km로 주행하다가 발생한 사고
② 최고속도가 80km인 편도 3차로 일반도로에서 매시 95km로 주행하다가 발생한 사고
③ 최고속도가 90km인 자동차전용도로에서 매시 100km로 주행하다가 발생한 사고
④ 최고속도가 60km인 편도 1차로 일반도로에서 매시 82km로 주행하다가 발생한 사고

해설 교통사고처리특례법상 과속이란 도로교통법상에 규정된 법정속도와 지정속도를 20km/h 초과한 경우를 말한다.

126 다음 보기 중 주행속도란?

① 법정속도(도로교통법에 따른 도로별 최고·최저속도)와 제한속도(지방경찰청장에 의한 지정속도)
② 도로설계의 기초가 되는 자동차의 속도
③ 정지시간을 제외한 실제 주행거리의 평균 주행속도
④ 정지시간을 포함한 주행거리의 평균 주행속도

해설 ① 규제속도, ② 설계속도, ③ 주행속도, ④ 구간속도

적중 예상문제 · 제 01 장 │ 교통 및 운수 관련 법규

127 철길 건널목의 종류 중 교통안전표지만 설치되어 있는 건널목은?

① 제1종 건널목 　　　　 ② 제2종 건널목
③ 제3종 건널목 　　　　 ④ 제4종 건널목

> **해설** 철길 건널목의 종류
> • 제1종 건널목 : 차단기, 건널목경보기 및 교통안전표지가 설치되어 있는 경우
> • 제2종 건널목 : 건널목경보기 및 교통안전표지만 설치되어 있는 경우
> • 제3종 건널목 : 교통안전표지만 설치되어 있는 경우

128 철길건널목 통과방법 위반사고에 해당되지 않는 경우는?

① 신호가 없는 철길건널목 전에 일시정지를 이행하지 않아 발생한 사고
② 차단기가 내려지려고 하는 상황에서 철길건널목에 진입하여 발생한 사고
③ 경보기가 울리고 있는 때에 철길건널목에 진입하여 발생한 사고
④ 녹색 신호에 따라 일시정지하지 않고 철길건널목을 진입하여 발생한 사고

> **해설** 신호기 등이 표시하는 신호에 따르는 때에는 일시정지하지 아니하고 통과할 수 있다. 따라서, 녹색 신호에 따라 일시정지하지 않고 철길건널목을 진입하여 발생한 사고는 형사처벌 대상이 되는 철길건널목 통과방법위반 사고에 해당되지 않는다.

129 다음 중 횡단보도 보행자로 볼 수 없는 사람은?

① 횡단보도에서 원동기장치자전거나 자전거를 타고 가는 사람
② 세발자전거를 타고 횡단보도를 건너는 어린이
③ 손수레를 끌고 횡단보도를 건너는 사람
④ 횡단보도를 걸어가는 사람

> **해설** 횡단보도 보행자에 해당하지 않는 경우
> • 횡단보도에서 원동기장치자전거나 자전거를 타고 가는 사람
> • 횡단보도에 누워 있거나, 앉아 있거나, 엎드려 있는 사람
> • 횡단보도 내에서 교통정리를 하고 있는 사람
> • 횡단보도 내에서 택시를 잡고 있는 사람
> • 횡단보도 내에서 화물 하역작업을 하고 있는 사람
> • 보도에 서 있다가 횡단보도 내로 넘어진 사람

130 횡단보도 보행자 보호의무위반 사고로 인정되는 운전자 과실이 아닌 경우는?

① 횡단보도를 건너고 있는 보행자를 충돌한 경우
② 횡단보도 전에 정지한 차량을 추돌하여 추돌된 차량이 밀려나가 보행자를 충돌한 경우
③ 보행신호가 녹색등화일 때 횡단보도를 진입하여 건너고 있는 보행자를 충돌한 경우
④ 녹색등화가 점멸되고 있는 횡단보도를 진입하여 건너고 있는 보행자를 적색등화에 충돌한 경우

> **해설** 운전자 과실 예외사항
> • 적색등화에 횡단보도를 진입하여 건너고 있는 보행자를 충돌한 경우
> • 횡단보도를 건너다가 신호가 변경되어 중앙선에 서 있는 보행자를 충돌한 경우
> • 횡단보도를 건너다가 보행신호가 적색등화로 변경되어 되돌아가고 있는 보행자를 충돌한 경우
> • 녹색등화가 점멸되고 있는 횡단보도를 진입하여 건너고 있는 보행자를 적색등화에 충돌한 경우

131 무면허 운전으로 횡단보도를 횡단 중인 보행자를 다치게 한 교통사고의 처리는?

① 종합보험 또는 공제조합에 가입되어 있는 경우 공소권 없는 사고이다.
② 종합보험 또는 공제조합 가입 여부를 불문하고 형사처벌 된다.
③ 피해자와 합의하면 형사처벌 되지 않는다.
④ 교통사고처리특례법상 12개 중대 법규 위반 사고에 해당되지 않는다.

> **해설** 교통사고를 야기한 운전자가 종합보험(공제)에 가입한 경우에는 형사처벌이 되지 않는 것이 원칙이며, 발생한 피해는 보험회사(공제)가 보상한다. 다만 사망사고, 뺑소니 사고, 중상해 사고 그리고 12대 중요 법규위반으로 인한 인명피해 사고의 경우에는 운전자가 형사처벌된다.

132 도로교통법상 운전이 금지되는 술에 취한 상태의 기준은 운전자의 혈중알코올농도가 (　)로 한다. (　) 안에 맞는 것은?

① 0.01% 이상인 경우
② 0.02% 이상인 경우
③ 0.03% 이상인 경우
④ 0.05% 이상인 경우

> **해설** 술에 취한 상태의 기준은 운전자의 혈중알코올농도가 0.03% 이상인 경우로 한다.

133 다음 중 승객추락방지의무위반 사고에 해당되지 않는 것은?

① 문을 연 상태에서 출발하여 타고 있는 승객이 추락한 경우
② 운전자가 사고방지를 위해 취한 급제동으로 승객이 차 밖으로 추락한 경우
③ 승객이 타거나 또는 내리고 있을 때 갑자기 문을 닫아 문에 충격된 승객이 추락한 경우
④ 버스 운전자가 개·폐 안전장치인 전자감응장치가 고장 난 상태에서 운행 중에 승객이 내리고 있을 때 출발하여 승객이 추락한 경우

> **해설** 승객추락방지의무위반 사고에 해당되지 않는 경우
> • 승객이 임의로 차문을 열고 상체를 내밀어 차 밖으로 추락한 경우
> • 운전자가 사고방지를 위해 취한 급제동으로 승객이 차 밖으로 추락한 경우
> • 화물자동차 적재함에 사람을 태우고 운행 중에 운전자의 급가속 또는 급제동으로 피해자가 추락한 경우

134 차가 주행 중 도로 또는 도로 이외의 장소에 차체의 측면이 지면에 접하고 있는 상태를 의미하는 것은?

① 전복
② 추락
③ 추돌
④ 전도

> **해설**
> • 전복 : 차가 주행 중 도로 또는 도로 이외의 장소에 뒤집혀 넘어진 것
> • 추락 : 차가 도로변 절벽 또는 교량 등 높은 곳에서 떨어진 것
> • 추돌 : 2대 이상의 차가 동일방향으로 주행 중 뒤차가 앞차의 후면을 충격한 것
> • 전도 : 차가 주행 중 도로 또는 도로 이외의 장소에 차체의 측면이 지면에 접하고 있는 상태

135 교통조사관은 부상사고로써 사고를 일으킨 운전자가 보험등에 가입되지 아니한 경우 사고를 접수한 날부터 얼마간의 합의할 수 있는 기간을 주어야 하는가?

① 1주간
② 2주간
③ 3주간
④ 한 달

> **해설** 교통조사관은 부상사고로써 사고를 일으킨 운전자가 보험등에 가입되지 아니한 경우 또는 중상해 사고를 야기한 운전자에게 특별한 사유가 없는 한 사고를 접수한 날부터 2주간 합의할 수 있는 기간을 주어야 한다.

정답 127 ③ 128 ④ 129 ① 130 ④ 131 ②

정답 132 ③ 133 ② 134 ④ 135 ②

CHAPTER

02

안전운행요령

SECTION 01 자동차 관리

01 자동차 점검

(1) 예방점검 및 일상점검

① 예방점검

㉮ 예방정비의 개념 : 자동차의 각 구조 장치가 정해진 내구성이 소멸되어 가면서 고장이 발생되어 자동차가 도로에서 고장으로 인한 교통사고가 발생하거나, 더 큰 기계적 고장으로 확대하여 자동차 및 부품의 수명감축이나 정비비용 손실을 예방하기 위해 사전에 미리 고장개소를 찾아내어 일상적, 정기적인 정비 관리함을 말한다.

㉯ 예방정비 점검의 종류는 운행 전 점검, 운행 후 점검, 정기점검 등으로 구분하며 자동차여객운수사업에 있어 예방정비는 운수 종사자의 필수 의무사항이다.

② 일상점검

㉮ 일상점검의 개념 : 자동차를 운행하는 사람이 매일 자동차를 운행하기 전에 점검하는 것

㉯ 일상점검 시 주의사항

㉠ 경사가 없는 평탄한 장소에서 점검한다.

㉡ 변속레버는 P(주차)에 위치시킨 후 주차 브레이크를 당겨 놓는다.

㉢ 엔진 시동 상태에서 점검해야 할 사항이 아니면 엔진 시동을 끄고 한다.

㉣ 점검은 환기가 잘 되는 장소에서 실시한다.

㉤ 엔진을 점검할 때에는 반드시 엔진을 끄고, 식은 다음에 실시한다(화상예방)

㉥ 연료장치나 배터리 부근에서는 불꽃을 멀리 한다.(화재예방)

㉦ 배터리, 전기 배선을 만질 때에는 미리 배터리의 (−) 단자를 분리한다.(감전예방)

(2) 일상점검 항목 및 내용

점검 항목		점검 내용
엔진룸 내부	엔진	• 엔진오일, 냉각수는 충분한가? • 누수, 누유는 없는가? • 구동벨트의 장력은 적당하고, 손상된 곳은 없는가?
	변속기	• 변속기 오일량은 적당한가? • 누유는 없는가?
	기타	• 클러치액, 와셔액 등은 충분한가? • 누유는 없는가?
차의 외관	완충스프링	• 스프링 연결부위의 손상 또는 균열은 없는가?
	바퀴	• 타이어의 공기압은 적당한가? • 타이어의 이상마모 또는 손상은 없는가? • 휠 볼트 및 너트의 조임은 충분하고 손상은 없는가?
	램프	• 점등이 되고, 파손되지 않았는가?

차의 외관	등록번호판	• 번호판이 손상되지 않았는가? • 번호 식별이 가능한가?
	배기가스	• 배기가스의 색깔은 깨끗한가?
운전석	핸들	• 흔들림이나 유동은 없는가?
	브레이크	• 페달의 자유간극과 잔류간극이 적당한가? • 브레이크의 작동이 양호한가? • 주차 브레이크의 작동은 되는가?
	변속기	• 클러치의 자유간극은 적당한가? • 변속레버의 조작이 용이한가? • 심한 진동은 없는가?
	후사경	• 비침 상태가 양호한가?
	경음기	• 작동이 양호한가?
	와이퍼	• 작동이 양호한가?
	각종 계기	• 작동이 양호한가?

(3) 운행 전 자동차 점검

① 운전석에서 점검

㉮ 연료 게이지량

㉯ 브레이크 페달 유격 및 작동상태

㉰ 룸미러 각도, 경음기 작동상태, 계기 점등상태

㉱ 와이퍼 작동상태

㉲ 스티어링 휠(핸들) 및 운전석 조정

② 엔진점검

㉮ 엔진오일의 양은 적당하며 불순물은 없는지?

㉯ 냉각수의 양은 적당하며 색이 변하지는 않았는가?

㉰ 각종 벨트의 장력은 적당하며 손상된 곳은 없는가?

㉱ 배선은 깨끗이 정리되어 있으며 배선이 벗겨져 있거나 연결부분에서 합선 등 누전의 염려는 없는가?

③ 외관점검

㉮ 유리는 깨끗하며 깨진 곳은 없는가?

㉯ 차체에 굴곡된 곳은 없으며 우드(보닛)의 고정은 이상이 없는가?

㉰ 타이어의 공기압력 마모 상태는 적절한가?

㉱ 차체가 기울지는 않았는가?

㉲ 후사경의 위치는 바르며 깨끗한가?

㉳ 차체에 먼지나 외관상 바람직하지 않은 것은 없는가?

㉴ 반사기 및 번호판의 오염, 손상은 없는가?

㉵ 휠 너트의 조임 상태는 양호한가?

㉶ 파워스티어링 및 브레이크 액의 양과 상태는 양호한가?

㉷ 차체에서 오일이나 연료, 냉각수 등이 누출되는 곳은 없으며 라디에이터 캡과 연료탱크 캡은 이상 없이 채워져 있는가?

㉸ 각종 등화는 이상 없이 잘 작동되는가?

④ 경고등 · 표시등 확인(※자동차에 따라 다를 수 있음)

SECTION 01 자동차 관리

명칭	경고등 및 표시등	내용
주행빔(상향등) 작동 표시등	(전조등 기호)	전조등이 상향일 때 점등
안전벨트 미착용 경고등	(안전벨트 기호)	시동키 ON 했을 때 안전벨트 미착용 시 점등
연료잔량 경고등	(주유기 기호)	연료의 잔류량이 적을 때 점등
엔진오일 압력 경고등	OIL	엔진오일이 부족하거나 유압이 낮아지면 경고등이 점등
브레이크 에어 경고등	BRAKE AIR	AOH 브레이크 장착 차량의 에어 탱크 공기압이 적정 기압 이하가 되면 점등
비상경고 표시등	⇦⇨	비상경고등 스위치를 누르면 점멸
배터리 충전 경고등	(배터리 기호)	벨트가 끊어졌을 때나 충전장치 고장 시 점등
주차 브레이크 경고등	PARKING	주차 브레이크 작동 시에만 점등
배기 브레이크 경고등	(배기 기호)	배기 브레이크 스위치 작동시 작동 중임을 표시
제이크 브레이크 경고등	(제이크 기호)	제이크 브레이크 작동 중임을 표시
엔진 정비 지시등	CHECK ENGINE	각종 센서에 이상이 있을 때 점등
엔진 예열작용 표시등	(예열 기호)	엔진 예열상태에서 점등, 완료 시 소등
냉각수 경고등	WATER	냉각수가 규정 이하일 경우 점등

(4) 운행 후 자동차 점검

① **외관점검**
㉮ 차체에 굴곡이나 손상된 곳 등 여부 확인
㉯ 타이어 공기압 차이에 의한 기울어짐 여부 확인
㉰ 보닛의 고리 빠짐 여부 확인
㉱ 주차 후 바닥에 오일·냉각수가 보이는지 확인

② **짧은 점검 주기가 필요한 주행(가혹) 조건**
㉮ 짧은 거리를 반복해서 주행
㉯ 모래, 먼지가 많은 지역 주행
㉰ 과도한 공회전
㉱ 33℃ 이상의 온도에서 교통 체증이 심한 도로를 절반 이상 주행
㉲ 험한 길(자갈길, 비포장길)의 주행 빈도가 높은 경우
㉳ 산길, 오르막길, 내리막길의 주행 횟수가 많은 경우
㉴ 고속 주행(약 180km/h)의 빈도가 높은 경우
㉵ 해변, 부식 물질이 있는 곳, 한랭 지역을 주행한 경우

02 주행 전·후 안전수칙

(1) 주행 전 안전수칙

① **안전벨트의 착용**
㉮ 가까운 거리라도 반드시 안전벨트를 착용한다.
㉯ 안전벨트는 신체보호 효과가 감소하는 것을 방지하기 위해 꼬이지 않도록 하여 착용한다.
㉰ 허리부위 안전벨트는 골반 위치에 착용한다.(복부에 착용하면 충돌 시 장파열 등의 우려가 있음)

② **안전운전을 위한 청결 유지**
㉮ 운전에 방해되는 물건을 제거하고 운전석 주변은 항상 깨끗하게 유지한다.
㉯ 전면 유리창을 과도하게 선팅할 경우 야간 운행이나 우천 운행 시 적절한 시야가 확보되지 않아 예기치 못한 위험을 초래할 수 있다.
㉰ 바닥 매트는 페달의 정상 작동을 방해하지 않도록 바닥에 고정되는 제품을 사용하고 특히, 일명 "벌집 매트"의 사용은 자제하여야 한다.

③ **올바른 운전자세 유지**
㉮ 운전자 몸의 중심이 핸들 중심과 정면으로 일치되도록 한다.
㉯ 등은 펴서 시트에 가까이 붙이도록 않는다.
㉰ 브레이크 페달, 클러치 페달을 끝까지 밟았을 때 무릎이 약간 굽혀지도록 한다.
㉱ 손목이 핸들의 가장 먼 곳에 닿아야 한다.
㉲ 머리지지대(헤드레스트)의 높이가 조절되는 차량은 운전자의 귀 상단 또는 눈의 높이가 머리지지대 중심에 올 수 있도록 조정한다.
㉳ 브레이크 페달과 가속 페달, 핸들의 원활한 작동을 기준으로 운전석 시트의 위치를 조절한다.
㉴ 회사 차량을 수시로 바꿔가며 운전을 할 경우에는 차량 간의 페달 위치를 잘못 인식하여 페달을 오조작할 수 있으므로 반드시 가속 페달과 브레이크(제동) 페달의 위치를 오른발을 중심으로 확인한다.
㉵ 운전 중에 핸드폰을 사용하여 통화하게 되면 집중력이 저하되므로 핸드폰 사용을 금지하여야 한다.
㉶ 유리창을 닫을 때는 뒷좌석 탑승자의 손이나 머리가 끼어 있는지 반드시 확인 후 닫는다. 특히, 어린이의 머리가 끼는 경우 질식 등을 유발할 수 있다.

④ **핸들, 후사경, 룸 미러 등의 확인**
㉮ 운전석 시트는 출발 전에 조절하고 주행 중에는 절대로 조절하지 않는다.
㉯ 후사경과 룸 미러를 조절하여 안전 운전을 위한 시계를 확보한다.
㉰ 높이를 조절하는 핸들은 출발 전에 운전자의 신체에 맞게 조절한다.
㉱ 모든 게이지 및 경고등을 확인한다.
㉲ 주차 브레이크 해제 후 끌림 현상이 발생하는지 확인한다.

⑤ **주행 전 건강 체크**
㉮ 주행 전, 감기약 등 운전에 방해가 될 만한 약물을 복용하였는지 확인한다.
㉯ 주행 전·후 현기증, 흉통, 두근거림 등이 있는지 확인하여 증상이 있는 경우 주행을 즉시 중단한다.
㉰ 주행 전, 전날 과음으로 인해 술이 덜 깬 상태인지 판단하여 주행 여부를 결정해야 한다.

(2) 주행 후 안전수칙

① 주행 종료 후에도 긴장을 늦추지 않는다.

② 주행 종료 후 주차 시 가능한 편평한 곳에 주차하고 경사가 있는 곳에 주차할 경우 변속 기어를 "P"에 놓고 주차 브레이크를 작동시키고 바퀴를 좌·우측 방향으로 조향 핸들을 작동시킨다.

③ 차량 관리를 위해 습기가 많고 통풍이 잘되지 않는 차고에는 주차하지 않는 것이 바람직하다.

④ 휴식을 위해 장시간 주·정차 시 반드시 시동을 끈다. 무의식중에 변속 버튼을 누르거나 가속 페달을 밟아 예기치 못한 사고가 발생할 수 있으며, 과열로 인한 화재가 발생할 수 있다.

⑤ 휴식을 위해 장시간 주·정차 시 반드시 창문을 열어 놓는다. 시동을 걸고 에어컨이나 히터를 켜놓은 상태로 밀폐된 차 안에 오래 있을 경우 질식사할 가능성이 매우 높다.

소화기 사용방법
① 바람을 등지고 소화기의 안전핀을 제거한다.
② 소화기 노즐의 방향을 화재 발생 장소로 향하게 한다.
③ 소화기 손잡이를 움켜쥐고 빗자루로 쓸듯이 분사한다.

03 자동차 관리 요령

(1) 세차시기

① 겨울철에 동결방지제(염화칼슘, 모래 등 등)를 뿌린 도로를 주행하였을 경우

② 해안지대를 주행하였을 경우

③ 진흙 및 먼지 등이 현저하게 붙어 있는 경우

④ 옥외에서 장시간 주차하였을 때

⑤ 아스팔트 공사 도로를 주행하였을 경우

⑦ 새의 배설물, 벌레 등이 붙어 도장이 손상되었을 가능성이 있는 경우

(2) 세차할 때의 주의사항

① 엔진룸의 전기장치 배선에 수분 침투 시 오류가 발생할 수 있으므로 엔진룸은 에어(air)를 이용하여 세척한다.

② 겨울철에 세차하는 경우에는 물기를 완전히 제거한다.

③ 기름 또는 왁스가 묻어 있는 걸레로 전면유리를 닦지 않는다. 야간운전 시 빛이 반사되어 안전운전에 방해가 된다.

(3) 외장 및 내장 손질 시 유의사항

① 외장 손질 시 유의사항

㉮ 차량 표면에 녹이 발생하거나, 부식되는 것을 방지하도록 깨끗이 세척한다.

㉯ 차량의 도장보호를 위해 소금, 먼지, 진흙 또는 다른 이물질들이 퇴적되지 않도록 깨끗이 제거한다.

㉰ 자동차의 더러움이 심할 경우 고무 제품의 변색을 예방하기 위해 가정용 중성세제 대신 자동차 전용 세척제를 사용한다.

㉱ 범퍼나 차량 외부를 세차 시 부드러운 브러시나 스펀지를 사용

하여 닦아낸다.

㉲ 차량 외부의 합성수지 부품에 엔진 오일, 방향제 등이 묻은 경우 변색이나 얼룩이 발생하므로 즉시 깨끗이 닦아낸다.

㉳ 도장의 보호를 위해 차체의 먼지나 오물을 마른걸레로 닦아내지 않는다.

② 내장 손질 시 유의사항

㉮ 자동차 내장을 아세톤, 에나멜 및 표백제 등으로 세척할 경우에는 변색되거나 손상이 발생할 수 있다.

㉯ 액상 방향제가 유출되어 계기판 부위나 인스트루먼트 패널 및 공기통풍구에 묻으면 액상 방향제의 고유 성분으로 인해 손상될 수 있다.

(4) 타이어 마모에 영향을 주는 요소

① **타이어 공기압** : 공기압이 낮으면 숄더 부분에 마찰력이 집중되어 타이어 수명이 짧아지게 되고, 공기압이 높으면 트레드 중앙부분의 마모가 촉진된다.

② **차의 하중** : 타이어에 걸리는 차의 하중이 커지면 마찰력과 발열량이 증가하여 타이어의 내마모성(耐磨耗性)을 저하시키게 된다.

③ **차의 속도** : 타이어가 노면과의 사이에서 발생하는 마찰력은 타이어의 마모를 촉진시키고, 속도가 증가하면 타이어의 내부온도도 상승하여 트레드 고무의 내마모성이 저하된다.

④ **커브(도로의 굽은 부분)** : 차가 커브를 돌 때는 관성에 의한 원심력과 타이어의 구동력 간의 마찰력 차이에 의해 미끄러짐 현상이 발생하면 타이어 마모를 촉진하게 된다. 또한, 커브의 구부러진 상태나 커브구간이 반복될수록 타이어 마모는 촉진된다.

⑤ **브레이크** : 고속주행 중에 급제동한 경우는 저속주행 중에 급제동한 경우보다 타이어 마모는 증가하며, 브레이크를 밟는 횟수가 많으면 많을수록 또는 브레이크를 밟기 직전의 속도가 빠르면 빠를수록 타이어의 마모량은 커진다.

⑥ **노면** : 콘크리트 포장도로는 아스팔트 포장도로보다 타이어 마모가 더 발생한다.

⑦ **기타** : 정비불량 및 기온이 올라가는 여름철은 타이어 마모가 촉진되는 경향이 있다. 또한, 운전자의 운전습관, 타이어의 트레드 패턴 등도 타이어 마모에 영향을 미친다.

04 LPG 자동차

(1) 자동차용 LPG 성분

① LPG는 온도와 압력에 따라 기화점이 다른 부탄(C_4H_{10})과 프로판(C_3H_8)을 주성분으로 하는 혼합물이다.

② LPG는 감압 또는 가열 시 쉽게 기화되며 발화하기 쉬우므로 취급 주의를 요한다.

③ 화학적으로 순수한 LPG는 상온과 상압하에서 무색무취의 가스이나 가스누출 시 위험을 감지할 수 있도록 부취제를 첨가하여 독특한 냄새가 난다.

④ LPG 충전은 과충전 방지 장치가 내장되어 있어 85% 이상 충전되지 않으나 약 80%가 적정하다.

SECTION 01 자동차 관리

⑤ 겨울에는 낮은 온도에서 쉽게 기화할 수 있도록 프로판의 비율을 높이는 것이 바람직하다.

(2) LPG 자동차의 장·단점

구분	내용
장점	• 연료비가 적게 들어 경제적이다. • 유해 배출 가스량이 줄어든다. • 연료의 옥탄가가 높아 노킹(Knocking) 현상이 거의 발생하지 않는다. • 가솔린 자동차에 비해 엔진 소음이 적다. • 엔진 관련 부품의 수명이 상대적으로 길어 경제적이다.
단점	• LPG 충전소가 적어 연료 충전이 불편하다. • 겨울철에 시동이 잘 걸리지 않는다. • 가스가 누출되는 경우 잔류하여 점화원에 의해 폭발의 위험성이 있다.

05 운행 시 자동차 조작 요령

(1) 자동차의 브레이크

장치	내용
풋 브레이크	• 주행 중 발을 이용하여 조작하는 주 제동장치이다. • 휠 실린더의 피스톤이 브레이크 라이닝을 밀어주어 마찰력을 이용하여 타이어와 함께 회전하는 드럼을 잡아 감속 또는 정지시킨다.
주차 브레이크	• 자동차를 주차 또는 정차시킬 때 사용하는 제동장치를 말한다. • 풋 브레이크와 달리 좌우의 뒷바퀴가 고정된다.
ABS (Anti-lock Brake System)	• 제동 시에 바퀴를 잠그지 않음으로써 브레이크가 작동하는 동안에도 조향이 용이하고 제동거리를 짧게 하도록 설계된 제동장치를 말한다. • 일반적인 노면에서는 일반 브레이크와 동일한 기능을 하나 미끄러운 도로에서는 미끄러지기 직전의 상태로 각 바퀴의 제동력을 "ON", "OFF"시켜 제어한다.
엔진 브레이크	• 저단 기어로 바꾸거나 가속 페달에서 발을 놓으면 엔진 브레이크가 작동되어 감속이 이루어진다. • 내리막길에 풋 브레이크만 사용하게 되면 브레이크 패드와 라이닝의 마찰에 의해 제동력이 감소하므로 엔진 브레이크를 사용하는 것이 안전하다.

(2) 브레이크 조작 방법

① 풋 브레이크를 밟을 때 2~3회에 나누어 밟게 되면 안정된 성능을 얻을 수 있고, 뒤따라오는 자동차에게 제동정보를 제공함으로써 후미 추돌을 방지할 수 있다.

② 길이가 긴 내리막 도로에서 계속해서 풋브레이크만을 작동시키면 브레이크 파열 등 제동력에 영향을 미칠 수 있기 때문에 저단 기어로 변속하여 엔진 브레이크가 작동되게 한다.

③ 주행 중에 브레이크를 작동시킬 때는 핸들을 안정적으로 잡고 기어가 들어가 있는 상태에서 제동한다.

④ 내리막길에서 운행할 때 기어를 중립(N 위치)에 두고 운행하지 않는다. 현저한 제동력의 감소가 초래될 수 있기 때문이다.

(3) ABS(Anti-lock Brake System) 조작

① 급제동 시 ABS가 정상적으로 작동하기 위해서는 브레이크 페달을 힘껏 밟고 버스가 완전히 급정지할 때까지 계속 밟고 있어야 한다.

② ABS 차량이라도 옆으로 미끄러지는 위험은 방지할 수 없으며, 자갈길이나 평평하지 않은 도로 등 접지면이 부족한 경우에는 일반 브레이크보다 제동거리가 더 길어질 수 있다.

③ ABS 경고등은 키 스위치를 ON 하면 일반적으로 3초 동안 점등된 후, ABS가 정상이면 경고등은 소등된다. 만약 계속 점등된다면 점검이 필요하다.

(4) 브레이크의 이상 현상

① 베이퍼 록(Vapour lock) 현상
  ㉮ 연료 회로 또는 브레이크 장치 유압 회로 내에 브레이크액이 온도 상승으로 인하여 기화되어 압력 전달이 원활하게 이루어지지 않아 제동 기능이 저하되는 현상이다.
  ㉯ 긴 내리막길 운행 등에서 유압 브레이크를 과도하게 사용하였을 때 브레이크 디스크와 패드 간의 마찰열에 의해 발생되는 경우가 많다. 이때 페이드 현상도 함께 발생하기 쉬우므로 주의를 요한다.
  ㉰ 베이퍼 록이 발생하면 브레이크 페달을 밟아도 브레이크의 작용이 매우 둔해진다.
  ㉱ 일정 시간 경과 후 온도가 내려가면 정상적으로 회복된다.

② 페이드(Fade) 현상
  ㉮ 운행 중에 계속해서 브레이크를 사용함으로써 온도 상승으로 인해 제동 마찰제의 기능이 저하되어 마찰력이 약해지는 현상이다.
  ㉯ 일정 시간 경과 후 온도가 내려가면 정상적으로 회복된다.

③ 모닝 록(Morning Lock) 현상
  ㉮ 장마철이나 습도가 높은 날, 장시간 주차 후 브레이크 드럼 등에 미세한 녹이 발생하는 현상이다.
  ㉯ 모닝 록 현상이 발생하면 브레이크 드럼과 라이닝, 브레이크 패드와 디스크의 마찰계수가 높아져 평소보다 브레이크가 지나치게 예민하게 작동한다.

(5) 선회 특성과 방향 안정성

① 언더 스티어(Under steer)
  ㉮ 전륜구동(Front wheel Front drive) 차량에서 주로 발생하며, 코너링 상태에서 구동력이 원심력보다 작아 타이어가 그립의 한계를 넘어서 핸들을 돌린 각도만큼 라인을 타지 못하고 코너 바깥쪽으로 밀려 나가는 현상이다.
  ㉯ 핸들을 지나치게 꺾거나 과속, 브레이크 잠김 등이 원인이 되어 발생할 수 있으며, 타이어 그립이 더 떨어질수록 언더 스티어가 심해그(바깥쪽으로 밀려 나갈수록) 경우에 따라선 스핀이나 그와 유사한 사고를 초래한다.
  ㉰ 앞바퀴와 노면과의 마찰력 감소에 의해 슬립각이 커지면 언더 스티어 현상이 발생할 수 있으므로 앞바퀴의 마찰력을 유지하기 위해 커브길 진입 전에 가속페달에서 발을 떼거나 브레이크를 밟아 감속한 후 진입한다.

② 오버 스티어(Over steer)
  ㉮ 후륜구동(Front wheel Rear drive) 차량에서 주로 발생하며, 코너링 시 운전자가 핸들을 꺾었을 때 그 꺾은 범위보다 차량 앞쪽이

진행 방향의 안쪽(코너 안쪽)으로 더 돌아가려고 하는 현상이다.

④ 구동력을 가진 뒷타이어는 계속 앞으로 나가려 하고 차량 앞은 이미 꺾인 핸들 각도로 인해 그 꺾인 쪽으로 빠르게 진행하게 되므로 코너 안쪽으로 말려 들어오게 되는 현상이다.

⑤ 오버 스티어 예방을 위해서는 커브길 진입 전에 충분히 감속하여야 한다. 오버 스티어 현상이 발생할 때는 가속페달을 살짝 밟아 뒷바퀴의 구동력을 유지하면서 동시에 감은 핸들을 살짝 풀어줌으로써 방향을 유지하도록 한다.

(6) 전조등

① 전조등 스위치 조절

㉮ 1단계 : 차폭등, 미등, 번호판 등, 계기판등

㉯ 2단계 : 차폭등, 미등, 번호판 등, 계기판등, 전조등

② 전조등 사용 시기

㉮ 변환빔(하향) : 마주 오는 차가 있거나 앞차를 따라갈 경우

㉯ 주행빔(상향) : 야간 및 안갯길 운행 시 시야 확보를 위한 경우 (마주 오는 차 또는 앞차가 없을 때에 한하여 사용)

㉰ 상향 점멸 : 중앙선을 침범하는 상대 차량 등 다른 차의 주의를 환기시키는 경우(스위치를 2~3회 정도 당겨 올린다.)

(7) 기타 사항

① 브레이크 장치가 물에 젖으면 제동력이 떨어지므로 물이 고인 곳을 주행했을 때에는 여러 번에 걸쳐 브레이크를 짧게 밟아 브레이크를 건조시킨다.

② 눈길, 진흙길, 모랫길인 경우에는 2단 기어를 사용하여 차바퀴가 헛돌지 않도록 천천히 가속한다.

③ 얼음, 눈, 모랫길에 빠졌을 때는 모래, 타이어체인 또는 미끄러지지 않는 물건을 바퀴 아래 놓아 구동력이 발생하도록 한다.

④ 비포장도로와 같은 험한 도로를 주행할 때에는 저단기어로 가속페달을 일정하게 밟고 기어변속이나 가속은 피한다.

⑤ 안개가 끼었거나 기상조건이 나빠 시계가 불량할 경우에는 속도를 줄이고, 미등 및 안개등 또는 전조등을 점등하고 운행한다.

⑥ 차바퀴가 빠져 헛도는 경우에 엔진을 갑자기 가속하면 바퀴가 헛돌면서 더 깊이 빠질 수 있다. 변속레버를 '전진'과 'R(후진)'위치로 번갈아 두면서 가속페달을 부드럽게 밟으면서 탈출을 시도한다.

MEMO

SECTION 02 자동차 응급조치 요령

01 상황별 응급조치

(1) 오감을 이용한 점검방법

감각	점검방법	적용사례
시각	부품·장치의 외부 굽음·변형·부식 등	물·오일·연료의 누설, 자동차의 기울어짐
청각	이상한 음(소리)	마찰음, 걸리는 쇳소리, 노킹소리, 긁히는 소리 등
촉각	느슨함, 흔들림, 발열 상태 등	볼트 너트의 이완, 유격, 브레이크 시 차량이 한쪽으로 쏠림, 전기 배선 불량 등
후각	이상 발열·냄새	배터리액의 누출, 연료 누설, 전선 등이 타는 냄새 등

(2) 진동과 소리

① **엔진의 회전수에 비례하여 '쇠가 마주치는 소리'** : 대부분 밸브장치에서 나는 소리로, 밸브 간극 조정으로 고쳐질 수 있다.
② **가속 페달을 힘껏 밟는 순간 '끼익!'하는 소리** : 팬 벨트 또는 기타의 V벨트가 이완되어 걸려 있는 풀리와의 미끄러짐에 의해 일어난다.
③ **클러치를 밟고 있을 때 '달달달'떨리는 소리와 차체의 떨림** : 클러치 릴리스 베어링의 고장으로 정비공장에 가서 교환하여야 한다.
④ **브레이크 페달을 밟아 차를 세우려고 할 때 바퀴에서 '끽!'하는 소리** : 브레이크 라이닝의 마모가 심하거나 라이닝이 불량한 경우 일어나는 현상이다.
⑤ **핸들이 어느 속도에 이르면 극단적으로 흔들리는 경우** : 앞차륜 정렬(휠 얼라인먼트)이 맞지 않거나 바퀴 자체의 휠 밸런스가 맞지 않을 때 주로 나타나는 증상이다.
⑥ **주행 중 하체 부분에서 비틀거리는 흔들림이 일어나는 경우** : 바퀴의 휠 너트의 이완이나 타이어의 공기가 부족할 때가 많다.
⑦ **비포장도로의 울퉁불퉁한 험한 노면 상을 달릴 때 '딱각딱각'하는 소리나 '킁킁'하는 소리** : 현가장치인 쇽업쇼버의 고장으로 볼 수 있다.

(3) 냄새와 열이 날 때의 점검

① **전기장치 부분** : 고무 같은 것이 타는 냄새가 날 때는 대개 엔진실 내의 전기배선 등의 피복이 녹아 벗겨져 합선에 의해 전선이 타면서 나는 냄새가 대부분이다. 이 경우 보닛을 열고 잘 살펴보면 문제가 된 부위를 발견할 수 있다.
② **브레이크 장치 부분** : 단내가 심하게 나는 경우는 주 브레이크의 간격이 좁든가, 주차 브레이크를 당겼다 풀었으나 완전히 풀리지 않았을 경우이다. 또한, 긴 언덕길을 내려갈 때 계속 브레이크를 밟는다면 이러한 현상이 일어나기 쉽다.
③ **바퀴 부분** : 바퀴마다 드럼에 손을 대보면 어느 한쪽만 뜨거운 경우가 있는데, 이때는 브레이크 라이닝 간격이 좁아 브레이크가 끌리기 때문이다.

(4) 배출가스에 의한 점검

① **무색 또는 약간 엷은 청색** : 완전 연소시 배출 가스의 색으로 정상 상태이다.
② **검은색** : 농후한 혼합 가스가 들어가 불완전 연소되는 경우이다. 초크 고장이나 에어클리너 엘리먼트의 막힘, 연료 장치 고장 등이 원인이다.
③ **백색** : 엔진 안에서 다량의 엔진오일이 실린더 위로 올라와 연소되는 경우로 헤드 개스킷 파손, 밸브의 오일 씰(seal) 노후 또는 피스톤 링의 마모 등 엔진 보링을 할 시기가 됐음을 알려 주는 것이다.

(5) 엔진시동이 걸리지 않는 경우 대처 및 점검

① **시동모터가 회전하지 않을 때** : 배터리 방전 상태, 배터리 단자의 연결 상태 점검
② **시동모터는 회전하나 시동이 걸리지 않을 때** : 연료 유무 점검
③ **배터리 방전 시 응급조치**
  ㉮ 주차 브레이크를 작동시켜 차량이 움직이지 않도록 한다.
  ㉯ 변속기는 '중립'에 위치시킨다.
  ㉰ 보조 배터리를 사용하는 경우 점프 케이블을 연결한 후 시동을 건다.
  ㉱ 다른 차량의 배터리에 점프 케이블을 연결하여 시동을 거는 경우에는 타 차량의 시동을 먼저 건 후 방전된 차량의 시동을 건다.
  ㉲ 시동이 걸린 후 배터리가 일부 충전되면 점프 케이블의 '−' 단자를 먼저 분리한 후 '+'단자를 분리한다.
  ㉳ 방전된 배터리가 충분히 충전되도록 일정시간 시동을 걸어 둔다.
④ **전기장치에 고장이 있을 때** : 퓨즈의 단선 여부를 점검하여 단선 시 규정된 용량의 퓨즈를 사용하여 교체(높은 용량의 퓨즈로 교체한 경우 전기배선 손상 및 화재 발생의 원인이 됨)

> **참고**
> **노킹(knocking)**
> 압축된 공기와 연료 혼합물의 일부가 내연기관의 실린더에서 비정상적으로 폭발할 때 나는 날카로운 소리

(6) 엔진 오버히트가 발생하는 경우 점검

① **오버히트의 발생 원인**
  ㉮ 냉각수가 부족한 경우
  ㉯ 엔진 내부가 얼어 냉각수가 순환하지 않는 경우

SECTION 02 자동차 응급조치 요령

② 엔진 오버히트가 발생할 때의 징후
  ㉮ 운행 중 수온계가 H 부분을 가리키는 경우
  ㉯ 엔진 출력이 갑자기 떨어지는 경우
  ㉰ 노킹 소리가 들리는 경우
③ 엔진 오버히트가 발생할 때의 안전조치
  ㉮ 비상경고등을 작동한 후 도로 가장자리로 안전하게 이동하여 정차한다.
  ㉯ 여름에는 에어컨, 겨울에는 히터의 작동을 중지시킨다.
  ㉰ 엔진이 작동하는 상태에서 보닛(bonnet)을 열어 엔진을 냉각시킨다.
  ㉱ 엔진을 충분히 냉각시킨 다음에는 냉각수의 양 점검, 라디에이터 호스 연결부위 등의 누수여부 등을 확인한다.
  ㉲ 특이한 사항이 없다면 냉각수를 보충하여 운행하고, 누수나 오버히트가 발생할 만한 문제가 발견된다면 점검을 받도록 한다.

(7) 타이어에 펑크가 난 경우 조치
① 운행 중 타이어 펑크 시 한 쪽으로 쏠리는 현상을 예방하기 위해 핸들이 돌아가지 않도록 견고히 잡고, 비상경고등을 작동시킨다.
② 가속페달에서 발을 떼어 속도를 서서히 감속시키면서 길 가장자리로 이동한다. 이때 급브레이크를 밟게 되면 양쪽 바퀴의 제동력 차이로 자동차가 회전하게 되므로 서서히 감속시켜야 한다.
③ 브레이크를 밟아 차를 도로 옆 평탄하고 안전한 장소에 주차한 후 주차 브레이크를 당겨 놓는다.
④ 잭을 사용하여 차체를 들어 올릴 때 자동차가 밀려나가는 현상을 방지하기 위해 교환할 타이어의 대각선에 있는 타이어에 고임목을 설치한다.

고장자동차의 표지
고장자동차의 표지를 설치하는 경우 그 자동차의 후방에서 접근하는 자동차의 운전자가 확인할 수 있는 위치에 설치하여야 하며, 밤에는 사방 500m 지점에서 식별할 수 있는 적색의 섬광신호, 전기제등 또는 불꽃신호를 추가로 설치한다.

(8) LPG 자동차와 관련한 조치사항
① **가스 누출 시 조치**
  ㉮ 시동을 끈다.
  ㉯ LPG 스위치를 끈다.
  ㉰ 트렁크 안에 있는 용기의 연료 출구 밸브(황색, 적색) 2개를 모두 잠근다.
  ㉱ 필요한 정비를 전문 업체에 맡긴다.
② **교통사고 발생 시 조치**
  ㉮ LPG 스위치를 끈 후 엔진을 정지시킨다.
  ㉯ 동행 승객을 빨리 대피시킨다.
  ㉰ 트렁크 안에 있는 용기의 연료 출구 밸브(황색, 적색) 2개를 모두 잠근다.
  ㉱ 누출 부위에 불이 붙었을 경우 신속하게 소화기 또는 물로 불을 끈다.

(9) 기타 응급조치
① 풋 브레이크가 작동하지 않는 경우 : 고단 기어에서 저단 기어로 한 단씩 줄여 감속한 뒤에 주차 브레이크를 이용하여 정지시킨다.
② 견인자동차를 이용한 견인
  ㉮ 구동되는 바퀴를 들어 올려 견인되도록 한다.
  ㉯ 견인되기 전 주차 브레이크를 해제한 후 변속레버를 중립(N)에 놓는다.
  ㉰ 에어 서스펜션 장착 차량의 견인을 위해 차체를 들어 올릴 때는 에어 스프링이 이탈되지 않도록 주의한다.

02 장치별 응급조치

(1) 엔진계통 응급조치요령

유형	추정원인	조치사항
엔진 시동 불량	• 연료가 떨어졌다. • 예열작동이 불충분하다. • 연료필터가 막혀 있다.	• 연료를 보충한 후 공기빼기를 한다. • 예열시스템을 점검한다. • 연료필터를 교환한다.
시동모터 작동 불량	• 배터리가 방전되었다. • 배터리 단자의 부식, 이완, 빠짐 현상이 있다. • 접지 케이블이 이완되어 있다. • 엔진오일의 점도가 너무 높다.	• 배터리를 충전하거나 교환한다. • 배터리 단자의 부식부분을 깨끗하게 처리하고 단단하게 고정한다. • 접지 케이블을 단단하게 고정한다. • 적정 점도의 오일로 교환한다.
저속 회전 시 엔진 꺼짐	• 공회전 속도가 낮다. • 에어클리너 필터가 오염되었다. • 연료필터가 막혀 있다. • 밸브 간극이 비정상이다.	• 공회전 속도를 조절한다. • 에어클리너 필터를 청소 또는 교환한다. • 연료필터를 교환한다. • 밸브 간극을 조정한다.
엔진오일 과다 소모	• 사용되는 오일이 부적당하다. • 엔진오일이 누유되고 있다.	• 규정에 맞는 엔진오일로 교환한다. • 오일 계통을 점검, 풀려 있는 부분은 다시 조인다.
연료 소비량 과다 발생	• 연료누출이 있다. • 타이어 공기압이 부족하다. • 클러치가 미끄러진다. • 브레이크가 제동된 상태에 있다.	• 연료계통을 점검하고 누출 부위를 정비한다. • 적정 공기압으로 조정한다. • 클러치 간극을 조정하거나 클러치 디스크를 교환한다. • 브레이크 라이닝 간극을 조정한다.
배기가스 색이 검다	• 에어클리너 필터가 오염되었다. • 밸브 간극이 비정상이다.	• 에어클리너 필터를 청소 또는 교환한다. • 밸브 간극을 조정한다.
엔진 과열 (오버히트)	• 냉각수가 부족하거나 누수되고 있다. • 팬벨트의 장력이 지나치게 느슨하다. • 냉각팬이 작동되지 않는다. • 라디에이터 캡의 장착이 불완전하다. • 서모스탯(온도조절기)이 정상 작동하지 않는다.	• 냉각수 보충 또는 누수 부위를 수리한다. • 팬벨트 장력을 조정한다. • 냉각팬의 전기배선 등을 수리한다. • 라디에이터 캡을 확실하게 장착한다. • 서모스탯을 교환한다.

(2) 조향계통 응급조치요령

유형	추정원인	조치사항
핸들 무거움	• 앞바퀴의 공기압이 부족하다. • 파워스티어링 오일이 부족하다.	• 적정 공기압으로 조정한다. • 파워스티어링 오일을 보충한다.
핸들 떨림	• 타이어의 무게중심이 맞지 않는다. • 휠 너트(허브 너트)가 풀려 있다. • 타이어 공기압이 각 타이어마다 다르다. • 타이어가 편마모 되어있다.	• 타이어를 점검하여 무게중심을 조정한다. • 규정 토크로 조인다. • 적정 공기압으로 조정한다. • 타이어를 교환한다.

(3) 제동계통 응급조치요령

유형	추정원인	조치사항
브레이크 제동효과 나쁨	• 공기압이 과다하다. • 공기누설(타이어 공기가 빠져나가는 현상)이 있다. • 라이닝 간극 과다 또는 마모 상태가 심하다. • 타이어 마모가 심하다.	• 적정 공기압으로 조정한다. • 브레이크 계통을 점검하여 풀려 있는 부분은 다시 조인다. • 라이닝 간극을 조정 또는 라이닝을 교환한다. • 타이어를 교환한다.
브레이크 편제동	• 좌·우 타이어 공기압이 다르다. • 타이어가 편마모 되어 있다. • 좌·우 라이닝 간극이 다르다.	• 적정 공기압으로 조정한다. • 편마모된 타이어를 교환한다. • 라이닝 간극을 조정한다.

(4) 전기계통 응급조치요령

유형	추정원인	조치사항
배터리가 자주 방전됨	• 배터리 단자의 벗겨짐, 풀림, 부식이 있다. • 팬벨트가 느슨하게 되어 있다. • 배터리액이 부족하다. • 배터리 수명이 다 되었다.	• 배터리 단자의 부식 부분을 제거하고 조인다. • 팬벨트의 장력을 조정한다. • 배터리액을 보충한다. • 배터리를 교환한다.

SECTION 03 자동차 구조 및 특성

01 동력전달장치

(1) 클러치

클러치는 엔진의 동력을 변속기에 전달하거나 차단하는 역할을 하며, 엔진 시동을 작동시킬 때나 기어를 변속할 때에는 동력을 끊고, 출발할 때는 엔진의 동력을 서서히 연결하는 일을 한다.

① 클러치의 필요성
㉮ 엔진을 작동시킬 때 엔진을 무부하 상태로 유지한다.
㉯ 변속기의 기어를 변속할 때 엔진의 동력을 일시 차단한다.
㉰ 관성운전을 가능하게 한다.

② 클러치의 구비조건
㉮ 냉각이 잘 되어 과열하지 않아야 한다.
㉯ 구조가 간단하고, 다루기 쉬우며 고장이 적어야 한다.
㉰ 회전력 단속 작용이 확실하며, 조작이 쉬워야 한다.
㉱ 회전 부분의 평형이 좋아야 한다.
㉲ 회전 관성이 적어야 한다.

③ 클러치 미끄러짐 현상 등
㉮ 클러치가 미끄러지는 원인
　㉠ 클러치 페달의 자유간극(유격)이 없다.
　㉡ 클러치 디스크의 마멸이 심하다.
　㉢ 클러치 디스크에 오일이 묻어 있다.
　㉣ 클러치 스프링의 장력이 약하다.
㉯ 클러치가 미끄러질 때의 영향
　㉠ 연료 소비량이 증가한다.
　㉡ 엔진이 과열된다.
　㉢ 등판능력이 감소한다.
　㉣ 구동력이 감소하여 출발이 어렵고, 증속이 잘되지 않는다.
㉰ 클러치 차단이 잘 안되는 원인
　㉠ 클러치 페달의 자유간극이 크다.
　㉡ 릴리스 베어링이 손상되었거나 파손되었다.
　㉢ 클러치 디스크의 흔들림이 크다.
　㉣ 유압장치에 공기가 혼입되었다.
　㉤ 클러치 구성부품이 심하게 마멸되었다.

클러치의 미끄러짐
클러치가 미끄러진다는 것은 출발 또는 주행 중 가속을 하였을 때 엔진의 회전속도는 상승하지만 출발이 잘 안되거나 주행속도가 올라가지 않는 경우를 말한다.

(2) 변속기

변속기는 도로의 상태, 주행속도, 적재 하중 등에 따라 변하는 구동력에 대응하기 위해 엔진과 추진축 사이에 설치되어 엔진의 출력을 자동차 주행속도에 알맞게 회전력과 속도로 바꾸어서 구동바퀴에 전달하는 장치를 말한다.

① 변속기의 필요성
㉮ 엔진과 차축 사이에서 회전력을 변환시켜 전달한다.
㉯ 엔진을 시동할 때 엔진을 무부하 상태로 한다.
㉰ 자동차를 후진시키기 위해 필요하다.

② 변속기의 구비조건
㉮ 가볍고, 단단하며, 다루기 쉬워야 한다.
㉯ 조작이 쉽고, 신속·확실하며, 작동 시 소음이 적어야 한다.
㉰ 연속적으로 또는 자동적으로 변속이 되어야 한다.
㉱ 동력전달 효율이 좋아야 한다.

③ 자동변속기
㉮ 자동변속기의 장점
　㉠ 기어변속이 자동으로 이루어져 운전이 편리하다.
　㉡ 발진과 가·감속이 원활하여 승차감이 좋다.
　㉢ 조작 미숙으로 인한 시동 꺼짐이 없다.
　㉣ 유체가 댐퍼 역할을 하기 때문에 충격이나 진동이 적다.
㉯ 자동변속기의 단점
　㉠ 구조가 복잡하고 가격이 비싸다.
　㉡ 차를 밀거나 끌어서 시동을 걸 수 없다.
　㉢ 연료소비율이 약 10% 정도 많아진다.
㉰ 자동변속기의 오일 색
　㉠ 정상 : 투명도가 높은 붉은 색
　㉡ 갈색 : 가혹한 상태에서 사용되거나, 장시간 사용한 경우
　㉢ 투명도가 없어지고 검은색을 띨 때 : 자동변속기 내부의 클러치 디스크 마멸로 인해 발생한 분말에 의한 오손, 기어가 마멸된 경우
　㉣ 니스 모양으로 된 경우 : 오일이 매우 높은 온도에 노출된 경우
　㉤ 백색 : 오일에 수분이 다량으로 유입된 경우

(3) 타이어

① 주요기능
㉮ 자동차의 하중을 지탱하는 기능을 한다.
㉯ 엔진의 구동력 및 브레이크의 제동력을 노면에 전달하는 기능을 한다.
㉰ 노면으로부터 전달되는 충격을 완화시키는 기능을 한다.
㉱ 자동차의 진행 방향을 전환 또는 유지시키는 기능을 한다.

② 튜브리스 타이어의 장·단점
㉮ 튜브 타이어에 비해 공기압을 유지하는 성능이 좋다.
㉯ 못에 찔려도 공기가 급격히 새지 않는다.
㉰ 타이어 내부의 공기가 직접 림에 접촉하고 있기 때문에 주행 중 발생하는 열의 발산이 좋아 발열이 적다.

⑮ 튜브 물림 등 튜브로 인한 고장이 없다.
⑯ 튜브 조립이 없으므로 펑크 수리가 간단하고 작업능률이 향상된다.
⑰ 림이 변형되면 타이어와의 밀착이 불량하여 공기가 새기 쉽다.
⑱ 유리 조각 등에 의해 손상되면 수리가 어렵다.

튜브리스 타이어(튜브가 없는 타이어)
자동차의 고속 주행 중 타이어의 펑크 위험으로부터 운전자와 자동차를 보호하기 위해 개발된 타이어를 말한다.

③ 타이어 형상에 따른 타이어의 분류
  ㉮ 바이어스 타이어(Bias tire)
  ㉯ 레디얼 타이어(Radial tire)
    ㉠ 접지면적이 크고, 타이어 수명이 길다.
    ㉡ 고속주행 시 안정성이 크고, 스탠딩웨이브 현상이 잘 일어나지 않는다.
  ㉰ 스노우 타이어(Snow tire)
    ㉠ 눈길에서의 미끄러짐이 적은 타이어로 바퀴가 고정되면 제동거리가 길어진다.
    ㉡ 트레드부가 50% 이상 마멸되면 제 기능을 발휘하지 못한다.

④ 타이어의 특성
  ㉮ 스탠딩 웨이브(Standing wave) 현상
    ㉠ 자동차가 고속 주행할 때 타이어 접지부에 열이 축적되어 변형(주름)이 나타나는 현상이다.
    ㉡ 일반구조의 승용차용 타이어의 경우 대략 150km/h 전후의 주행속도에서 발생하며, 조건이 나쁠 때는 150km/h 이하의 속도에서도 발생할 수 있다.
  ㉯ 수막 현상(Hydroplaning)
    ㉠ 자동차가 물이 고인 노면을 고속으로 주행할 때 타이어의 배수 기능이 감소되어 노면으로부터 떠올라 물 위를 미끄러지는 현상이다.
    ㉡ 발생하는 최저의 물 깊이는 타이어의 속도 및 마모 정도, 노면의 거침 등에 따라 다르지만 일반적으로 2.5mm~10mm 정도이다.

수막 현상 방지대책
• 저속으로 주행한다.
• 마모된 타이어를 사용하지 않는다.
• 공기압을 조금 높게 한다.
• 배수효과가 좋은 리브형 타이어를 사용한다.

02 완충(현가)장치

(1) 완충장치의 주요기능
  ① 적정한 자동차의 높이를 유지한다.
  ② 상·하 방향이 유연하여 차체가 노면에서 받는 충격을 완화시킨다.
  ③ 올바른 휠 얼라인먼트를 유지한다.
  ④ 차체의 무게를 지탱한다.
  ⑤ 타이어의 접지상태를 유지한다.
  ⑥ 주행방향을 일부 조정한다.

(2) 완충장치의 구성
  ① 스프링 : 차체와 차축 사이에 설치되어 주행 중 노면에서의 충격이나 진동을 흡수하여 차체에 전달되지 않게 하는 것
    ㉮ 판 스프링
      ㉠ 적당히 구부린 띠 모양의 스프링 강을 몇 장 겹쳐 그 중심에서 볼트로 조인 것으로 버스나 화물차에 사용한다.
      ㉡ 스프링 자체의 강성으로 차축을 정해진 위치에 지지할 수 있어 구조가 간단하고, 내구성이 크다.
      ㉢ 판간 마찰에 의한 진동의 억제작용이 크지만, 마찰로 인해 작은 진동은 흡수가 곤란하다.
    ㉯ 코일 스프링
      ㉠ 스프링 강을 코일 모양으로 감아서 제작한 것으로 승용차에 많이 사용된다.
      ㉡ 단위중량당 에너지 흡수율이 판 스프링보다 크고 유연하지만, 구조가 복잡하다.
      ㉢ 판간 마찰작용이 없기 때문에 진동에 대한 감쇠작용을 못하며, 옆 방향 작용력에 대한 저항력도 없다.
    ㉰ 토션 바 스프링
      ㉠ 비틀었을 때 탄성에 의해 원위치하려는 성질을 이용한 스프링 강의 막대다.
      ㉡ 단위중량당 에너지 흡수율이 다른 스프링에 비해 가장 크기 때문에 가볍게 할 수 있고, 구조도 간단하다.
      ㉢ 설치방식에는 차체에 평행하게 설치하는 세로방식과 차체에 직각으로 설치하는 가로방식이 있다.(세로방식이 많이 사용됨)
    ㉱ 공기 스프링
      ㉠ 공기의 탄성을 이용한 스프링으로 승차감이 우수하기 때문에 장거리 주행 자동차 및 대형버스에 사용된다.
      ㉡ 차량무게의 증감에 관계없이 언제나 차체의 높이를 일정하게 유지할 수 있으며, 짐을 실었을 때나 비었을 때의 승차감에는 차이가 없다.
      ㉢ 구조가 복잡하고 제작비가 비싸다.

  ② 쇽업소버
    ㉮ 노면에서 발생한 스프링의 진동을 재빨리 흡수하여 승차감을 향상시키고 동시에 스프링의 피로를 줄이기 위해 설치하는 장치이다.
    ㉯ 움직임을 멈추려고 하지 않는 스프링에 대하여 역 방향으로 힘을 발생시켜 진동의 흡수를 앞당긴다.
    ㉰ 스프링의 상·하 운동에너지를 열에너지로 변환시켜 준다.
    ㉱ 노면에서 발생하는 진동에 대해 일정 상태까지 그 진동을 정지시키는 힘인 감쇠력이 좋아야 한다.

  ③ 스태빌라이저
    ㉮ 좌·우 바퀴가 동시에 상·하 운동을 할 때는 작용을 하지 않으나 좌·우 바퀴가 서로 다르게 상·하 운동을 할 때 작용하여 차체의 기울기를 감소시켜 주는 장치이다.

㉮ 커브 길에서 자동차가 선회할 때 원심력 때문에 차체가 기울어지는 것을 감소시켜 차체가 롤링(좌·우 진동)하는 것을 방지하여 준다.

㉯ 토션 바의 일종으로 양 끝이 좌·우의 로어 컨트롤 암에 연결되며 가운데는 차체에 설치된다.

03 조향장치

(1) 조향장치의 구비조건

① 조향 조작이 주행 중의 충격에 영향을 받지 않아야 한다.

② 조작이 쉽고, 방향 전환이 원활하게 이루어져야 한다.

③ 진행방향을 바꿀 때 섀시 및 바디(body) 각 부에 무리한 힘이 작용하지 않아야 한다.

④ 고속주행에서도 조향 조작이 안정적이어야 한다.

⑤ 조향 핸들의 회전과 바퀴 선회 차이가 크지 않아야 한다.

⑥ 수명이 길고 정비하기 쉬워야 한다.

(2) 조향장치의 고장 원인

① 조향 핸들이 무거운 원인

㉮ 타이어의 공기압이 부족하다.

㉯ 조향기어의 톱니바퀴가 마모되었다.

㉰ 조향기어 박스 내의 오일이 부족하다.

㉱ 앞바퀴의 정렬 상태가 불량하다.

㉲ 타이어의 마멸이 과다하다.

② 조향 핸들이 한쪽으로 쏠리는 원인

㉮ 타이어의 공기압이 불균일하다.

㉯ 앞바퀴의 정렬 상태가 불량하다.

㉰ 쇽업소버의 작동 상태가 불량하다.

㉱ 허브 베어링의 마멸이 과다하다.

(3) 동력조향장치

① 동력조향장치 : 가볍고 원활한 조향 조작을 위해 엔진의 동력으로 오일펌프를 구동시켜 발생한 유압을 이용하여 조향 핸들의 조작력을 경감시키는 장치

② 동력조향장치의 장점

㉮ 조향 조작력이 작아도 된다.

㉯ 노면에서 발생한 충격 및 진동을 흡수한다.

㉰ 앞바퀴의 시미현상(바퀴가 좌·우로 흔들리는 현상)을 방지할 수 있다.

㉱ 조향조작이 신속하고 경쾌하다.

㉲ 앞바퀴가 펑크 났을 때 조향 핸들이 갑자기 꺾이지 않아 위험도가 낮다.

③ 동력조향장치의 단점

㉮ 기계식에 비해 구조가 복잡하고 값이 비싸다.

㉯ 고장이 발생한 경우에는 정비가 어렵다.

㉰ 오일펌프 구동에 엔진의 출력이 일부 소비된다.

(4) 휠 얼라인먼트(차륜정렬)

① 캠버(Camber)

㉮ 자동차를 앞에서 보았을 때 앞바퀴가 수직선에 대해 어떤 각도를 두고 설치되어 있는 것을 말한다.

㉯ 바퀴의 윗부분이 바깥쪽으로 기울어진 상태를 '정의 캠버', 바퀴의 중심선이 수직일 때를 '0의 캠버', 바퀴의 윗부분이 안쪽으로 기울어진 상태를 '부의 캠버'라 한다.

㉰ 캠버는 조향축(킹핀) 경사각과 함께 조향 핸들의 조작을 가볍게 하고, 수직 방향 하중에 의한 앞 차축의 휨을 방지하며, 하중을 받았을 때 앞바퀴의 아래쪽이 벌어지는 것(부의 캠버)을 방지한다.

② 캐스터(Caster)

㉮ 자동차 앞바퀴를 옆에서 보았을 때 앞 차축을 고정하는 조향축(킹핀)이 수직선과 어떤 각도를 두고 설치되어 있는 것을 말한다.

㉯ 조향축 윗부분이 자동차의 뒤쪽으로 기울어진 상태를 '정의 캐스터', 조향축의 중심선이 수직선과 일치된 상태를 '0의 캐스터', 조향축의 윗부분이 앞쪽으로 기울어진 상태를 '부의 캐스터'라 한다.

㉰ 주행 중 조향바퀴에 방향성을 부여한다. 조향하였을 때에는 직진 방향으로의 복원력을 준다.

③ 토인(Toe-in)

㉮ 자동차 앞바퀴를 위에서 내려다보면 양쪽 바퀴의 중심선 사이의 거리가 앞쪽이 뒤쪽보다 약간 작게 되어 있는 것을 말한다.

㉯ 토인은 앞바퀴를 평행하게 회전시키며, 앞바퀴가 옆방향으로 미끄러지는 것과 타이어 마멸을 방지하고, 조향 링키지의 마멸에 의해 토아웃(Toe-out) 되는 것을 방지한다.

④ 휠 얼라인먼트가 필요한 시기

㉮ 자동차 하체가 충격을 받았거나 사고가 발생한 경우

㉯ 타이어를 교환한 경우

㉰ 핸들의 중심이 어긋난 경우

㉱ 타이어 편마모가 발생한 경우

㉲ 자동차가 한쪽으로 쏠림현상이 발생한 경우

㉳ 자동차에서 롤링(좌·우진동)이 발생한 경우

㉴ 핸들이나 자동차의 떨림이 발생한 경우

휠 얼라인먼트의 역할

• 조향 핸들의 조작을 확실하게 하고 안전성을 준다 : 캐스터의 작용

• 조향 핸들에 복원성을 부여한다 : 캐스터와 조향축(킹핀) 경사각의 작용

• 조향 핸들의 조작을 가볍게 한다 : 캠버와 조향축(킹핀) 경사각의 작용

• 타이어 마멸을 최소로 한다 : 토인의 작용

04 제동장치

(1) 공기식 브레이크

① 공기식 브레이크 : 엔진으로 공기압축기를 구동하여 발생한 압축 공기를 동력원으로 사용하는 방식으로서 버스나 트럭 등 대형차량에 주로 사용된다.

② **공기식 브레이크의 구조와 관련된 장치** : 공기압축기, 공기탱크, 브레이크 밸브, 릴레이 밸브, 퀵 릴리스 밸브, 브레이크 체임버, 저압 표시기, 체크 밸브

③ **공기식 브레이크의 장·단점**
  ㉮ 장점
    ㉠ 자동차 중량에 제한을 받지 않는다.
    ㉡ 공기가 다소 누출되어도 제동성능이 현저하게 저하되지 않아 안전도가 높다.
    ㉢ 베이퍼 록 현상이 발생할 염려가 없다.
    ㉣ 페달을 밟는 양에 따라 제동력이 조절된다.
    ㉤ 압축공기의 압력을 높이면 더 큰 제동력을 얻을 수 있다.
  ㉯ 단점
    ㉠ 구조가 복잡하고 유압 브레이크보다 값이 비싸다.
    ㉡ 엔진출력을 사용하므로 연료 소비량이 많다.

(2) 공기 브레이크와 유압 배력 브레이크의 비교

구분	공기 브레이크	유압 배력식 브레이크
차량 중량	제한을 받지 않는다.	제한을 받는다.
오일·공기 누설	다소 누출되어도 제동성능이 저하되지 않는다.	누설되면 유압이 현저하게 저하되어 위험하다.
마찰열	베이퍼 록의 발생 염려가 없다.	베이퍼 록이 발생한다.
제동력	페달의 밟은 양에 따라 변화한다.	페달의 밟는 힘에 따라 변화한다.
에너지 소비	공기압축기 구동에 많은 에너지가 소비된다.	에너지 소비가 작다.
정비성	구조가 복잡하여 정비하기 어렵다.	구조가 간단하여 정비하기 쉽다.
경제성	비교적 고가이다.	저렴하다.

(3) **ABS**(Anti-lock Break System)
  ① **ABS** : 자동차 주행 중 제동할 때 타이어의 고착 현상을 미연에 방지하여 노면에 달라붙는 힘을 유지하므로 사전에 사고의 위험성을 감소시키는 예방 안전장치이다.

② **ABS의 특징**
  ㉮ 바퀴의 미끄러짐이 없는 제동 효과를 얻을 수 있다.
  ㉯ 자동차의 방향 안정성, 조종성능을 확보해 준다.
  ㉰ 앞바퀴의 고착에 의한 조향 능력 상실을 방지한다.
  ㉱ 노면이 비에 젖더라도 우수한 제동효과를 얻을 수 있다.

(4) 감속 브레이크
  ① **감속 브레이크** : 풋 브레이크의 보조로 사용되는 브레이크로 자동차가 고속 대형화함에 따라 풋 브레이크를 자주 사용하는 것은 베이퍼 록이나 페이드 현상이 발생할 가능성이 높아져 안전한 운전을 할 수 없게 됨에 따라 개발된 것

  ② **감속 브레이크(제3의 브레이크)의 유형**
    ㉮ 엔진 브레이크 : 엔진의 회전 저항을 이용한 것으로 언덕길을 내려갈 때 가속 페달을 놓거나, 저속기어를 사용하면 회전저항에 의한 제동력이 발생한다.
    ㉯ 제이크 브레이크 : 엔진 내 피스톤 운동을 억제시키는 브레이크이다.
    ㉰ 배기 브레이크 : 배기관 내에 설치된 밸브를 통해 배기가스 또는 공기를 압축한 후 배기 파이프 내의 압력이 배기 밸브 스프링 장력과 평형이 될 때까지 높게 하여 제동력을 얻는다.
    ㉱ 리타터 브레이크 : 유압을 이용하여 동력이 전달되는 회전방향과 반대로 터빈을 작동시켜 제동력을 발생시키는 장치이다.

  ③ **감속 브레이크의 장점**
    ㉮ 풋 브레이크를 사용하는 횟수가 줄기 때문에 주행할 때의 안전도가 향상되고, 운전자의 피로를 줄일 수 있다.
    ㉯ 브레이크 슈, 드럼 혹은 타이어의 마모를 줄일 수 있다.
    ㉰ 눈, 비 등으로 인한 타이어의 미끄러짐을 줄일 수 있다.
    ㉱ 클러치 사용횟수가 줄게 됨에 따라 클러치 관련 부품의 마모가 감소한다.
    ㉲ 브레이크가 작동할 때 이상 소음을 내지 않으므로 승객에게 불쾌감을 주지 않는다.

SECTION 04 자동차 검사 및 보험

01 자동차 검사

(1) 자동차 종합검사(배출가스 검사 + 안전도 검사)

① **자동차 종합검사의 개요**

㉮ 자동차 정기검사와 배출가스 정밀검사 및 특정경유자동차 배출가스 검사의 검사항목을 하나의 검사로 통합하고 검사 시기를 자동차 정기검사 시기로 통합하여 한 번의 검사로 모든 검사가 완료되도록 하는 검사이다.

㉯ 다음의 검사를 받은 경우 자동차 정기검사, 배출가스 정밀검사 및 특정경유자동차검사를 받은 것으로 본다.

㉠ 자동차의 동일성 확인 및 배출가스 관련 장치 등의 작동 상태 확인을 관능검사(사람의 감각기관으로 자동차의 상태를 확인하는 검사) 및 기능검사로 하는 공통 분야

㉡ 자동차 안전검사 분야

㉢ 자동차 배출가스 정밀검사 분야

② **자동차 종합검사의 대상과 유효기간**

검사 대상				검사 유효기간
차종	사업용 구분	규모	대상 차령	
승용 자동차	비사업용	경형·소형· 중형·대형	차령이 4년 초과인 자동차	2년
	사업용	경형·소형· 중형·대형	차령이 2년 초과인 자동차	1년
승합 자동차	비사업용	경형·소형	차령이 4년 초과인 자동차	1년
		중형	차령이 3년 초과인 자동차	차령 8년까지는 1년, 이후부터는 6개월
		대형	차령이 3년 초과인 자동차	차령 8년까지는 1년, 이후부터는 6개월
	사업용	경형·소형	차령이 4년 초과인 자동차	1년
		중형	차령이 2년 초과인 자동차	차령 8년까지는 1년, 이후부터는 6개월
		대형	차령이 2년 초과인 자동차	차령 8년까지는 1년, 이후부터는 6개월
화물 자동차	비사업용	경형·소형	차령이 4년 초과인 자동차	1년
		중형	차령이 3년 초과인 자동차	차령 5년까지는 1년, 이후부터는 6개월
		대형	차령이 3년 초과인 자동차	차령 5년까지는 1년, 이후부터는 6개월
화물 자동차	사업용	경형·소형	차령이 2년 초과인 자동차	1년
		중형	차령이 2년 초과인 자동차	차령 5년까지는 1년, 이후부터는 6개월
		대형	차령이 2년 초과인 자동차	6개월
특수 자동차	비사업용	경형·소형· 중형·대형	차령이 3년 초과인 자동차	차령 5년까지는 1년, 이후부터는 6개월
	사업용	경형·소형· 중형·대형	차령이 2년 초과인 자동차	차령 5년까지는 1년, 이후부터는 6개월

③ **자동차 종합검사 유효기간**

㉮ 검사 유효기간 계산 방법

㉠ 자동차관리법에 따라 신규등록을 하는 경우 : 신규등록일부터 계산

㉡ 자동차 종합검사기간 내에 종합검사를 신청하여 적합 판정을 받은 경우 : 직전 검사 유효기간 마지막 날의 다음 날부터 계산

㉢ 자동차 종합검사기간 전 또는 후에 자동차 종합검사를 신청하여 적합 판정을 받은 경우 : 자동차 종합검사를 받은 날의 다음 날부터 계산

㉣ 재검사 결과 적합 판정을 받은 경우 : 자동차 종합검사를 받은 것으로 보는 날의 다음 날부터 계산

㉯ 자동차 소유자가 자동차 종합검사를 받아야 하는 기간

㉠ 자동차 종합검사 유효기간의 마지막 날(검사 유효기간을 연장하거나 검사를 유예한 경우에는 그 연장 또는 유예된 기간의 마지막 날) 전 90일부터 후 31일까지로 한다.

㉡ 소유권 변동 또는 사용본거지 변경 등의 사유로 자동차 종합검사의 대상이 된 자동차 중 자동차 정기검사의 기간 중에 있거나 자동차 정기검사의 기간이 지난 자동차는 변경등록을 한 날부터 62일 이내에 자동차 종합검사를 받아야 한다.

④ **자동차 종합검사 재검사기간**

㉮ 자동차 종합검사기간 내에 종합검사를 신청한 경우 : 부적합 판정을 받은 날부터 자동차 종합검사기간 만료 후 10일 까지

㉯ 자동차 종합검사기간 전 또는 후에 종합검사를 신청한 경우 : 부적합 판정을 받은 날의 다음 날부터 10일 이내

㉰ 종합검사기간 내에 종합검사를 신청하였으나 최고속도제한장치의 미설치, 무단 해체·해제 및 미작동으로 부적합 판정을 받은 경우 : 부적합 판정을 받은 날부터 10일 이내

㉱ 자동차 종합검사 재검사기간 내에 적합 판정을 받은 자동차 : 자동차 종합검사 결과표 또는 자동차 기능 종합진단서를 받은 날에 자동차 종합검사를 받은 것으로 본다.

㉲ 자동차 종합검사 결과 부적합 판정을 받은 자동차의 소유자가 재검사 기간 내에 재검사를 신청하지 아니한 경우 또는 재검사 기간 내에 재검사를 신청하였으나 그 기간 내에 적합 판정을 받지 못한 경우 : 종합검사를 받지 아니한 것으로 본다.

㉳ 자동차 종합검사 결과 부적합 판정을 받은 자동차가 특정경유자동차의 배출허용기준에 맞는지에 대한 검사가 면제되는 경우 : 자동차 배출가스 정밀검사 분야에 대해서는 재검사기간 내에 적합 판정을 받은 것으로 본다.

⑤ **자동차 종합검사 유효기간 연장 사유에 해당하는 경우**

㉮ 전시·사변 또는 이에 준하는 비상사태로 인하여 관할지역에서 자동차 종합검사 업무를 수행할 수 없다고 판단되는 경우(대상 자동차, 유예기간 및 대상 지역 등이 공고된 경우만 해당)

㉯ 자동차를 도난당한 경우, 사고발생으로 인하여 자동차를 장기

SECTION 04 자동차 검사 및 보험

간 정비할 필요가 있는 경우, 형사소송법 등에 따라 자동차가 압수되어 운행할 수 없는 경우, 운전면허 취소 등으로 인하여 자동차를 운행할 수 없는 경우 및 그 밖에 부득이한 사유로 자동차를 운행할 수 없다고 인정되는 경우
㉰ 자동차 소유자가 폐차를 하려는 경우

(3) 자동차 정기검사(안전도 검사)

① 자동차 정기검사의 개요
㉮ 개념 : 자동차관리법에 따라 종합검사 시행지역 외 지역에 대하여 안전도 분야에 대한 검사를 시행하며, 배출가스검사는 공회전상태에서 배출가스 측정
㉯ 검사방법 및 항목 : 종합검사의 안전도 검사 분야의 검사방법 및 검사항목과 동일하게 시행

② 자동차 정기검사의 대상과 유효기간

구분				검사 유효기간
차종	사업용 구분	규모	차령	
승용 자동차	비사업용	경형·소형·중형·대형	모든 차령	2년 (신규검사를 받은 신조차의 최초 유효기간은 5년)
	사업용	경형·소형·중형·대형	모든 차령	1년 (신규검사를 받은 신조차의 최초 유효기간은 2년)
승합 자동차	비사업용	경형·소형	4년 이하인 경우	2년
			4년 초과인 경우	1년
		중형·대형	8년 이하인 경우	1년 (신규검사를 받은 5.5m 미만 신조차의 최초 유효기간은 2년)
			8년 초과인 경우	6개월
	사업용	경형·소형	4년 이하인 경우	2년
			4년 초과인 경우	1년
		중형·대형	8년 이하인 경우	1년
			8년 초과인 경우	6개월
화물 자동차	비사업용	경형·소형	4년 이하인 경우	2년
			4년 초과인 경우	1년
		중형·대형	5년 이하인 경우	1년
			5년 초과인 경우	6개월
	사업용	경형·소형	모든 차령	1년 (신규검사를 받은 신조차의 최초 유효기간은 2년)
		중형	5년 이하인 경우	1년
			5년 초과인 경우	6개월
		대형	2년 이하인 경우	1년
			2년 초과인 경우	6개월
특수 자동차	비사업용 및 사업용	경형·소형·중형·대형	5년 이하인 경우	1년
			5년 초과인 경우	6개월

자동차종합검사 및 정기검사 미시행에 따른 과태료
- 검사를 받아야 하는 기간만료일부터 30일 이내인 경우 : 4만원
- 검사를 받아야 하는 기간만료일부터 30일을 초과 114일 이내인 경우
  : 4만원에 31일째부터 계산하여 3일 초과 시마다 2만원을 더한 금액
- 검사를 받아야 하는 기간만료일부터 115일 이상인 경우 (과태료 최고한도)
  : 60만원

(4) 튜닝검사

① 튜닝검사의 개요
㉮ 개념 : 튜닝의 승인을 받은 날부터 45일 이내에 한국교통안전공단 자동차검사소에서 안전기준 적합여부 및 승인받은 내용대로 변경하였는가에 대하여 검사를 받아야 하는 일련의 행정절차
㉯ 튜닝승인신청 구비 서류
  ㉠ 튜닝승인신청서 : 자동차 소유자가 신청, 대리인인 경우 소유자(운송회사)의 위임장 및 인감증명서 첨부 필요
  ㉡ 튜닝 전·후 주요제원 대비표 : 제원변경이 있는 경우만 해당
  ㉢ 튜닝 전·후 자동차의 외관도 : 외관도 및 설계도면에 변경내용(축간거리, 승객좌석간 거리 등)이 정확히 표시·기재되어 있어야 함(외관변경이 있는 경우에 한함)
  ㉣ 튜닝하고자 하는 구조·장치의 설계도 : 특수한 장치 등을 설치할 경우 장치에 대한 상세도면 또는 설계도 포함

② 구조·장치 변경승인 불가 항목
㉮ 총중량이 증가되는 튜닝
㉯ 승차정원 또는 최대적재량의 증가를 가져오는 승차장치 또는 물품적재장치의 튜닝
㉰ 자동차의 종류가 변경되는 튜닝
㉱ 튜닝 전보다 성능 또는 안전도가 저하될 우려가 있는 경우의 변경

③ 튜닝검사 신청서류
㉮ 자동차등록증
㉯ 튜닝승인서
㉰ 튜닝 전·후의 주요제원 대비표
㉱ 튜닝 전·후의 자동차 외관도(외관의 변경이 있는 경우)
㉲ 튜닝하려는 구조·장치의 설계도

(5) 임시검사

① 임시검사를 받는 경우
㉮ 불법튜닝 등에 대한 안전성 확보를 위한 검사
㉯ 사업용 자동차의 차령연장을 위한 검사
㉰ 자동차 소유자의 신청을 받아 시행하는 검사

② 임시검사 신청서류
㉮ 자동차 검사 신청서
㉯ 자동차등록증
㉰ 자동차점검·정비·검사 또는 원상복구명령서(해당하는 경우만 첨부)

(6) 신규검사

① 개념 : 신규등록을 하고자 할 때 받는 검사

② 신규검사를 받아야 하는 경우
㉮ 여객자동차 운수사업법에 의하여 면허, 등록, 인가 또는 신고가 실효하거나 취소되어 말소한 경우
㉯ 자동차를 교육·연구목적으로 사용하는 등 대통령령이 정하는 사유에 해당하는 경우
  ㉠ 자동차 자기인증을 하기 위해 등록한 자
  ㉡ 국가간 상호인증 성능시험을 대행할 수 있도록 지정된 자
  ㉢ 자동차 연구개발 목적의 기업부설연구소를 보유한 자

ⓔ 해외자동차업체와 계약을 체결하여 부품개발 등의 개발업무를 수행하는 자

ⓜ 전기자동차 등 친환경·첨단미래형 자동차의 개발·보급을 위하여 필요하다고 국토교통부장관이 인정하는 자

ⓑ 자동차의 차대번호가 등록원부상의 차대번호와 달라 직권 말소된 자동차

ⓐ 속임수나 그 밖의 부정한 방법으로 등록되어 말소된 자동차

ⓜ 수출을 위해 말소한 자동차

ⓗ 도난당한 자동차를 회수한 경우

③ 신규검사 신청서류
㉮ 신규검사 신청서
㉯ 출처증명서류(말소사실증명서 또는 수입신고서, 자기인증 면제 확인서)

④ 제원표(이미 자기인증된 자동차와 같은 제원의 자동차인 경우에는 제원표 첨부 생략 가능)

02 자동차 보험 및 공제

(1) 자동차 보험의 종류(담보종목)

① 대인배상Ⅰ(책임보험)
㉮ 책임보험 : 자동차를 소유한 사람은 의무적으로 가입해야 하는 보험으로 자동차의 운행으로 인하여 남을 사망케 하거나 다치게 하여 자동차손해배상 보장법에 의한 손해배상 책임을 짐으로서 입은 손해를 보상

㉯ 책임기간 : 보험료를 납입한 때로부터 시작되어 보험기간 마지막 날의 24시에 종료되며, 단, 보험기간 개시 이전에 보험계약을 하고 보험료를 납입한 때에는 보험기간의 첫날 0시부터 유효

㉰ 의무가입 대상
㉠ 자동차관리법에 의하여 등록된 모든 자동차
㉡ 이륜자동차
㉢ 9종 건설기계 : 12톤 이상 덤프트럭, 콘크리트 믹서트럭, 타이어식 기중기, 트럭적재식 콘크리트 펌프, 타이어식 굴삭기, 아스콘 살포기, 트럭 지게차, 도로보수트럭, 노면측정 장비

② 대인배상Ⅱ
㉮ 대인배상Ⅰ로 지급되는 금액을 초과하는 손해를 보상(사망, 부상, 후유장애에 따른 손해를 보상)

㉯ 피해자 1인당 5천만원, 1억, 2억, 3억, 무한 등 5가지 중 한 가지를 선택(교통사고의 피해가 커지는 경향이고 또한 교통사고처리특례법의 혜택을 보기 위해 대부분 무한으로 가입하고 있는 실정임)

㉰ 산식 : 법률손해배상 책임액 + 비용 - 대인배상Ⅰ 보험금

③ 대물보상
㉮ 타인의 재물에 피해를 입혔을 때 법률상 손해배상 책임을 짐으로서 입은 직접손해와 간접손해를 보상
㉠ 직접손해 : 수리비용, 교환가액
㉡ 간접손해 : 대차료(30일 한도), 휴차료(사업용자동차의 영업 손해 배상으로 30일 범위 내), 영업손실

㉯ 2천만원 까지는 의무적으로 가입하여야 하며 한 사고 당 보상한도액은 2천만원, 3천만원, 5천만원, 1억원, 5억원, 10억원, 무한 중 한 가지 선택

④ 자기차량(자차) 손해
㉮ 피보험자동차를 소유, 사용, 관리하는 동안 피보험자동차에 직접적으로 생긴 손해를 보상하며 피보험자동차에 통상적으로 붙어있거나 장치되어 있는 부속기계 장치는 피보험자동차의 일부로 보지만 통상 붙어있거나 장치되어 있는 것이 아닌 것은 보험증권에 기재한 것에 한함

㉯ 자손보험 보상하는 손해
㉠ 타차 또는 타 물체와의 충돌, 접촉, 추락, 전복, 차량의 침수로 인한 손해
㉡ 화재, 폭발, 낙뢰, 날아온 물체, 떨어지는 물체에 의한 손해
㉢ 보닛이 열리면서 전면 유리를 파손시키거나 문을 여는 과정에서 강한 바람에 의해 문짝이 파손되는 등 풍력에 의한 손해
㉣ 피보험자동차의 도난으로 인한 전부 손해를 보상하며, 도난 당한 자를 찾았을 경우 자동차 차체에 생긴 손해도 보상

참고

책임보험 의무가입 제외 대상
피 견인차량은 원동기 장치 없이 견인차에 의해 견인되는 트레일러, 세미 트레일러, 풀 트레일러 등으로 자력으로 이동하지 못하여 의무적인 가입 대상에서 제외된다.

(2) 자동차보험 미가입 시 처벌

① 책임보험 미가입 시 자동차 신규등록 및 이전등록이 불가능하고 자동차의 정기검사를 받을 수 없으며 벌금 및 과태료가 부과된다.

② 벌금 및 과태료
㉮ 벌금 : 미가입 자동차 운전 시 1년 이하의 징역 또는 500만원 이하의 벌금
㉯ 과태료

담보	차종	미가입		한도(대당)
		10일 이내	10일 초과	
대인Ⅰ	이륜자동차	6천원	매 1일당 1,200원 가산	20만원
	비사업용 자동차	1만원	매 1일당 4천원 가산	60만원
	사업용자동차	3만원	매 1일당 8천원 가산	100만원
대인Ⅱ	사업용자동차	3만원	매 1일당 8천원 가산	100만원
대물	이륜자동차	3천원	매 1일당 6백원 가산	10만원
	비사업용 자동차	5천원	매 1일당 2천원 가산	30만원
	사업용자동차	5천원	매 1일당 2천원 가산	30만원

SECTION 05 안전운전의 기술

01 방어운전의 기술

(1) 안전운전과 방어운전의 개념

구분	내용
안전 운전	• 운전자가 자동차를 그 본래의 목적에 따라 운행함에 있어서 운전자 자신이 위험한 운전을 하거나 교통사고를 유발하지 않도록 주의하여 운전하는 것을 말한다.
방어 운전	• 운전자가 다른 운전자나 보행자가 교통법규를 지키지 않거나 위험한 행동을 하더라도 이에 대처할 수 있는 운전자세를 갖추어 미리 위험한 상황을 피하여 운전하는 것 • 위험한 상황을 만들지 않고 운전하는 것 • 위험한 상황에 직면했을 때는 이를 효과적으로 회피할 수 있도록 운전하는 것

(2) 방어운전의 기본

① **능숙한 운전기술** : 적절하고 안전하게 운전하는 기술을 몸에 익혀야 한다.

② **정확한 운전지식** : 교통표지판, 교통 관련 법규 등 운전에 필요한 지식을 익힌다.

③ **세심한 관찰력** : 언제든지 다른 운전자의 행태를 잘 관찰하고 타산지석으로 삼는다.

④ **예측능력과 판단력** : 안전을 위협하는 운전 상황의 변화요소를 재빠르게 파악하는 예측능력과 교통상황에 적절하게 대응하고 이에 맞게 자신의 행동을 통제하고 조절하면서 운행하는 판단력이 필요하다.

⑤ **양보와 배려의 실천** : 운전은 자기 혼자만 하는 것이 아니라 주위에서 같이 달리는 자동차의 운전자와 길을 건너고자 하는 많은 보행자를 같이 생각해야 하는 것인 만큼 양보와 배려가 습관화 되도록 한다.

⑥ **반성의 자세** : 자신의 운전행동에 대한 반성을 통하여 더욱 안전한 운전자로 거듭날 수 있다.

⑦ **무리한 운행 배제** : 졸음상태, 음주상태, 기분이 나쁜 상태 등 신체적 심리적으로 건강하지 않은 상태에서는 무리한 운전을 하지 않는다. 또한 자동차에 고장이나 이상이 있는 경우에는 아무리 사소한 것이라도 수리·정비한 다음이 아니면 무리하게 차를 운행하지 않는다.

(3) 실전 방어운전 요령

① 운전자는 앞차의 전방까지 시야를 멀리 둔다. 장애물이 나타나 앞차가 브레이크를 밟았을 때 즉시 브레이크를 밟을 수 있도록 준비 태세를 갖춘다.

② 신호기가 설치되어 있지 않은 교차로에서는 좁은 도로로부터 우선순위를 무시하고 진입하는 자동차가 있으므로, 이런 때는 속도를 줄이고 좌우의 안전을 확인한 다음에 통행한다.

③ 교통신호가 바뀐다고 해서 무작정 출발하지 말고 주위 자동차의 움직임을 관찰한 후 진행한다.

④ 보행자가 갑자기 나타날 수 있는 골목길이나 주택가에서는 상황을 예견하고 속도를 줄여 충돌을 피할 시간적 공간적 여유를 확보한다.

⑤ 일기예보에 신경을 쓰고 기상변화에 대비해 체인이나 스노우 타이어 등을 미리 준비한다. 눈이나 비가 올 때는 가시거리 단축, 수막현상 등 위험요소를 염두에 두고 운전한다.

⑥ 교통량이 너무 많은 길이나 시간을 피해 운전하도록 한다. 교통이 혼잡할 때는 조심스럽게 교통의 흐름을 따르고, 끼어들기 등을 삼가한다.

⑦ 앞차를 뒤따라 갈 때는 앞차가 급제동을 하더라도 추돌하지 않도록 차간거리를 충분히 유지한다. 4~5대 앞차의 움직임까지 살핀다. 대형차를 뒤따라갈 때는 가능한 앞지르기를 하지 않도록 한다.

⑧ 뒤에 다른 차가 접근해 올 때는 속도를 낮춘다. 뒤차가 앞지르기를 하려고 하면 양보해 준다. 뒤차가 바짝 뒤따라올 때는 가볍게 브레이크 페달을 밟아 제동등을 켠다.

⑨ 대형 화물차나 버스의 바로 뒤를 따라서 진행할 때는 전방의 교통상황을 파악할 수 없으므로, 이럴 때는 함부로 앞지르기를 하지 않도록 하고, 또 시기를 보아서 대형차의 뒤에서 이탈해 진행한다.

⑩ 교차로를 통과할 때는 신호를 무시하고 뛰어나오는 차나 사람이 있을 수 있으므로 반드시 안전을 확인한 뒤에 서서히 주행한다. 좌우로 도로의 안전을 확인한 뒤에 주행한다.

⑪ 밤에 마주 오는 차가 전조등 불빛을 줄이거나 아래로 비추지 않고 접근해 올 때는 불빛을 정면으로 보지 말고 시선을 약간 오른쪽으로 돌린다. 감속 또는 서행하거나 일시 정지한다.

⑫ 밤에 산모퉁이 길을 통과할 때는 전조등을 상향과 하향을 번갈아 켜거나 껐다 켰다 해 자신의 존재를 알린다. 주위를 살피면서 서행한다.

⑬ 횡단하려고 하거나 횡단중인 보행자가 있을 때는 속도를 줄이고 주의해 진행한다. 보행자가 차의 접근을 알고 있는지 확인한다

⑭ 어린이가 진로 부근에 있을 때는 어린이와 안전한 간격을 두고 진행한다. 서행 또는 일시 정지한다.

⑮ 다른 차량이 갑자기 뛰어들거나 내가 차로를 변경할 필요가 있을 때 꼼짝할 수 없게 되므로 가능한 한 뒤로 물러서거나 앞으로 나아가 다른 차량과 나란히 주행하지 않도록 한다.

SECTION 05 안전운전의 기술

(4) 주요 운전상황별 방어운전 요령

운전 상황	방어운전 요령
출발할 때	• 차의 전·후, 좌·우는 물론 차의 밑과 위까지 안전을 확인한다. • 도로의 가장자리에서 도로를 진입하는 경우에는 반드시 신호를 한다. • 교통류에 합류할 때는 진행하는 차의 간격상태를 확인하고 합류한다.
주행시 속도 조절	• 교통량이 많은 곳, 노면의 상태가 나쁜 도로에서는 속도를 줄여서 주행한다. • 기상상태나 도로조건 등으로 시계조건이 나쁜 곳에서는 속도를 줄여서 주행한다. • 해질 무렵, 터널 등 조명조건이 나쁠 때는 속도를 줄여서 주행한다. • 주택가나 이면도로 등에서는 과속이나 난폭운전을 하지 않는다. • 곡선반경이 작은 도로나 신호의 설치간격이 좁은 도로는 속도를 낮추어 안전하게 통과한다. • 주행하는 차들과 물 흐르듯 속도를 맞추어 주행한다.
주행차로의 사용	• 자기 차로를 선택하여 가능한 한 변경하지 않고 주행한다. • 필요한 경우가 아니면 중앙의 차로를 주행하지 않는다. • 갑자기 차로를 바꾸지 않는다. • 차로를 바꾸는 경우에는 반드시 신호를 한다.
추월할 때	• 꼭 필요한 경우에만 추월하며, 추월이 허용된 지역에서만 추월한다. • 마주 오는 차의 속도와 거리를 정확히 판단한 후 추월한다. • 추월에 적당한 속도로 주행하며, 추월 후 뒤차의 안전을 고려하여 진입한다. • 추월 전에 앞차에게 신호로 알린다.
좌·우로 회전할 때	• 회전이 허용된 차로에서만 회전한다. • 대향차가 교차로를 완전히 통과한 후 좌회전한다. • 우회전을 할 때 보도나 노견으로 타이어가 넘어가지 않도록 주의한다. • 미끄러운 노면에서는 특히, 급핸들 조작으로 회전하지 않는다. • 회전시에는 반드시 신호를 한다.
차간거리	• 앞차에 너무 밀착하여 주행하지 않도록 한다. • 후진시에는 후방의 물체와의 거리, 운행시에는 좌·우측 차량과의 안전거리를 확인한다. • 다른 차가 끼어들기를 하려고 하는 경우에는 양보하여 안전하게 진입하도록 한다.

02 상황별 운전 요령

(1) 시가지 교차로에서의 방어운전

① **교차로에서의 방어운전**

㉮ 신호는 운전자의 눈으로 직접 확인한 후 앞선 신호에 따라 진행하는 차가 없는지 확인하고 출발한다. 즉, 앞서 직진, 좌회전, 우회전 또는 U턴하는 차량 등에 주의한다.

㉯ 신호에 따라 진행하는 경우에도 신호를 무시하고 갑자기 달려드는 차 또는 보행자가 있다는 사실에 주의한다.

㉰ 좌·우회전할 때는 방향신호등을 정확히 점등한다.

㉱ 성급한 우회전은 횡단하는 보행자와 충돌할 위험이 증가한다.

㉲ 통과하는 앞차를 맹목적으로 따라가면 신호를 위반할 가능성이 높다.

㉳ 교통정리가 행하여지고 있지 아니하고 좌·우를 확인할 수 없거나 교통이 빈번한 교차로에 진입할 때는 일시정지하여 안전을 확인한 후 출발한다.

㉴ 내륜차에 의한 사고에 주의한다.

② **교차로 황색신호에서의 방어운전**

㉮ 황색신호일 때는 멈출 수 있도록 감속하여 접근한다.

㉯ 황색신호일 때 모든 차는 정지선 바로 앞에 정지하여야 한다.

㉰ 이미 교차로 안으로 진입하여 있을 때 황색신호로 변경된 경우에는 신속히 교차로 밖으로 빠져나간다.

㉱ 교차로 부근에는 무단 횡단하는 보행자 등 위험요인이 많으므로 돌발 상황에 대비한다.

㉲ 가급적 딜레마구간에 도달하기 전에 속도를 줄여 신호가 변경되면 바로 정지할 수 있도록 준비한다.

(2) 이면도로를 안전하게 통행하는 방법

① **항상 보행자의 출현 등 돌발 상황에 대비한 방어운전을 한다.**

㉮ 차량의 속도를 줄인다.

㉯ 자동차나 어린이가 갑자기 출현할 수 있다는 생각을 가지고 운전한다.

㉰ 언제라도 곧 정지할 수 있는 마음의 준비를 갖춘다.

② **위험한 대상물은 계속 주시한다.**

㉮ 돌출된 간판 등과 충돌하지 않도록 주의한다.

㉯ 위험스럽게 느껴지는 자동차나 자전거, 손수레, 보행자 등을 발견하였을 때는 그의 움직임을 주시하면서 운행한다.

> **참고**
>
> **이면도로 운전의 위험성**
> • 도로의 폭이 좁고, 보도 등의 안전시설이 없다.
> • 좁은 도로가 많이 교차하고 있다.
> • 주변에 점포와 주택 등이 밀집되어 있으므로, 보행자 등이 아무 곳에서나 횡단이나 통행을 한다.
> • 길가에서 어린이들이 뛰노는 경우가 많으므로, 어린이들과의 사고가 일어나기 쉽다.

(3) 커브길에서의 방어운전

① **커브길 주행방법**

㉮ 커브길에 진입하기 전에 경사도나 도로의 폭을 확인하고 엔진 브레이크를 작동시켜 속도를 줄인다.

㉯ 엔진 브레이크만으로 속도가 충분히 줄지 않으면 풋 브레이크를 사용하여 회전 중에 더 이상 감속하지 않도록 줄인다.

㉰ 감속된 속도에 맞는 기어로 변속한다.

㉱ 회전이 끝나는 부분에 도달하였을 때는 핸들을 바르게 한다.

㉲ 가속 페달을 밟아 속도를 서서히 높인다.

② **커브길 주행 시의 주의 사항**

㉮ 커브길에서는 기상상태, 노면상태 및 회전속도 등에 따라 차량이 미끄러지거나 전복될 위험이 증가하므로 부득이한 경우가 아니면 급핸들 조작이나 급제동은 하지 않는다.

㉯ 회전 중에 발생하는 가속은 원심력을 증가시켜 도로이탈의 위험이 발생하고, 감속은 차량의 무게중심이 한쪽으로 쏠려 차량의 균형이 쉽게 무너질 수 있으므로 불가피한 경우가 아니면 가속이나 감속은 하지 않는다.

㉰ 중앙선을 침범하거나 도로의 중앙선으로 치우친 운전을 하지 않는다. 항상 반대 차로에 차가 오고 있다는 것을 염두에 두고 주행차로를 준수하며 운전한다.

㉱ 시력이 볼 수 있는 범위(시야)가 제한되어 있다면 주간에는 경음기, 야간에는 전조등을 사용하여 내 차의 존재를 반대 차로 운전자에게 알린다.
㉲ 급커브길 등에서의 앞지르기는 대부분 규제표지 및 노면표시 등 안전표지로 금지하고 있으나, 금지표지가 없다고 하더라도 전방의 안전이 확인 안 되는 경우에는 절대 하지 않는다.
㉳ 겨울철 커브길은 노면이 얼어있는 경우가 많으므로 사전에 충분히 감속하여 안전사고가 발생하지 않도록 주의한다.

커브길 핸들조작 요령
- 슬로우-인, 패스트-아웃(Slow-in, Fast-out) 원리에 입각하여 커브 진입 직전에 핸들 조작이 자유로울 정도로 속도를 감속한다.
- 커브가 끝나는 조금 앞에서 핸들을 조작하여 차량의 방향을 안정되게 유지한다.
- 속도를 증가(가속)하여 신속하게 통과한다.

(4) 언덕길에서의 방어운전

① **내리막길에서의 안전운전 및 방어운전**
㉮ 내리막길을 내려가기 전에는 미리 감속하여 천천히 내려가며 엔진 브레이크로 속도를 조절하는 것이 바람직하다.
㉯ 엔진 브레이크를 사용하면 페이드(fade) 현상 및 베이퍼 록(Vapour lock) 현상을 예방하여 운행 안전도를 더욱 높일 수 있다.
㉰ 배기 브레이크가 장착된 차량의 경우 배기 브레이크를 사용하면 운행의 안전도를 더욱 높일 수 있다.
㉱ 도로의 오르막길 경사와 내리막길 경사가 같거나 비슷한 경우라면, 변속기 기어의 단수도 오르막 내리막을 동일하게 사용하는 것이 적절하다.
㉲ 커브 주행 시와 마찬가지로 중간에 불필요하게 속도를 줄인다든지 급제동하는 것은 금물이다.
㉳ 내리막길에서 기어를 변속할 때는 다음과 같은 요령으로 한다.
  ㉠ 변속할 때 클러치 및 변속 레버의 작동은 신속하게 한다.
  ㉡ 변속 시에는 머리를 숙이는 등으로 다른 곳에 주의를 빼앗기지 말고 눈은 교통상황 주시상태를 유지한다.
  ㉢ 왼손은 핸들을 조정하며 오른손과 양발은 신속히 움직인다.

② **오르막길에서의 안전운전 및 방어운전**
㉮ 정차할 때는 앞차가 뒤로 밀려 충돌할 가능성을 염두에 두고 충분한 차간 거리를 유지한다.
㉯ 오르막길의 사각지대는 정상 부근이다. 마주 오는 차가 바로 앞에 다가올 때까지는 보이지 않으므로 서행하여 위험에 대비한다.
㉰ 정차 시에는 풋 브레이크와 핸드 브레이크를 동시에 사용한다.
㉱ 출발 시에는 핸드 브레이크를 사용하는 것이 안전하다.
㉲ 오르막길에서 앞지르기 할 때는 힘과 가속력이 좋은 저단 기어를 사용하는 것이 안전하다.

배기 브레이크 사용 시 효과
- 브레이크액의 온도상승 억제에 따른 베이퍼 록 현상을 방지한다.
- 드럼의 온도상승을 억제하여 페이드 현상을 방지한다.
- 브레이크 사용 감소로 라이닝의 수명을 연장시킬 수 있다.

(5) 철길건널목 방어운전

① **철길건널목에서의 방어운전**
㉮ 철길건널목에 접근할 때는 속도를 줄여 접근한다.
㉯ 일시정지 후에는 철도 좌·우의 안전을 확인한다.
㉰ 건널목을 통과할 때는 기어를 변속하지 않는다.
㉱ 건널목 건너편 여유 공간을 확인한 후에 통과한다.

② **철길건널목 통과 중에 시동이 꺼졌을 때의 조치방법**
㉮ 즉시 동승자를 대피시키고, 차를 건널목 밖으로 이동시키기 위해 노력한다.
㉯ 철도공무원, 건널목 관리원이나 경찰에게 알리고 지시에 따른다.
㉰ 건널목 내에서 움직일 수 없을 때는 열차가 오고 있는 방향으로 뛰어가면서 옷을 벗어 흔드는 등 기관사에게 위급상황을 알려 열차가 정지할 수 있도록 안전조치를 취한다.

(6) 고속도로 진·출입부에서의 방어운전

① **고속도로 진입부에서의 방어운전**
㉮ 본선 진입 의도를 다른 차량에게 방향지시등으로 알린다.
㉯ 본선 진입 전 충분히 가속하여 본선 차량의 교통흐름을 방해하지 않도록 한다.
㉰ 진입을 위한 가속차로 끝부분에서 감속하지 않도록 주의한다.
㉱ 고속도로 본선을 저속으로 진입하거나 진입 시기를 잘못 맞추면 추돌사고 등 교통사고가 발생할 수 있다.

② **고속도로 진출부에서의 방어운전**
㉮ 본선 진출 의도를 다른 차량에게 방향지시등으로 알린다.
㉯ 진출부 진입 전에 충분히 감속하여 진출이 용이하도록 한다.
㉰ 본선 차로에서 천천히 진출부로 진입하여 출구로 이동한다.

(7) 앞지르기할 때의 방어운전

① **자차가 다른 차를 앞지르기할 때**
㉮ 앞지르기에 필요한 속도가 그 도로의 최고속도 범위 이내일 때 앞지르기를 시도한다(과속은 금물).
㉯ 앞지르기에 필요한 충분한 거리와 시야가 확보되었을 때 앞지르기를 시도한다.
㉰ 앞차가 앞지르기를 하고 있을 때는 앞지르기를 시도하지 않는다.
㉱ 앞차의 오른쪽으로 앞지르기하지 않는다.
㉲ 점선의 중앙선을 넘어 앞지르기하는 때는 대향차의 움직임에 주의한다.

② **다른 차가 자차를 앞지르기할 때**
㉮ 앞지르기를 시도하는 차가 원활하게 본선으로 진입할 수 있도록 자차의 속도를 줄여준다. 앞지르기를 시도하는 차가 안전하고 신속하게 앞지르기를 완료할 수 있도록 함으로써 자차와의 충돌 우려를 줄일 수 있기 때문이다.
㉯ 앞지르기 금지 장소 등에서도 앞지르기를 시도하는 차가 있다는 사실을 항상 염두에 두고 방어운전을 한다.

SECTION 05 안전운전의 기술

제 02 장 ㅣ 안전운행요령

03 야간, 악천후시의 운전

(1) 야간운전

① 야간운전의 위험성

㉮ 야간에는 시야가 전조등의 불빛으로 식별할 수 있는 범위로 제한됨에 따라 노면과 앞차의 후미 등 전방만을 보게 되므로 가시거리가 100m 이내인 경우에는 최고속도를 50% 정도 감속하여 운행한다.

㉯ 커브길이나 길모퉁이에서는 전조등 불빛이 회전하는 방향을 제대로 비춰지지 않는 경향이 있으므로 속도를 줄여 주행한다.

㉰ 야간에는 운전자의 좁은 시야로 인해 앞차와의 차간거리를 좁혀 근접 주행하는 경향이 있으며, 이렇게 한정된 시야로 주행하다 보면 안구 동작이 활발하지 못해 자극에 대한 반응이 둔해지고, 심하면 근육이나 뇌파의 반응이 저하되어 졸음운전을 하게 되니 더욱 주의해야 한다.

㉱ 마주 오는 대향차의 전조등 불빛으로 인해 도로 보행자의 모습을 볼 수 없게 되는 증발현상과 운전자의 눈 기능이 순간적으로 저하되는 현혹현상 등이 발생할 수 있다. 이럴 때는 약간 오른쪽을 바라보며 대향차의 전조등 불빛을 정면으로 보지 않도록 한다.

㉲ 원근감과 속도감이 저하되어 과속으로 운행하는 경향이 발생할 수 있다.

㉳ 술 취한 사람이 갑자기 도로에 뛰어들거나, 도로에 누워있는 경우가 발생하므로 주의해야 한다.

㉴ 밤에는 낮보다 장애물이 잘 보이지 않거나, 발견이 늦어 조치시간이 지연될 수 있다.

② 야간의 안전운전

㉮ 해가 지기 시작하면 곧바로 전조등을 켜 다른 운전자들에게 자신을 알린다. 위험이 예견되거나 상대방이 나를 발견하지 못한다고 판단되면 나의 존재를 알려주어 위험을 방지할 수 있도록 조치한다.

㉯ 주간보다 시야가 제한되므로 속도를 줄여 운행한다.

㉰ 흑색 등 어두운 색의 옷차림을 한 보행자는 발견하기 곤란하므로 보행자의 확인에 더욱 세심한 주의를 기울인다.

㉱ 승합자동차는 야간에 운행할 때에 실내조명등을 켜고 운행한다.

㉲ 선글라스를 착용하고 운전하지 않는다.

㉳ 커브길에서는 상향등과 하향등을 적절히 사용하여 자신이 접근하고 있음을 알린다.

㉴ 대향차의 전조등을 직접 바라보지 않는다.

㉵ 자동차가 서로 마주보고 진행하는 경우에는 전조등 불빛의 방향을 아래로 향하게 한다.

㉶ 밤에 앞차의 바로 뒤를 따라갈 때는 전조등 불빛의 방향을 아래로 향하게 한다.

㉷ 장거리를 운행할 때는 운행계획에 휴식시간을 포함시켜 세운다.

㉸ 불가피한 경우가 아니면 도로 위에 주·정차 하지 않는다.

㉹ 문제가 발생하여 도로 위에 정차할 때는 후방에서 접근하는 자동차의 운전자가 확인할 수 있는 위치에 고장 자동차의 표시와 사방 500m 지점에서 식별할 수 있는 적색의 섬광신호·전기제등 또는 불꽃신호를 추가로 설치하여야 한다.

㉺ 전조등이 비추는 범위의 앞쪽까지 살핀다.

㉻ 앞차의 미등만 보고 주행하지 않는다. 앞차의 미등만 보고 주행하게 되면 도로변에 정지하고 있는 자동차까지도 진행하고 있는 것으로 착각하게 되어 위험을 초래하게 된다.

(2) 안개길 운전

① 안개길 운전의 위험성

㉮ 안개로 인해 운전시야 확보가 곤란하다.

㉯ 주변의 교통안전표지 등 교통정보 수집이 곤란하다.

㉰ 다른 차량 및 보행자의 위치 파악이 곤란하다.

② 안개길 안전운전

㉮ 전조등, 안개등 및 비상점멸표시등을 켜고 운행한다.

㉯ 가시거리가 100m 이내인 경우에는 최고속도를 50% 정도 감속하여 운행한다.

㉰ 앞차와의 차간거리를 충분히 확보하고, 앞차의 제동이나 방향지시등의 신호를 예의 주시하며 운행한다.

㉱ 앞을 분간하지 못할 정도의 짙은 안개로 운행이 어려울 때는 차를 안전한 곳에 세우고 잠시 기다린다. 이때는 지나가는 차에게 내 차량의 위치를 알릴 수 있도록 미등과 비상점멸표시등(비상등) 등을 점등시켜 충돌사고 등이 발생하지 않도록 조치한다.

㉲ 커브길 등에서는 경음기를 울려 자신이 주행하고 있다는 것을 알린다.

㉳ 고속도로를 주행하고 있을 때 안개지역을 통과할 때는 다음을 최대한 활용한다.

　㉠ 도로전광판, 교통안전표지 등을 통해 안개 발생구간을 확인한다.

　㉡ 갓길에 설치된 안개시정표지를 통해 시정거리 및 앞차와의 거리를 확인한다.

　㉢ 중앙분리대 또는 갓길에 설치된 반사체인 시선유도표지를 통해 전방의 도로선형을 확인한다.

　㉣ 도로 갓길에 설치된 노면요철포장의 소음 또는 진동을 통해 도로이탈을 확인하고 원래 차로로 신속히 복귀하여 평균 주행속도보다 감속하여 운행한다.

(3) 빗길 운전

① 빗길 운전의 위험성

㉮ 비로 인해 운전시야 확보가 곤란하다. 앞 유리창에 김이 서리거나, 흐르는 물방울 및 물기는 운전자의 시야를 방해하고, 시계는 와이퍼(Wiper)의 작동 범위에 한정되므로 좌·우의 안전을 확인하기 쉽지 않다.

㉯ 타이어와 노면과의 마찰력이 감소하여 정지거리가 길어진다.

㉰ 수막현상 등으로 인해 조향조작 및 브레이크 기능이 저하될 수 있다.

㉱ 보행자의 주의력이 약해지는 경향이 있다. 비가 오면 보행자는 우산을 받쳐 들고 노면을 바라보며 걷는 경향이 있으며, 자동차나 신호기에 대한 주의력이 평상시보다 떨어질 수 있다.

㉲ 비오는 날에는 경음기를 울려도 빗소리로 인해 보행자가 잘 듣지 못할 수도 있다.

㉳ 젖은 노면에 토사가 흘러내려 진흙이 깔려 있는 곳은 다른 곳보다 더욱 미끄럽다.

SECTION 05 안전운전의 기술

② 빗길 안전운전
㉮ 비가 내려 노면이 젖어있는 경우에는 최고속도의 20%를 줄인 속도로 운행한다.
㉯ 폭우로 가시거리가 100m 이내인 경우에는 최고속도의 50%를 줄인 속도로 운행한다.
㉰ 물이 고인 길을 통과할 때는 속도를 줄여 저속으로 통과한다. 브레이크에 물이 들어가면 브레이크 기능이 약해지거나 불균등하게 제동되면서 제동력을 감소시킬 수 있다.
㉱ 물이 고인 길을 벗어난 경우에는 브레이크를 여러 번 나누어 밟아 마찰열로 브레이크 패드나 라이닝의 물기를 제거한다.
㉲ 보행자 옆을 통과할 때는 속도를 줄여 흙탕물이 튀기지 않도록 주의한다.
㉳ 공사현장의 철판 등을 통과할 때는 사전에 속도를 충분히 줄여 미끄러지지 않도록 천천히 통과하여야 하며, 급브레이크를 밟지 않는다.
㉴ 급출발, 급핸들, 급브레이크 등의 조작은 미끄러짐이나 전복 사고의 원인이 되므로 엔진 브레이크를 적절히 사용하고, 브레이크를 밟을 때는 페달을 여러 번 나누어 밟는다.

04 경제운전

(1) 경제운전의 개념과 효과

① 경제운전의 기본적인 방법
㉮ 가속 및 감속을 부드럽게 한다.
㉯ 불필요한 공회전을 피한다.
㉰ 급회전을 피한다. 차가 전방으로 나가려는 운동에너지를 최대한 활용해서 부드럽게 회전한다.
㉱ 일정한 차량속도를 유지한다.

② 경제운전의 효과
㉮ 차량관리비용, 고장수리 비용, 타이어 교체비용 등의 감소효과
㉯ 고장수리 작업 및 유지관리 작업 등의 시간 손실 감소효과
㉰ 공해배출 등 환경문제의 감소효과
㉱ 교통안전 증진 효과
㉲ 운전자 및 승객의 스트레스 감소 효과

경제운전
운전 중 접하게 되는 여러 가지 외적 조건(기상, 도로, 차량, 교통상황 등)에 따라 운전방식을 맞추어감으로써 연료 소모율을 낮추고, 공해 배출을 최소화하며, 심지어는 안전의 효과를 가져오고자 하는 운전방식으로 에코드라이빙(eco driving)이라고도 한다.

(2) 경제운전에 영향을 미치는 요인

① 교통상황
㉮ 교통체증 상황에서는 가·감속 및 기어변속 등이 잦게 됨에 따라 에너지 소모량도 증가한다. 부드러운 가속 즉, 불필요한 가속과 제동을 피하는 것이 에너지 소모량을 최소화하는 것이다.
㉯ 공격적 운전 방식은 급가속 및 급제동, 앞차량의 근접 추종 등이 많은 운전이며, 경제운전 방식은 부드러운 가속, 제동의 최소화, 예측운전 등의 방식이다. 실험에 따르면 리무진 버스급에서 공격적 운전은 정상 운전보다 45%의 연료소모 증가, 경제운전은 22%의 연료소모 감소율을 보일 정도로 차이가 나는 것을 알 수 있다.

② 도로조건
㉮ 젖은 노면은 구름저항을 증가시킨다.
㉯ 경사도는 구배저항에 영향을 미침으로서 연료소모를 증가시킨다.

③ 기상조건
㉮ 맞바람은 공기저항을 증가시켜 연료 소모율을 높인다.
㉯ 기온이 높아지면 에어컨을 작동시키지 않는 조건에서는 연료 소모율이 감소한다.

④ 차량의 타이어
㉮ 타이어 트레드는 차량과 노면 간에 힘을 전달하며, 물과 오염물질을 밀어내는 역할을 하고, 타이어를 식히는 역할을 한다. 따라서 바퀴가 닳아서 홈의 깊이가 얕아져 있으면 그만큼 구름저항이 커진다.
㉯ 타이어 공기압은 가장 중요하다. 타이어의 공기압이 적정압력보다 15~20% 낮으면 연료 소모량은 약 5~8% 증가하는 것으로 나타나고 있다.
㉰ 급가속 및 급제동과 같은 공격적 운전방식, 과적과 부적절한 휠 얼라인먼트는 타이어 수명에도 영향을 준다.

⑤ 엔진과 공기역학
㉮ 엔진은 동력을 생산하는 가장 중요한 장치로 엔진효율이 곧 연료 소모율을 결정한다. 엔진도 정기적인 점검을 통해 효율을 높일 수 있도록 하는 것이 중요하다.
㉯ 버스가 유선형일수록 연료 소모율을 낮출 수 있다. 주행 중 창문을 열 경우 공기저항이 증가하여 연료 소모율이 높아질 수 있다.

(3) 주행방법과 연료 소모율

① 시동 및 출발
㉮ 버스 엔진의 시동을 걸 때는 적정 속도로 엔진을 회전시켜 적정한 오일 압력이 유지되도록 하여야 한다. 오일이 엔진의 다양한 윤활지점에 도달하여야 이상 없이 출발할 수 있다. 일단 오일 압력이 적정해 지면 부드럽게 출발한다. 이때 적정한 공회전 시간은 여름은 20~30초, 겨울은 1~2분 정도가 적당하다.
㉯ 외국의 연구에 따르면 엔진이 차가운 상태에서 주행하게 되면 엔진이 더워진 상태에서 주행하는 것보다 약 15% 정도 연료 소모율이 증가한다. 조건에 따라 다르기는 하지만 엔진이 적당히 워밍업 될 때까지는 차량의 속도를 시속 30km 이하로 주행해야 한다. 처음에는 1단 기어로 연료 주입을 최소화한 상태에서 움직이기 시작해야 한다. 교차로나 철길건널목 등 비교적 대기 시간이 1분 이상으로 긴 곳에서는 시동을 껐다가 다시 출발하는 것이 바람직하다. 대기오염을 줄이고, 연료 소비를 줄이는 일거양득의 효과가 있기 때문이다.

② 속도
㉮ 경제운전을 위해서는 가능한 한 일정 속도로 주행하는 것이 매우 중요하다. 일정 속도란 평균속도가 아니고, 도중에 가감속이 없는 속도를 의미한다.
㉯ 가·감속과 제동을 자주하며 공격적인 운전으로 평균 시속

40km를 유지하는 것이 시속 40km의 일정 속도로 주행할 때보다 연료 소모가 훨씬 많다. 평균속도와 일정 속도에서의 연료 소모량의 차이는 20%에까지 이른다.

③ 기어 변속
㉮ 기어 변속은 엔진회전속도가 2000~3000 RPM 상태에서 고단 기어 변속이 바람직하다.
㉯ 경제운전을 위해서는 반드시 저단 기어 상태에서 차를 멈출 필요는 없다. 가능한 한 빨리 고단 기어로 변속하는 것이 좋다. 기어 변속시 반드시 순차적으로 해야 하는 것은 아니다.

④ 제동과 관성 주행
㉮ 운전 중 교차로에 접근하든가 할 때 가속페달에서 발을 떼고 관성으로 차를 움직이게 할 수 있을 때는 제동을 피하는 것이 좋다.
㉯ 관성주행은 가속페달에서 발을 떼서 엔진을 브레이크로 이용하는 것이다. 이때 연료공급이 차단되어 연료소모가 줄어들고, 제동장치와 타이어의 불필요한 마모도 줄일 수 있다.

⑤ 기타 사항
㉮ 교통류에의 합류와 분류 : 흔히 지선에서 차량속도가 높은 본선으로 합류할 때는 강한 가속이 필수적이다. 이 경우는 경제운전보다 안전이 더 중요하기 때문이다.
㉯ 위험예측운전 : 위험예측 운전은 자신의 운전행동을 도로 및 교통조건에 맞추어 나가는 것이다.
㉰ 경제운전과 방어운전 : 방어운전은 사고를 회피하는 것뿐 아니라 연료 소비 감소까지 가져오는 효과가 있기 때문에 본질적으로는 방어운전이지만 경제운전이 될 수도 있다.

05 계절별 안전운전

(1) 봄철 안전운전

① 봄철 교통사고의 특징

요인	내용
도로조건	날씨가 풀리면서 겨울 내 얼어있던 땅이 녹아 지반 붕괴로 인한 도로의 균열이나 낙석의 위험이 큼
운전자	춘곤증에 의한 졸음운전으로 전방주시태만과 관련된 사고의 위험이 높음(1초 졸음시=16.7m 주행)
보행자	교통상황에 대한 판단능력이 부족하고 어린이와 신체능력이 약화된 노약자들의 보행이나 교통수단이용이 겨울에 비해 늘어나는 계절적인 특성으로 어린이 노약자 관련 교통사고 증가

② 봄철 자동차관리
㉮ 세차 : 전문 세차장을 찾아 차체를 들어 올리고 구석구석 세차 (노면의 결빙을 막기 위해 뿌려진 염화칼슘 제거)
㉯ 월동장비 정리 : 스노우 타이어, 체인 등 월동장비를 잘 정리해서 보관
㉰ 엔진오일 점검 : 주행거리나 오일의 상태에 따라 교환해 주거나 부족 시 보충
㉱ 배선상태 점검 : 배선 상태를 잘 살펴보고 낡은 배선은 교환해 주어 화재 예방

(2) 여름철 안전운전

① 여름철 교통사고의 특징

요인	내용
도로조건	도로 노면의 물은 빙판 못지않게 미끄러워 교통사고를 유발
운전자	기온과 습도 상승으로 불쾌지수가 높아지고 수면부족과 피로로 인한 졸음운전 등도 집중력 저하 요인으로 작용
보행자	불쾌지수가 증가하여 위험한 상황에 대한 인식이 둔해지고 안전수칙을 무시하려는 경향이 강함

② 여름철 자동차관리
㉮ 냉각장치 점검 : 냉각수의 양은 충분한지, 냉각수가 누수 여부, 팬 벨트의 장력은 적절한지를 수시 확인
㉯ 와이퍼의 작동상태 점검 : 장마철 운전에 없어서는 안 될 와이퍼의 작동이 정상상태인지 확인
㉰ 타이어 마모상태 점검 : 노면과 맞닿는 부분의 트레드 홈 깊이가 최저 1.6mm 이상이 되는지를 확인 및 적정 공기압 유지 여부를 점검
㉱ 차량 내부의 습기 제거 : 차량 내부에 습기가 찰 때는 습기를 제거하여 차체의 부식과 악취 발생 방지

(3) 가을철 안전운전

① 가을철 교통사고의 특징

요인	내용
도로조건	추석 교통량 증가, 다른 계절에 비해 도로조건은 비교적 양호
운전자	푸른 하늘, 단풍 등의 경치로 인해 집중력 저하 우려
보행자	단체 관광객의 증가 등으로 주의력 저하 우려

② 가을철 자동차관리
㉮ 세차 및 차체 점검 : 여름철 바닷가로 여행을 다녀온 차량은 바닷가의 염분이 차체를 부식시키므로 세차 및 차체 점검
㉯ 서리제거용 열선 점검 : 기온의 하강으로 발생하는 유리창 서리를 제거하기 위한 열선이 정상적으로 작동하는 지 점검

(4) 겨울철 안전운전

① 겨울철 교통사고의 특징

요인	내용
도로조건	눈이 녹지 않고 쌓여 적은 양의 눈이 내려도 빙판이 되기 때문에 충돌·추돌·도로 이탈 등의 사고가 많이 발생함. 폭설이 도로조건을 열악하게 하는 가장 큰 요인
운전자	음주운전의 우려, 두꺼운 옷으로 인해 위기상황에 대한 민첩한 대처능력이 감소
보행자	추위와 바람을 피하고자 두꺼운 외투, 방한복 등을 착용하고 앞만 보면서 목적지까지 최단거리로 이동하려는 경향

② 겨울철 자동차관리
㉮ 월동장비 점검 : 눈길이나 빙판길을 안전하게 주행하기 위해 스노우 타이어, 체인 등 점검 및 휴대
㉯ 부동액 점검 : 냉각수의 동결을 방지하기 위해 부동액의 양 및 점도 점검
㉰ 정온기 상태 점검 : 정온기를 점검하여 엔진의 워밍업이 길어지거나, 히터의 기능 저하 예방

SECTION 05 안전운전의 기술

④ 월동장구의 점검
  ㉠ 스노우 체인 없이는 안전한 곳까지 운전할 수 없는 상황에 놓일 수 있으므로 자신의 타이어에 맞는 적절한 수의 체인과 여분의 크로스 체인을 구비
  ㉡ 체인의 절단이나 마모 부분은 없는지 점검하며 체인을 채우는 방법을 미리 습득

06 고속도로 교통안전

(1) 고속도로 교통사고의 특성
① 빠르게 달리는 도로의 특성상 다른 도로에 비해 치사율이 높다.
② 운전자 전방주시 태만과 졸음운전으로 인한 2차(후속)사고 발생 가능성이 높다.
③ 운행 특성상 장거리 통행이 많고 특히 영업용 차량(화물차, 버스) 운전자의 장거리운행으로 인한 과로로 졸음운전이 발생할 가능성이 매우 높다.
④ 화물차, 버스 등 대형차량의 안전운전 불이행으로 대형사고가 발생하고, 사망자도 대폭 증가하고 있는 추세이다. 또한, 화물차의 적재불량 과적은 도로상에 낙하물을 발생시키고 교통사고의 원인이 되고 있다.
⑤ 최근 고속도로 운전 중 휴대폰 사용, DMB 시청 등 기기사용 증가로 인해 전방 주시에 소홀해지고 이로 인한 교통사고 발생 가능성이 더욱 높아지고 있다.

(2) 고속도로 안전운전 방법
① 전방 주시
② 진입은 안전하게 천천히, 진입 후 가속은 빠르게
③ 주변 교통흐름에 따라 적정속도 유지
④ 주행차로로 주행
⑤ 전 좌석 안전띠 착용
⑥ 후부 반사판 부착(차량 총중량 7.5톤 이상 및 특수 자동차는 의무 부착)

(3) 교통사고 및 고장 발생 시 대처 요령
① **2차사고의 방지**
  ㉮ 2차사고는 선행 사고나 고장으로 정차한 차량 또는 사람을 후방에서 접근하는 차량이 재차 충돌하는 사고를 말한다.
  ㉯ 고속도로는 차량이 고속으로 주행하는 특성상 2차사고 발생 시 사망사고로 이어질 가능성이 매우 높다.
  ㉰ 2차사고 예방 안전행동요령
    ㉠ 첫째, 신속히 비상등을 켜고 다른 차의 소통에 방해가 되지 않도록 갓길로 차량을 이동시킨다. 차량이동이 어려운 경우 탑승자들을 안전조치 후 가드레일 바깥 등의 안전한 장소로 대피한다.
    ㉡ 둘째, 후방 접근 차량의 운전자가 쉽게 확인할 수 있도록 고장자동차의 표지를 설치한다. 야간에는 사방 500m 범위에서 식별가능한 적색 섬광신호·전기제등 또는 불꽃신호를 추가로 설치한다.
    ㉢ 셋째, 운전자와 탑승자가 차량 내 또는 주변에 있는 것은 매우 위험하므로 가드레일 밖 등 안전한 장소로 대피한다.
    ㉣ 넷째, 경찰관서, 소방관서 또는 한국도로공사 콜센터(1588-2504)로 연락하여 도움을 청한다.

② **부상자의 구호**
  ㉮ 사고 현장에 의사, 구급차 등이 도착할 때까지 부상자에게는 가제나 깨끗한 손수건으로 지혈하는 등 가능한 응급조치를 한다.
  ㉯ 함부로 부상자를 움직여서는 안 되며, 특히 두부에 상처를 입었을 때는 움직이지 말아야 한다. 다만, 2차사고의 우려가 있을 경우에는 부상자를 안전한 장소로 이동시킨다.

③ **경찰공무원등에게 신고**
  ㉮ 사고를 낸 운전자는 사고 발생 장소, 사상자 수, 부상정도, 그 밖의 조치상황을 경찰공무원이 현장에 있을 때는 경찰공무원에게, 경찰공무원이 없을 때는 가장 가까운 경찰관서에 신고한다.
  ㉯ 사고발생 신고 후 사고 차량의 운전자는 경찰공무원이 말하는 부상자 구호와 교통안전상 필요한 사항을 지켜야 한다.

고속도로 2504 긴급견인 서비스(1588-2504, 한국도로공사 콜센터)
- 고속도로 본선, 갓길에 멈춰 2차사고가 우려되는 소형차량을 안전지대까지 견인하는 제도로 한국도로공사에서 비용을 부담하는 무료서비스
- 대상차량 : 승용차, 16인 이하 승합차, 1.4톤 이하 화물자동차

(4) 도로 터널구간 안전운전
① **도로터널 화재의 위험성**
  ㉮ 반밀폐된 터널은 화재 발생 시 내부에 열기가 축적되며 급속한 온도상승과 종방향으로 연기확산이 빠르게 진행되어 시야 확보가 어렵고 연기 질식에 의한 다수의 인명피해 가능성도 크다.
  ㉯ 대형차량 화재 시 약 1,200℃까지 온도가 상승하여 구조물에 심각한 피해를 유발하게 된다.

② **터널 안전수칙**
  ㉮ 터널 진입 전 입구 주변에 표시된 도로정보를 확인한다.
  ㉯ 터널 진입 시 라디오를 켠다.
  ㉰ 선글라스를 벗고 라이트를 켠다.
  ㉱ 교통신호를 확인한다.
  ㉲ 안전거리를 유지한다.
  ㉳ 차선을 바꾸지 않는다.
  ㉴ 비상시를 대비하여 피난연결통로, 비상주차대 위치를 확인한다.

③ **터널 내 화재 시 행동요령**
  ㉮ 운전자는 차량과 함께 터널 밖으로 신속히 이동한다.
  ㉯ 터널 밖으로 이동이 불가능한 경우 최대한 갓길 쪽으로 정차한다.
  ㉰ 엔진을 끈 후 키를 꽂아둔 채 신속하게 하차한다.
  ㉱ 비상벨을 누르거나 비상전화로 화재발생을 알려줘야 한다.
  ㉲ 사고 차량의 부상자에게 도움을 준다.
  ㉳ 터널에 비치된 소화기나 소화전으로 조기 진화를 시도한다.
  ㉴ 조기 진화가 불가능할 경우 젖은 수건이나 손등으로 코와 입을 막고 낮은 자세로 화재 연기를 피해 유도등을 따라 신속히 터널 외부로 대피한다.

적중 예상문제

CHECK POINT QUESTION

PART 02 | 안전운행요령

SECTION 1 자동차 관리

01 자동차 일상점검 시의 주의사항으로 거리가 먼 것은?

① 경사가 없는 평탄한 장소에서 점검한다.
② 변속레버는 P(주차)에 위치시킨 후 주차 브레이크를 당겨 놓는다.
③ 점검은 환기가 잘되는 장소에서 실시한다.
④ 엔진을 점검할 때에는 반드시 엔진 시동상태에서 점검한다.

해설 엔진 시동상태에서 점검해야 할 사항이 아니면 엔진시동을 끄고 한다.

02 일상점검 항목 중 엔진룸 내부 점검사항이 아닌 것은?

① 엔진오일, 냉각수가 충분한가를 점검한다.
② 스프링 연결 부위의 손상 또는 균열 여부를 점검한다.
③ 누수, 누유는 없는지를 점검한다.
④ 클러치액, 와셔액 등은 충분한지를 점검한다.

해설 차의 외관 점검 항목은 완충스프링 상태, 바퀴 상태, 램프 상태, 등록번호판 파손 및 식별 가능성, 배기가스 색깔 등

03 출발 전 엔진룸을 열어서 차량 상태를 육안으로 점검할 사항으로 맞는 것은?

① 브레이크액의 점도
② 점화플러그의 오염상태
③ 엔진오일의 적정량
④ 냉각수의 온도

해설 엔진점검
• 엔진오일은 양은 적당하며 점도는 이상이 없는지?
• 냉각수의 양은 적당하며 불순물이 섞이지는 않았는가?
• 각종 벨트의 장력은 적당하며 손상된 곳은 없는가?
• 배선은 깨끗이 정리되어 있으며 배선이 벗겨져 있거나 연결 부분에서 합선 등 누전의 염려는 없는가?

04 운행 전 운전석에서의 점검사항이 아닌 것은?

① 반사기 및 번호판의 오염, 손상은 없는지 점검한다.
② 연료 게이지량을 점검한다.
③ 브레이크 페달 유격 및 작동상태를 점검한다.
④ 룸미러, 경음기, 계기 점등상태를 점검한다.

해설 반사기 및 번호판의 오염, 손상 상태 점검은 외관 점검사항이다.

05 다음의 보기 상자는 일반적인 운전석 전·후 위치 조절 순서에 대한 내용이다. 위치 조절 과정을 순서대로 나열한 것은?

> a. 좌석 쿠션 아래에 있는 조절 레버를 당긴다.
> b. 조절 레버를 놓으면 고정된다.
> c. 좌석을 전·후 원하는 위치로 조절한다.
> d. 좌석을 앞·뒤로 가볍게 흔들어 고정되었는지 확인한다.

① a → b → c → d
② a → c → b → d
③ a → d → b → c
④ a → b → d → c

해설 운전석 전·후 위치 조절 순서 : 좌석 쿠션 아래에 있는 조절 레버를 당긴다. → 좌석을 전·후 원하는 위치로 조절한다. → 조절 레버를 놓으면 고정된다. → 좌석을 앞·뒤로 가볍게 흔들어 고정되었는지 확인한다.

06 자동차의 좌석에서 등받이 맨 위쪽의 머리를 받치는 부분은?

① 머리지지대
② 에어시트
③ 좌석쿠션
④ 안전장치

해설 머리지지대(헤드 레스트, head rest)는 자동차의 좌석에서 등받이 맨 위쪽의 머리를 받치는 부분으로 주행 안락감과 충돌사고 발생 시 머리와 목을 보호하는 역할을 한다.

07 다음 중 안전벨트 착용 방법으로 올바른 것은?

① 집게 등으로 고정하여 편리한 대로 맨다.
② 좌석의 등받이를 조절한 후 느슨하게 매지 않는다.
③ 잠금장치가 찰칵하는 소리가 나지 않도록 살짝 맨다.
④ 안전벨트는 복부에 착용한다.

해설 안전벨트 착용 방법
• 안전벨트를 착용할 때에는 좌석 등받이에 기대어 똑바로 앉는다.
• 안전벨트가 꼬이지 않도록 주의한다.
• 어깨벨트는 어깨 위와 가슴 부위를 지나도록 한다.
• 허리벨트는 골반 위를 지나 엉덩이 부위를 지나도록 한다.
• 안전벨트에 별도의 보조장치를 장착하지 않는다.
• 안전벨트를 복부에 착용하지 않는다.

08 계기판 용어 중 잘못된 것은?

① 속도계 : 자동차의 시간당 주행속도를 나타낸다.
② 전압계 : 배터리의 충전 및 방전 상태를 나타낸다.
③ 회전계 : 엔진의 분당 회전수(rpm)를 나타낸다.
④ 적산거리계 : 자동차의 시간당 주행거리를 나타낸다.

해설 적산거리계는 자동차가 주행한 총거리를 km 단위로 나타낸다.

09 다음 중 명칭과 경고등 및 표시등이 서로 다른 것은?

① 상향등 작동 표시등
② 안전벨트 미착용 경고등
③ 엔진오일 압력 경고등
④ 브레이크 에어 경고등

해설 브레이크 에어 경고등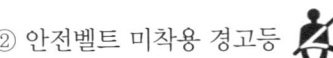

64

정답 01 ④ 02 ② 03 ③ 04 ① 05 ②

택시운전자격시험 문제집

정답 06 ① 07 ② 08 ④ 09 ④

적중 예상문제

10 다음 중 명칭과 경고등 또는 표시등이 잘못 연결된 것은?

① 비상 경고 표시등 : CHECK ENGINE

② 배터리 충전 경고등 : [-+]

③ 엔진 예열작동 표시등 : ∞

④ 냉각수 경고등 : WATER

해설
- 비상 경고 표시등 : ⇦⇨
- 엔진 정비 지시등 : CHECK ENGINE

11 다음은 택시운전자가 운행 중 지켜야 할 안전수칙이다. 맞지 않는 것은?

① 음주, 과로한 상태에서 운전은 금지한다.
② 창문 밖으로 손이나 얼굴 등을 내밀지 않도록 주의한다.
③ 좌석, 핸들, 미러를 조정한다.
④ 도어 개방 상태에서의 운행을 금지한다.

해설 좌석, 핸들, 미러 등은 운행 전에 미리 조정한다.

12 다음은 운행 후 안전수칙에 대한 설명이다. 옳지 않은 것은?

① 차를 후진할 때에는 백미러에만 의존하여야 한다.
② 차에서 내리거나 후진할 때에는 차 밖의 안전을 확인한다.
③ 주·정차하거나 워밍업을 할 경우 등에는 배기관 주변을 확인한다.
④ 밀폐된 공간에서의 워밍업 또는 자동차 점검은 금지한다.

해설 차를 후진할 때에는 백미러에만 의존하지 않고 직접 후방을 확인하여야 한다.

13 차량 운행 중의 안전수칙에 대한 설명으로 옳지 않은 것은?

① 높이 제한이 있는 도로 주행 시 차량의 높이에 주의한다.
② 음주나 과로한 상태에서의 운전을 금지한다.
③ 비탈길을 내려올 때는 풋 브레이크만을 사용한다.
④ 도어를 개방한 상태에서의 운행을 금지한다.

해설 비탈길을 내려올 때 계속 풋 브레이크만 사용하면 제동효율이 떨어지므로 엔진 브레이크를 사용한다.

14 주차 시의 주의사항으로 옳지 않은 것은?

① 주차할 때는 반드시 주차 브레이크를 작동시킨다.
② 오르막길에서는 후진, 내리막길에서는 1단에 놓고 바퀴에 고임목을 설치한다.
③ 급경사 길에는 가급적 주차하지 않는다.
④ 습기가 많고 통풍이 잘 되지 않는 차고에는 주차하지 않는다.

해설 오르막길에서는 1단, 내리막길에서는 R(후진)로 놓고 바퀴에 고임목을 설치한다.

15 세차할 때의 주의사항 중 틀린 것은?

① 외장 손질 시 자동차의 더러움이 심할 때에는 가정용 중성세제를 이용하여 세척한다.
② 엔진룸은 에어를 이용하여 세척한다.
③ 겨울철에 세차하는 경우에는 물기를 완전히 제거한다.
④ 기름 또는 왁스가 묻어 있는 걸레로 전면유리를 닦지 않는다.

해설 외장 손질 시 자동차의 더러움이 심할 때에는 고무제품의 변색을 예방하기 위하여 자동차 전용 세척제를 사용한다.

16 자동차 타이어의 마모에 영향을 주는 요소에 대한 설명으로 틀린 것은?

① 타이어 공기압이 낮으면 트레드 중앙부분의 마모가 촉진된다.
② 자동차의 속도가 증가하면 타이어의 내부온도가 상승하여 트레드 고무의 내마모성이 저하된다.
③ 콘크리트 포장도로는 아스팔트 포장도로보다 타이어 마모가 더 발생한다.
④ 커브의 구부러진 상태나 커브구간이 반복될수록 타이어 마모는 촉진된다.

해설 타이어의 공기압이 낮으면 숄더 부분에 마찰력이 집중되어 타이어 수명이 짧아지게 되고, 공기압이 높으면 트레드 중앙 부분의 마모가 촉진된다.

17 다음 중 LPG의 특성으로 볼 수 없는 것은?

① 기화된 LPG는 인화되기 쉽고 인화될 경우 폭발한다.
② 기화된 LPG는 공기보다 가벼워 대기 중으로 날아간다.
③ LPG는 그압가스로서 고압용기 내에 항상 대기압 5.6배 정도되는 압력이 가해져 액체상태로 되어있다.
④ 높은 압력에서 작용하여 밸브를 열면 액체가 강하게 방출되어 작은 틈이라도 가스가 샐 위험이 있다.

해설 LPG는 공기에 비해 약 두 배 정도 무거운 특징을 가지며, 이에 따라 누출이 되었을 경우 바닥에 체류하기 쉬우며, 화기나 점화원에 노출 시 화재·폭발이 발생할 수 있다.

18 다음 중 LPG 자동차의 장점으로 볼 수 없는 것은?

① 가솔린 자동차에 비해 엔진 소음이 적다.
② 유해가스의 배출이 줄어든다.
③ 연료비가 적게 들어 경제적이다.
④ 연료의 옥탄가가 낮아 노킹(Knocking) 현상이 잘 일어난다.

해설 LPG 자동차의 장점
- 연료비가 적게 들어 경제적이다.
- 유해 배출 가스량이 줄어든다.
- 연료의 옥탄가가 높아 노킹(Knocking) 현상이 거의 발생하지 않는다.
- 가솔린 자동차에 비해 엔진 소음이 적다.
- 엔진 관련 부품의 수명이 상대적으로 길어 경제적이다.

19 다음 중 LPG 자동차의 단점이 아닌 것은?

① LPG 충전소가 적다.
② 겨울철 시동이 잘 걸리지 않는다.
③ 엔진 관련 부품의 수명이 상대적으로 길다.
④ 가스누출 시 폭발의 위험성이 있다.

해설 LPG 자동차의 단점
- LPG 충전소가 적어 연료 충전이 불편하다.
- 겨울철에 시동이 잘 걸리지 않는다.
- 가스가 누출되는 경우 잔류하여 점화원에 의해 폭발의 위험성이 있다.

20 LPG 차량용 용기의 색으로 옳은 것은?

① 검은색   ② 회색
③ 노란색   ④ 파란색

해설 LPG 차량용 연료 탱크는 회색이다.

적중 예상문제

21 LPG 연료탱크에 대한 설명으로 틀린 것은?

① 충전 밸브는 녹색으로 LPG 연료 충전 시에 사용된다.
② 충전 밸브는 과충전 방지 밸브와 일체형으로 연료가 과충전 되는 것을 방지한다.
③ 연료 차단 밸브는 흑색으로 연료를 수동으로 강제 차단하는 밸브이다.
④ 연료 차단 밸브는 정비 시나 비상시에 차단하여야 한다.

해설 연료 차단 밸브는 적색으로 연료를 수동으로 강제 차단하는 밸브이다.

22 LPG 충전 시 연료탱크 최대용량의 몇 %를 초과하지 않고 충전하여야 하는가?

① 55%
② 65%
③ 85%
④ 95%

해설 외기 온도의 상승으로 인해 연료 탱크 내의 압력이 상승할 수 있어 LPG 충전량이 85%를 초과하지 않도록 충전하여야 한다.

23 LP가스 누출점검 방법에 대한 설명 중 잘못된 것은?

① 가스 누출여부 확인은 검지기 또는 비눗물 등을 사용하여야 하지만 야간에는 조명을 고려하여 라이터 등 화기를 이용하는 것이 편리하다.
② 누출이 확인되면 연료 출구 밸브를 잠그고 등록된 정비공장에서 정비를 하여야 한다.
③ 누출량이 많은 부위에는 주위에 열을 흡수, 기화하기 때문에 하얗게 서리현상이 발생한다.
④ 액체상태의 가스가 누출될 경우 동상의 위험이 있으므로 손으로 막지 않아야 한다.

해설 누출이 되었을 경우 LPG는 바닥에 체류하기 쉬우며, 화기나 점화원에 노출 시 화재·폭발이 발생할 수 있다.

24 LPG 연료탱크에 연료를 충전할 때 액팽창에 의한 용기의 손상방지를 위하여 용기 내 용적의 85% 이하까지만 충전하게 하는 구성품의 명칭은?

① 긴급차단장치
② 압력안전장치
③ 과류방지밸브
④ 과충전방지장치

해설 LPG 충전은 과충전 방지 장치가 내장되어 있어 85% 이상 충전되지 않으나 약 80%가 적정하다.

25 LPG 연료탱크의 밸브와 색상이 올바르게 짝지어진 것은?

① 충전밸브 - 적색, 연료차단밸브 - 황색
② 충전밸브 - 녹색, 연료차단밸브 - 황색
③ 충전밸브 - 녹색, 연료차단밸브 - 적색
④ 충전밸브 - 황색, 연료차단밸브 - 녹색

해설 LPG 연료탱크
• 충전밸브 : 녹색, LPG 연료 충전 시에 사용
• 연료차단밸브 : 적색, 연료를 수동으로 강제 차단하는 밸브

26 LPG 자동차에 가스충전 시 용기 내용적의 85% 이하로 충전하는 이유는?

① 용기 안전밸브가 작동하기 때문에
② 동절기에 시동이 어렵기 때문에
③ 용기 주변 온도가 상승하면 부피가 팽창하기 때문에
④ LPG가 액화하면 그 부피가 1/250로 감소하기 때문에

해설 외기 온도의 상승으로 인해 연료 탱크 내의 압력이 상승할 수 있어 LPG 충전량이 85%를 초과하지 않도록 충전하여야 한다.

27 다음 중 LPG 차량과 관련한 주의사항이 **아닌** 것은?

① 항상 차 내부에 스며드는 LPG 냄새에 주의한다.
② 연료를 충전하기 전에 반드시 시동을 끈다.
③ 충전이 끝나면 밸브의 조여진 상태를 반드시 확인하여야 한다.
④ 겨울에는 프로판의 비율을 낮추는 것이 바람직하다.

해설 겨울에는 낮은 온도에서 쉽게 기화할 수 있도록 프로판의 비율을 높이는 것이 바람직하다.

28 프로판과 부탄을 섞어서 제조된 가스로써 석유 정제 과정의 부산물로 이루어진 혼합가스는?

① 압축천연가스(CNG)
② 액화천연가스(LNG)
③ 파이프라인 천연가스(PNG)
④ 액화석유가스(LPG)

해설 LPG는 온도와 압력에 따라 기화점이 다른 부탄(C_4H_{10})과 프로판(C_3H_8)을 주성분으로 하는 혼합물이다.

29 차량 운행 시 브레이크 조작과 관련한 설명으로 옳은 것은?

① 브레이크를 밟을 때는 한 번에 큰 힘으로 밟는 것이 좋다.
② 내리막길에서 계속 풋 브레이크를 작동시키면 브레이크 파열의 우려가 있다.
③ 내리막길에서 운행할 때 기어를 중립에 두고 탄력 운행을 하는 것이 좋다.
④ 고속 주행 상태에서 엔진 브레이크를 사용할 때는 주행 중인 단보다 한 단계 높은 단으로 변속한다.

해설
• 브레이크를 밟을 때 2~3회에 나누어 밟게 되면 안정된 성능을 얻을 수 있고, 뒤따라오는 자동차에게 제동정보를 제공함으로써 후미추돌을 방지할 수 있다.
• 내리막길에서 운행할 때 기어를 중립에 두고 탄력 운행을 하지 않는다.
• 고속 주행 상태에서 엔진 브레이크를 사용할 때에는 주행 중인 단보다 한 단계 낮은 저단으로 변속하면서 서서히 속도를 줄인다.

30 ABS(Anti-lock Brake System) 조작과 관련된 설명으로 틀린 것은?

① ABS 장치는 급제동 시 핸들의 조향성능을 유지시켜 주는 장치이다.
② ABS 차량은 급제동 시에도 핸들의 조향이 가능하다.
③ 급제동 시 ABS가 정상적으로 작동하기 위해서는 브레이크 페달을 한 번 밟고 뗀다.
④ 키 스위치를 ON 했을 때 ABS 경고등이 3초 동안 점등된 후 소등되면 정상이다.

해설 급제동 시 ABS가 정상적으로 작동하기 위해서는 브레이크 페달을 힘껏 밟고 자동차가 완전히 급정지할 때까지 계속 밟고 있어야 한다.

31 다음 중 페이드(Fade) 현상에 대한 설명으로 옳은 것은?

① 브레이크액이 기화하여 페달을 밟아도 유압이 전달되지 않아 브레이크가 작용하지 않는 현상이다.
② 브레이크를 반복하여 사용하면 마찰열이 라이닝에 축적되어 브레이크의 제동력이 저하되는 현상이다.
③ 비가 자주 오거나 습도가 높은 날, 또는 오랜 시간 주차한 후에 브레이크 드럼에 미세한 녹이 발생하는 현상이다.
④ 브레이크 마찰재가 물에 젖어 마찰계수가 작아져 브레이크의 제동력이 저하되는 현상이다.

정답 21 ③ 22 ③ 23 ① 24 ④ 25 ③ 26 ③

정답 27 ④ 28 ④ 29 ② 30 ③ 31 ②

 적중 예상문제 제 02 장 | 안전운행요령

①항은 베이퍼 록(Vapour lock) 현상, ③항은 모닝 록(Morning lock) 현상, ④항은 워터 페이드(Water fade) 현상에 대한 설명이다.

32 베이퍼 록(Vapour lock) 현상을 방지하기 위한 운전 방법을 바르게 설명한 것은?

① 공기압을 평소보다 조금 높게 한다.
② 브레이크 페달을 반복해 밟으면서 천천히 주행한다.
③ 엔진브레이크를 사용하여 저단기어를 유지하면서 풋 브레이크 사용을 줄인다.
④ 출발 시 서행하면서 브레이크를 몇 차례 밟아준다.

보기 중 ②항은 페이드 현상, ③항은 베이퍼 록 현상, ④항은 모닝록 현상의 방지 또는 예방 대책에 대한 설명이다.

33 비가 자주 오거나 습도가 높은 날 또는 장기간 주차한 후 브레이크 드럼에 미세한 녹이 발생하는 현상은?

① 모닝 록(Morning lock) 현상
② 페이드(Fade) 현상
③ 베이퍼 록(Vapour lock) 현상
④ 수막 현상(Hydroplaning)

• 페이드 현상 : 내리막길을 내려갈 때 브레이크를 반복하여 사용하면 마찰열이 라이닝에 축적되어 브레이크의 제동력이 저하되는 현상
• 베이퍼 록 현상 : 풋 브레이크 과다 사용으로 인한 마찰열 때문에 브레이크 액에 기포가 생겨 제동이 되지 않는 현상
• 수막 현상 : 자동차가 물이 고인 노면을 고속으로 주행할 때 타이어의 트레드 홈 사이에 있는 물을 헤치는 기능이 감소되어 노면 접지력을 상실하게 되는 현상

34 언더 스티어(Under steer)에 대한 설명 중 틀린 것은?

① 후륜구동 차량에서 주로 일어난다.
② 핸들을 지나치게 꺾거나 과속, 브레이크 잠김 등이 원인이다.
③ 커브길에서 회전 시 속도가 너무 높으면 발생한다.
④ 앞바퀴와 노면과의 마찰력 감소에 의해 슬립각이 커지면서 발생한다.

언더 스티어는 코너링 상태에서 구동력이 원심력보다 작아 타이어가 그립의 한계를 넘어서 핸들을 돌린 각도만큼 라인을 타지 못하고 코너 바깥쪽으로 밀려나가는 현상으로 전륜구동 차량에서 주로 발생한다.

35 코너링 시 운전자가 핸들을 꺾었을 때 그 꺾은 범위보다 차량 앞쪽이 진행 방향의 안쪽으로 더 돌아가려고 하는 현상은?

① 언더 스티어
② 오버 스티어
③ 내륜차
④ 외륜차

문제는 오버 스티어(Over steer)에 대한 설명으로 오버 스티어 현상은 후륜구동 차량에서 주로 발생한다.

36 다음 중 1단계 스위치만 조작 시 점등되지 않는 등화는?

① 차폭등
② 미등
③ 번호판등
④ 전조등

전조등 스위치 조절
• 1단계 : 차폭등, 미등, 번호판등, 계기판등
• 2단계 : 차폭등, 미등, 번호판등, 계기판등, 전조등

37 주행빔(상향등)을 사용할 수 있는 시기로 가장 적당한 것은?

① 마주오는 차가 있을 때
② 앞차를 따라서 주행할 때
③ 야간운행 시 시야확보가 필요할 때
④ 다른 차에게 주의를 주고 싶을 때

전조등 사용 시기
• 변환빔(하향) : 마주오는 차가 있거나 앞차를 따라갈 경우
• 주행빔(상향) : 야간 운행 시 시야확보를 원할 경우(마주오는 차 또는 앞차가 없을 경우에 한하여 사용)
• 상향점멸 : 다른 차의 주의를 환기시킬 경우(스위치를 2~3회 정도 당겨 올림)

38 험한 도로 주행 시 설명이 옳지 않은 것은?

① 요철이 심한 도로에서는 감속 주행하여 차체의 아래 부분이 충격을 받지 않도록 주의한다.
② 눈길, 진흙길, 모랫길인 경우 고단기어를 사용하여 차바퀴가 헛돌지 않도록 한다.
③ 비포장도로와 같은 험한 도로를 주행할 때에는 기어변속이나 가속은 피한다.
④ 제동할 때는 자동차가 멈출 때까지 브레이크 페달을 펌프질하듯이 가볍게 위아래로 밟아 준다.

눈길, 진흙길, 모랫길인 경우에는 2단 기어를 사용하여 차바퀴가 헛돌지 않도록 천천히 가속한다.

SECTION 2 자동차 응급조치 요령

39 다음은 자동차 운전 중 진동과 소리가 날 때의 원인과 응급조치에 관한 설명이다. 옳지 않은 것은?

① 쇠가 마주치는 소리가 날 때에는 밸브장치에서 나는 소리로, 밸브 간극 조정으로 고쳐질 수 있다.
② 가속페달을 힘껏 밟는 순간 '끼익!'하는 소리가 나는 경우는 팬벨트 또는 기타의 V벨트가 이완되어 걸려있는 풀리와의 미끄러짐에 의해 일어난다.
③ 클러치를 밟고 있을 때 '달달달'떨리는 소리와 함께 차체가 떨리고 있다면 클러치 릴리스 베어링의 고장이다. 정비공장에서 교환하여야 한다.
④ 브레이크 페달을 밟아 차를 세우려고 할 때 바퀴에서 '끽!'하는 소리가 나는 경우는 바퀴의 휠너트의 이완이나 공기 부족일 때 나는 소리이다.

브레이크 페달을 밟아 차를 세우려고 할 때 바퀴에서 '끽!'하는 소리가 나는 경우는 브레이크 라이닝의 마모가 심하거나 라이닝에 오일이 묻어 있을 때 일어나는 현상이다.

40 다음 중 차량 운행 중에 냄새와 열이 나는 부분이 아닌 것은?

① 전기 장치 부분
② 승객이 앉아 있는 의자 부분
③ 브레이크 장치 부분
④ 바퀴 부분

냄새와 열이 나는 경우
• 전기장치 부분 : 엔진 실내의 전기 배선 등의 피복이 녹아 벗겨져 합선에 의해 전선이 타면서 나는 냄새가 대부분이다.
• 브레이크 장치부분 : 주 브레이크의 간격이 좁을 경우, 주차브레이크가 완전히 풀리지 않았을 경우, 긴 언덕길을 내려갈 때 계속 브레이크를 밟고 있는 경우 타는 냄새가 난다.
• 바퀴 부분 : 브레이크 라이닝 간격이 좁아 브레이크가 끌릴 경우 드럼에 열이 발생한다.

정답 32 ③ 33 ① 34 ① 35 ② 36 ④   37 ③ 38 ② 39 ④ 40 ②

적중 예상문제

제 02 장 | 안전운행요령

41 자동차의 배출가스 색이 흰색인 경우는?

① 불완전 연소가 일어나고 있다.
② 엔진오일이 함께 연소되고 있다.
③ 유사 휘발유가 섞인 연료를 사용하고 있다.
④ 냉각수와 함께 연소되고 있다.

> **해설** 배출가스의 색은 무색이거나 약간 엷은 청색이면 정상이다. 검은색은 불완전 연소가 일어나고 있는 경우이고, 흰색은 엔진오일이 함께 연소되는 경우이므로 점검이 필요하다.

42 자동차 배출 가스가 검은색인 경우의 원인으로 거리가 <u>먼</u> 것은?

① 초크 고장
② 에어클러어 엘리먼트의 막힘
③ 피스톤 링의 마모
④ 연료 장치 고장

> **해설** 배출가스가 검은색이면 농후한 혼합 가스가 들어가 불완전 연소되는 경우로 초크 고장이나 에어클리너 엘리먼트의 막힘, 연료 장치 고장 등이 원인이다. 참고로 피스톤 링이 마모되거나 헤드 개스킷 파손, 밸브의 오일 실(seal)이 노후되면 엔진 오일이 실린더 위로 올라와 연소되기 때문에 배출가스는 백색을 나타낸다.

43 다음 설명은 엔진시동에 문제가 발생할 수 있는 예이다. 해당하지 <u>않는</u> 것은?

① 엔진 내부가 얼어 있을 때
② 배터리 단자의 연결 상태 불량으로 시동모터가 회전하지 않을 때
③ 배터리가 방전되어 있을 때
④ 전기장치에 고장이 있을 때

> **해설** 엔진 내부가 얼어 있으면 냉각수가 순환되지 않아 오버히트가 발생할 수 있다.

44 배터리 방전 시의 응급조치 요령으로 <u>틀린</u> 것은?

① 주차 브레이크를 작동시켜 차량이 움직이지 않도록 한다.
② 시동이 걸린 후 배터리가 일부 충전되면 점프 케이블의 '+'단자를 먼저 분리한 후 '−'단자를 분리한다.
③ 변속기는 '중립'에 위치시킨다.
④ 방전된 배터리가 충분히 충전되도록 일정시간 시동을 걸어둔다.

> **해설** 시동이 걸린 후 배터리가 일부 충전되면 점프 케이블의 '−'단자를 먼저 분리한 후 '+'단자를 분리한다.

45 다음은 엔진 오버히트가 발생할 때의 안전조치 사항이다. 옳지 <u>않은</u> 것은?

① 엔진을 멈추고 보닛을 열어 엔진을 냉각시킨다.
② 여름에는 에어컨, 겨울에는 히터의 작동을 중지시킨다.
③ 냉각수 부족으로 엔진이 과열되었을 때는 급하게 차가운 냉각수를 공급하면 엔진에 균열이 발생할 수 있다.
④ 엔진 시동을 즉시 끄게 되면 수온이 급상승하여 엔진이 고착될 수 있다.

> **해설** 엔진이 작동하는 상태에서 보닛을 열어 엔진을 냉각시킨다.

46 엔진 오버히트가 발생할 때의 징후로 볼 수 <u>없는</u> 것은?

① 운행 중 수온계가 H 부분을 가리키는 경우
② 엔진 출력이 갑자기 떨어지는 경우
③ 노킹소리가 들리는 경우
④ 주행 중 하체부분에서 흔들림이 일어나는 경우

> **해설** 주행 중 하체 부분에서 비틀거리는 흔들림이 일어나는 원인은 일반적으로 바퀴의 휠 너트가 이완되었거나 타이어의 공기가 부족하기 때문이다.

47 밤에 고속도로에서 자동차 고장으로 운행할 수 없게 되었을 때 고장 자동차의 표지(안전삼각대)와 함께 추가로 ( )에서 식별할 수 있는 불꽃신호등을 설치해야 한다. ( )에 맞는 것은?

① 사방 200m 지점
② 사방 300m 지점
③ 사방 400m 지점
④ 사방 500m 지점

> **해설** 밤에는 고장 자동차의 표지(안전삼각대)와 함께 사방 500m 지점에서 식별할 수 있는 적색의 섬광신호 · 전기제등 또는 불꽃신호를 추가로 설치하여야 한다.

48 시동모터는 작동되지만 시동에 문제가 있는 경우의 조치사항이다. <u>틀린</u> 것은?

① 연료를 보충한 후 공기 빼기를 한다.
② 예열시스템을 점검한다.
③ 적정 점도의 오일로 교환한다.
④ 연료 필터를 교환한다.

> **해설** 적정 점도의 오일로 교환하는 조치사항은 시동모터가 작동되지 않거나 천천히 회전하는 경우 조치사항이다.

49 연료소비량이 많을 경우의 조치사항이다. <u>틀린</u> 것은?

① 연료 누출여부를 (연료계통) 점검한다.
② 적정 타이어 공기압으로 조정한다.
③ 브레이크 라이닝 간극을 조정한다.
④ 에어클리어 필터 청소 또는 교환한다.

> **해설** 에어클리어 필터 청소 또는 교환하는 조치사항은 배출가스가 검은색인 경우의 조치사항이다.

50 스티어링 휠(핸들)이 떨리는 현상의 원인으로 추정되는 것이 <u>아닌</u> 것은?

① 타이어 공기압이 과다하다.
② 타이어의 무게 중심이 맞지 않는다.
③ 휠 너트(허브 너트)가 풀려 있다.
④ 타이어가 편마모 되어 있다.

> **해설 핸들 떨림의 추정원인**
> • 타이어의 무게중심이 맞지 않는다.
> • 휠 너트(허브 너트)가 풀려 있다.
> • 타이어 공기압이 각 타이어마다 다르다.
> • 타이어가 편마모 되어 있다.

51 브레이크 제동효과가 나쁜 원인 설명 중 해당되지 <u>않는</u> 것은?

① 공기압이 과다하다.
② 타이어 마모가 심하다.
③ 타이어의 무게 중심이 맞지 않는다.
④ 타이어 공기가 빠져나가는 현상이 있다.

> **해설** 타이어의 무게 중심이 맞지 않는 경우는 핸들이 떨리는 원인이 된다.

정답 41 ② 42 ③ 43 ① 44 ② 45 ① 46 ④

정답 47 ④ 48 ③ 49 ④ 50 ① 51 ③

52 차량의 배터리가 자주 방전되는 원인과 가장 거리가 먼 것은?

① 배터리 수명이 다 되었다.
② 팬벨트가 느슨하게 되어 있다.
③ 배터리 단자에 부식이 있다.
④ 배터리액이 과다하다.

> **해설** 배터리가 자주 방전되는 원인
> • 배터리 단자의 벗겨짐, 풀림, 부식이 있다.
> • 팬벨트가 느슨하게 되어 있다.
> • 배터리액이 부족하다.
> • 배터리 수명이 다 되었다.

SECTION 3 자동차 구조 및 특성

53 엔진의 동력을 변속기에 전달하거나 차단하는 역할을 하는 장치는?

① 변속기   ② 클러치
③ 현가장치   ④ 완충장치

> **해설** 클러치는 엔진의 동력을 변속기에 전달하거나 차단하는 역할을 하며, 엔진 시동을 작동시킬 때나 기어를 변속할 때에는 동력을 끊고, 출발할 때는 엔진의 동력을 서서히 연결하는 일을 한다.

54 자동차 클러치의 구비조건이 아닌 것은?

① 회전 부분의 평형이 좋을 것
② 회전 관성이 클 것
③ 회전력 단속이 확실할 것
④ 과열되지 않을 것

> **해설** 클러치의 구비조건
> • 냉각이 잘 되어 과열하지 않아야 한다.
> • 구조가 간단하고, 다루기 쉬우며 고장이 적어야 한다.
> • 회전력 단속 작용이 확실하며, 조작이 쉬워야 한다.
> • 회전 부분의 평형이 좋아야 한다.
> • 회전 관성이 적어야 한다.

55 클러치가 미끄러지는 원인 중 틀린 것은?

① 마찰면의 경화, 오일 부착
② 페달 자유 간극 과대
③ 클러치 압력스프링 쇠약
④ 압력판 및 플라이 휠 손상

> **해설** 클러치가 미끄러지는 원인
> • 클러치 페달의 자유간극(유격)이 없다.
> • 클러치 디스크의 마멸이 심하다.
> • 클러치 디스크에 오일이 묻어 있다.
> • 클러치 스프링의 장력이 약하다.

56 변속기의 필요성과 가장 거리가 먼 것은?

① 엔진의 회전력을 증대시키기 위하여
② 엔진을 무부하 상태로 있게 하기 위하여
③ 자동차의 후진을 위하여
④ 바퀴의 회전속도를 추진축의 회전속도보다 높이기 위하여

> **해설** 변속기의 필요성
> • 엔진과 차축 사이에서 회전력을 변환시켜 전달한다.
> • 엔진을 시동할 때 엔진을 무부하 상태로 한다.
> • 자동차를 후진시키기 위하여 필요하다.

57 자동변속기의 장점 및 단점에 대한 설명으로 틀린 것은?

① 구조가 간단하고 가격이 저렴하다.
② 조작 미숙으로 인한 시동 꺼짐이 없다.
③ 발진과 가·감속이 원활하여 승차감이 좋다.
④ 유체가 댐퍼 역할을 하기 때문에 충격이나 진동이 적다.

> **해설** 자동변속기의 단점
> • 구조가 복잡하고 가격이 비싸다.
> • 차를 밀거나 끌어서 시동을 걸 수 없다.
> • 연료소비율이 10% 정도 많아진다.

58 타이어 형상에 따른 타이어의 분류에 속하지 않는 것은?

① 바이어스 타이어   ② 레디얼 타이어
③ 스노우 타이어   ④ 튜브리스 타이어

> **해설** 튜브리스 타이어는 자동차의 고속 주행 중 타이어의 펑크 위험으로부터 운전자와 자동차를 보호하기 위해 개발된 타이어를 말하는 것으로 타이어 형상에 따른 분류는 아니다.

59 자동차에서 튜브리스 타이어의 특징으로 틀린 것은?

① 못에 찔려도 공기가 급격히 새지 않는다.
② 유리조각 등에 의해 찢어지는 손상도 수리하기 쉽다.
③ 고속 주행하여도 발열이 적다.
④ 림이 변형되면 공기가 새기 쉽다.

> **해설** 튜브리스 타이어는 유리 조각 등에 의해 손상되면 수리가 어렵다.

60 수막현상의 원인과 예방 대책에 관한 설명으로 가장 적절한 것은?

① 수막현상이 발생하더라도 핸들 조작의 결과는 평소와 별 차이가 없다.
② 새 타이어에서 수막현상의 발생 가능성이 높다.
③ 타이어와 노면 사이의 접촉면이 좁을수록 수막현상의 가능성이 높아진다.
④ 수막현상을 예방하기 위해서 가장 중요한 것은 빗길에서 평소보다 감속하는 것이다.

> **해설** 수막현상이 발생하면 핸들 조작이 어렵고 새 타이어일수록 수막현상이 발생할 가능성이 낮다. 또한, 타이어와 노면 사이의 접촉면이 좁을수록 수막현상의 가능성이 낮다.

61 다음 중 현가장치의 구성품과 관계 없는 것은?

① 스태빌라이저   ② 타이로드
③ 쇽업쇼버   ④ 판 스프링

> **해설** 현가장치의 구성품은 스프링, 쇽업소버, 스태빌라이저 등이고, 타이로드는 조향장치 관련 부품이다.

62 완충장치의 구성품인 스프링의 종류 중 승차감이 우수하며, 장거리 주행 자동차 및 대형버스에 사용되는 스프링은?

① 공기 스프링   ② 판 스프링
③ 토션 바 스프링   ④ 코일 스프링

> **해설** 공기 스프링
> • 승차감이 우수하기 때문에 장거리 주행 자동차 및 대형버스에 사용된다.
> • 짐을 실었을 때나 비었을 때의 승차감에는 차이가 없다.
> • 구조가 복잡하고 제작비가 비싸다.

정답 52 ④ 53 ② 54 ② 55 ② 56 ④ 57 ① 58 ④ 59 ② 60 ④ 61 ② 62 ①

적중 예상문제

63 자동차가 고속으로 선회할 때 차체의 좌우 진동을 완화하는 기능을 하는 것은?

① 타이로드   ② 토인
③ 판 스프링   ④ 스태빌라이저

해설 스태빌라이저는 좌·우 바퀴가 동시에 상·하 운동을 할 때는 작용을 하지 않으나 좌·우 바퀴가 서로 다르게 상·하 운동을 할 때 작용하여 차체의 기울기를 감소시켜 주는 장치로 커브 길에서 자동차가 선회할 때 원심력 때문에 차체가 기울어지는 것을 감소시켜 차체가 롤링(좌·우 진동)하는 것을 방지하여 준다.

64 조향장치가 갖추어야 할 조건으로 틀린 것은?

① 노면의 충격이 조향 휠에 전달되지 않아야 한다.
② 회전 반지름이 커야 한다.
③ 진행 방향을 바꿀 때 섀시 및 보디 각부에 무리한 힘이 작용하지 않아야 한다.
④ 고속주행 중에는 조향 휠이 안정되고 복원력이 좋아야 한다.

해설 조향장치는 조향 핸들의 회전과 바퀴 선회 차이가 크지 않아야 한다.

65 다음 중 조향 핸들이 한쪽으로 쏠리는 원인이 아닌 것은?

① 앞바퀴 정렬상태 불량
② 쇽업소버 작동 불량
③ 스티어링 휠의 유격 과소
④ 타이어 공기압 불균일

해설 조향 핸들이 한쪽으로 쏠리는 원인
• 타이어의 공기압의 불균일하다.
• 앞바퀴의 정렬 상태가 불량하다.
• 쇽업소버의 작동 상태가 불량하다.
• 허브 베어링의 마멸이 과다하다.

66 다음 중 앞바퀴 정렬의 종류가 아닌 것은?

① 하이텐션   ② 캠버
③ 캐스터   ④ 토인

해설 앞바퀴 정렬의 종류 : 캠버(Camber), 캐스터(Caster), 토인(Toe-in)

67 앞바퀴 얼라인먼트의 역할이 아닌 것은?

① 조향 핸들의 조향 조작을 쉽게 한다.
② 조향 핸들에 알맞은 유격을 준다.
③ 타이어의 마모를 최소화 한다.
④ 조향 핸들에 복원성을 준다.

해설 휠 얼라인먼트의 역할
• 조향 핸들의 조작을 확실하게 하고 안전성을 준다.
• 조향 핸들에 복원성을 부여한다.
• 조향 핸들의 조작을 가볍게 한다.
• 타이어 마멸을 최소로 한다.

68 앞바퀴가 하중을 받았을 때 아래쪽이 벌어지는 것을 방지하기 위해 둔 각은?

① 캐스터   ② 캠버
③ 킹핀 경사각   ④ 토인

해설 캠버는 조향축(킹핀) 경사각과 함께 조향 핸들의 조작을 가볍게 하고, 수직 방향 하중에 의한 앞 차축의 휨을 방지하며, 하중을 받았을 때 앞바퀴의 아래쪽이 벌어지는 것(부의 캠버)을 방지한다.

69 차량 속도를 감속하거나 정지시키기 위한 장치는?

① 현가장치
② 조향장치
③ 주행장치
④ 제동장치

해설 제동장치는 주행 중인 자동차의 속도를 감속시키거나 정지시키고, 주차상태를 유지시키는 장치이다.

70 공기식 브레이크에서 필요하지 아니한 것은?

① 진공펌프
② 공기압축기
③ 브레이크 밸브
④ 공기탱크

해설 공기식 브레이크의 구조와 관련된 장치 : 공기압축기, 공기탱크, 브레이크 밸브, 릴레이 밸브, 퀵 릴리스 밸브, 브레이크 체임버, 저압 표시기, 체크 밸브

71 공기식 브레이크 특징으로 옳은 것은?

① 차량 중량의 제한을 받지 않는다.
② 에너지 소비가 작다.
③ 구조가 간단하다.
④ 저가이다.

해설 공기식 브레이크의 장점
• 자동차 중량에 제한을 받지 않는다.
• 공기가 다소 누출되어도 제동성능이 현저하게 저하되지 않아 안전도가 높다.
• 베이퍼 록 현상이 발생할 염려가 없다.
• 페달을 밟는 양에 따라 제동력이 조절된다.
• 압축공기의 압력을 높이면 더 큰 제동력을 얻을 수 있다.

72 자동차의 ABS에 대한 설명으로 옳은 것은?

① 모든 차륜에 동시에 최대 제동력을 작용시킨다.
② 페달 답력에 따라 각 차륜에 작용하는 브레이크 압력을 제어한다.
③ 차륜이 블로킹되지 않고 회전을 계속하도록 각 차륜에 작용하는 브레이크 압력을 제어한다.
④ 차륜과 노면 사이에 미끄럼마찰이 발생되도록 브레이크 압력을 제어한다.

해설 ABS(Anti-lock Break System)는 자동차 주행 중 제동할 때 타이어의 고착 현상을 미연에 방지하여 노면에 달라붙는 힘을 유지하므로 사전에 사고의 위험성을 감소시키는 예방 안전장치로 모든 차륜에 동시에 최대 제동력을 작용시킨다.

73 감속 브레이크의 장점 설명 중 잘못 설명된 것은?

① 브레이크 슈, 드럼, 혹은 타이어의 마모를 줄일 수 있다.
② 눈, 비 등으로 인한 타이어 미끄럼이 발생한다.
③ 클러치 사용 횟수가 줄게 됨에 따라 클러치 관련 부품의 마모가 감소된다.
④ 주행할 때 안전도가 향상되고 운전자의 피로를 줄일 수 있다.

해설 감속 브레이크(제3의 브레이크)를 사용하면 눈, 비 등으로 인한 타이어 미끄럼을 줄일 수 있다.

정답 63 ④ 64 ② 65 ③ 66 ① 67 ② 68 ②

정답 69 ④ 70 ① 71 ① 72 ① 73 ②

SECTION 4 자동차 검사 및 보험

74 다음 중 자동차 종합검사 대상 및 검사유효기간이 틀린 것은?

① 사업용 승용자동차 – 차령이 2년 초과인 자동차는 1년
② 비사업용 승용자동차 – 차령이 4년 초과인 자동차는 3년
③ 사업용 경형 및 소형승합자동차 – 차령이 4년 초과인 자동차는 1년
④ 사업용 중형 및 대형승합자동차 – 차령이 2년 초과인 자동차는 차령 8년까지는 1년, 이후부터는 6개월

해설 자동차 종합검사 대상 및 유효기간

차종	사업용 구분	규모	대상 차령	검사 유효기간
승용 자동차	비사업용	경형·소형·중형·대형	차령이 4년 초과인 자동차	2년
	사업용	경형·소형·중형·대형	차령이 2년 초과인 자동차	1년
승합 자동차	비사업용	경형·소형	차령이 4년 초과인 자동차	1년
		중형	차령이 3년 초과인 자동차	차령 8년까지는 1년, 이후부터는 6개월
		대형	차령이 3년 초과인 자동차	차령 8년까지는 1년, 이후부터는 6개월
	사업용	경형·소형	차령이 4년 초과인 자동차	1년
		중형	차령이 2년 초과인 자동차	차령 8년까지는 1년, 이후부터는 6개월
		대형	차령이 2년 초과인 자동차	차령 8년까지는 1년, 이후부터는 6개월

75 자동차 소유자가 자동차 종합검사를 받아야 하는 기간이 맞는 것은?

① 검사 유효기간의 마지막 날 전 90일부터 후 31일까지
② 검사 유효기간의 마지막 날 전 62일부터 후 31일까지
③ 검사 유효기간의 마지막 날 전후 각각 31일 이내
④ 검사 유효기간의 마지막 날 전후 각각 62일 이내

해설 자동차 소유자가 종합검사를 받아야 하는 기간은 검사 유효기간의 마지막 날(검사 유효기간을 연장하거나 검사를 유예한 경우에는 그 연장 또는 유예된 기간의 마지막 날을 말한다) 전 90일부터 후 31일까지로 한다.

76 소유권 변동 또는 사용본거지 변경 등의 사유로 자동차 종합검사의 대상이 된 자동차 중 자동차 정기검사의 기간이 지난 자동차는 변경등록을 한 날부터 ( ) 이내에 자동차 종합검사를 받아야 한다. ( ) 안에 알맞은 것은?

① 31일 ② 45일
③ 62일 ④ 90일

해설 소유권 변동 또는 사용본거지 변경 등의 사유로 자동차 종합검사의 대상이 된 자동차 중 자동차 정기검사의 기간 중에 있거나 자동차 정기검사의 기간이 지난 자동차는 변경등록을 한 날부터 62일 이내에 자동차 종합검사를 받아야 한다.

77 자동차 종합검사 재검사기간에 대한 설명이 잘못된 것은?

① 자동차 종합검사 기간 내에 종합검사를 신청한 경우 – 부적합 판정을 받은 날부터 자동차 종합 검사기간 만료 후 10일 이내
② 자동차 종합검사 기간 전 또는 후에 종합검사를 신청한 경우 – 부적합 판정을 받은 날의 다음날로부터 10일 이내
③ 자동차 종합검사 결과 부적합 판정을 받은 자동차의 소유자가 재검사 기간 내에 재검사를 신청하지 아니한 경우 – 적합 판정을 받은 것으로 본다.
④ 자동차 종합검사 재검사 기간 내에 적합 판정을 받은 자동차 – 자동차 종합검사를 받은 것으로 본다.

해설 자동차 종합검사 결과 부적합 판정을 받은 자동차의 소유자가 재검사기간 내에 재검사를 신청하지 아니한 경우는 종합검사를 받지 아니한 것으로 본다.

78 자동차 종합검사를 받아야 하는 기간만료일부터 30일 이내인 경우 과태료 부과 기준은?

① 10만원 ② 5만원
③ 4만원 ④ 2만원

해설 정기검사 또는 종합검사를 받지 않은 경우 과태료
• 검사 지연기간이 30일 이내인 경우 : 4만원
• 검사 지연기간이 30일 초과 114일 이내인 경우 : 4만원에 31일째부터 계산하여 3일 초과시마다 2만원을 더한 금액
• 검사 지연기간이 115일 이상인 경우 : 60만원

79 자동차 종합검사 유효기간이 연장되는 사유에 해당되지 않는 것은?

① 사고로 인해 자동차를 장기간 정비할 필요가 있는 경우
② 출장으로 인해 자동차를 운행할 수 없는 경우
③ 자동차를 도난당한 경우
④ 자동차 소유자가 폐차를 하려는 경우

해설 자동차 종합검사 유효기간 연장 사유에 해당하는 경우
• 전시·사변 또는 이에 준하는 비상사태로 인하여 관할지역에서 자동차 종합검사 업무를 수행할 수 없다고 판단되는 경우(대상 자동차, 유예기간 및 대상 지역 등이 공고된 경우만 해당)
• 자동차를 도난당한 경우, 사고발생으로 인하여 자동차를 장기간 정비할 필요가 있는 경우, 형사소송법 등에 따라 자동차가 압수되어 운행할 수 없는 경우, 운전면허 취소 등으로 인하여 자동차를 운행할 수 없는 경우 및 그 밖에 부득이한 사유로 자동차를 운행할 수 없다고 인정되는 경우
• 자동차 소유자가 폐차를 하려는 경우

80 자동차 정기검사를 받지 않은 경우 과태료 최고 한도금액은?

① 100만원 ② 70만원
③ 60만원 ④ 30만원

해설 정기검사 또는 종합검사를 받지 않은 경우 과태료
• 검사 지연기간이 30일 이내인 경우 : 4만원
• 검사 지연기간이 30일 초과 114일 이내인 경우 : 4만원에 31일째부터 계산하여 3일 초과시마다 2만원을 더한 금액
• 검사 지연기간이 115일 이상인 경우 : 60만원

81 신조차로서 신규검사를 받은 것으로 보는 사업용승용자동차의 자동차정기검사 최초 검사유효기간은?

① 1년 ② 2년
③ 4년 ④ 6년

해설 승용자동차의 자동차 정기검사 유효기간

차종	사업용 구분	규모	차령	검사 유효기간
승용 자동차	비사업용	경형·소형 중형·대형	모든 차령	2년(신조차로서 신규검사를 받은 것으로 보는 자동차의 최초 검사 유효기간은 5년)
	사업용	경형·소형 중형·대형	모든 차령	1년(신조차로서 신규검사를 받은 것으로 보는 자동차의 최초 검사 유효기간은 2년)

적중 예상문제

제 02 장 ㅣ 안전운행요령

82 구조변경 차량에 대한 안전도를 점검하기 위한 검사는?

① 신규검사　　　　② 정기검사
③ 외관검사　　　　④ 튜닝검사

해설 자동차 소유자가 자동차를 튜닝하고자 하는 경우 자동차관리법에서 정한 구조 및 장치를 사전에 한국교통안전공단으로부터 승인을 얻어서 변경하도록 규정하고 있다.

83 다음은 자동차 튜닝검사 신청서류이다. 해당되지 않는 것은?

① 자동차 등록증
② 운전면허증
③ 튜닝 승인서
④ 튜닝 전·후의 주요 제원 대비표

해설 **튜닝검사 신청서류**
• 자동차 등록증
• 튜닝 승인서
• 튜닝 전·후의 주요 제원 대비표
• 튜닝 전·후의 자동차 외관도(외관의 변경이 있는 경우)
• 튜닝하려는 구조·장치의 설계도

84 자동차의 구조 및 장치 변경승인 불가한 항목이 아닌 것은?

① 총중량이 증가되는 튜닝
② 승차정원의 증가를 가져오는 승차장치의 튜닝
③ 자동차의 종류가 변경되는 튜닝
④ 튜닝 전보다 안전도가 높아지는 경우의 변경

해설 **구조·장치 변경승인 불가 항목**
• 총중량이 증가되는 튜닝
• 승차정원 또는 최대적재량의 증가를 가져오는 승차장치 또는 물품적재장치의 튜닝
• 자동차의 종류가 변경되는 튜닝
• 튜닝 전보다 성능 또는 안전도가 저하될 우려가 있는 경우의 변경

85 다음 중 자동차 신규검사 대상이 아닌 것은?

① 중고차를 구입한 경우
② 부정한 방법으로 등록되어 말소된 자동차
③ 수출을 위해 말소한 자동차
④ 도난당한 자동차를 회수한 경우

해설 **신규검사를 받아야 하는 경우**
• 여객자동차 운수사업법에 의하여 면허, 등록, 인가 또는 신고가 실효하거나 취소되어 말소한 경우
• 자동차를 교육·연구목적으로 사용하는 등 대통령령이 정하는 사유에 해당하는 경우
• 자동차의 차대번호가 등록원부상의 차대번호와 달라 직권 말소된 자동차
• 속임수나 그 밖의 부정한 방법으로 등록되어 말소된 자동차
• 수출을 위해 말소한 자동차
• 도난당한 자동차를 회수한 경우

86 자동차 소유자가 신규등록 후 일정 기간마다 정기적으로 실시하는 검사는?

① 신규검사　　　　② 정기검사
③ 튜닝검사　　　　④ 임시검사

해설 **자동차 검사**
• 신규검사 : 신규등록을 하려는 경우 실시하는 검사
• 정기검사 : 신규등록 후 일정 기간마다 정기적으로 실시하는 검사
• 튜닝검사 : 자동차를 튜닝한 경우에 실시하는 검사
• 임시검사 : 자동차관리법에 따른 명령이나 자동차 소유자의 신청을 받아 비정기적으로 실시하는 검사
• 수리검사 : 전손 처리 자동차를 수리한 후 운행하려는 경우에 실시하는 검사

87 자동차 신규검사 신청 시 필요하지 않는 서류는?

① 자동차등록증
② 출처증명서류
③ 제원표
④ 신규검사 신청서

해설 **신규검사 신청서류**
• 신규검사 신청서
• 출처증명서류(말소사실증명서 또는 수입신고서, 자기인증 면제확인서)
• 제원표(이미 자기인증된 자동차와 같은 제원의 자동차인 경우에는 제원표 첨부 생략 가능)

SECTION 5 안전운전의 기술

88 안전운전을 하는데 필수적인 4요소의 순서가 맞는 것은?

① 예측 → 실행과정 → 판단 → 확인
② 예측 → 확인 → 실행과정 → 판단
③ 확인 → 예측 → 판단 → 실행과정
④ 실행과정 → 판단 → 확인 → 예측

해설 운전의 위험을 다루는 효율적인 정보처리 방법의 하나는 소위 확인 → 예측 → 판단 → 실행과정을 따르는 것이다.

89 운행 중 전방의 탐색 시 주의해서 보아야 할 것으로 틀린 것은?

① 도로 양옆의 건물 배치
② 다른 차로의 차량
③ 자전거 교통의 흐름과 신호
④ 보행자

해설 전방 탐색 시 주의해서 보아야 할 것들은 다른 차로의 차량, 보행자, 자전거 교통의 흐름과 신호 등이다. 특히 화물 차량 등 대형차가 있을 때는 대형차량에 가린 것들에 대한 단서에 주의해야 한다.

90 운전 중 예측회피 운전의 기본적 방법과 거리가 먼 것은?

① 때로는 속도를 낮추거나 높이는 결정을 해야 한다.
② 사고 상황이 발생할 경우 대비 진로를 변경한다.
③ 필요하다면 다른 사람에게 자신의 의도를 알려 주어야 한다.
④ 주변 상황과 상관없이 전방만 주시하며 운전한다.

해설 운전자는 위험운전에 따른 높은 각성수준 유지가 가능하지 않으며, 위험 대처에도 한계가 있으므로 기본적인 전략으로써 예측 회피 운전을 하여야 한다.

91 운전 중 결정된 행동을 실행에 옮기는 단계에서 중요한 것이 아닌 것은?

① 요구되는 시간 안에 필요한 조작을 해야 한다.
② 기기 조작은 가능한 부드럽게 해야 한다.
③ 기기 조작을 신속하게 해내야 한다.
④ 급제동시 브레이크 페달을 빠르고 강하게 밟으면 제동거리가 짧아진다.

해설 급제동시 브레이크 페달을 빠르고 강하게 밟는다고 제동거리가 짧아지는 것은 아니다. 오히려 브레이크 잠김 상태가 되어 제동력이 상실될 수도 있고, ABS 브레이크를 장착하지 않는 차량에서는 차량의 제어를 잃어버리게 되는 원인이 될 수도 있다.

정답 82 ④　83 ②　84 ④　85 ①　86 ②

정답 87 ①　88 ③　89 ①　90 ④　91 ④

택시운전자격시험 문제집

적중 예상문제

92 전방 가까운 곳을 보고 운전할 때의 징후들과 관계가 먼 것은?

① 교통의 흐름에 맞지 않을 정도로 너무 빠르게 차를 운전한다.
② 시인성이 낮은 상황에서 속도를 줄인다.
③ 차로의 한 쪽 편으로 치우쳐서 주행한다.
④ 우회전할 때 넓게 회전한다.

> 해설) 초보운전자는 전방을 멀리 보지 못하는 어려움이 있으며, 시인성이 낮은 상황에서 속도를 줄이지 않는다.

93 운전 습관 중 시야 고정이 많은 운전자의 특성이 아닌 것은?

① 위험에 대응하기 위해 경적이나 전조등을 자주 사용한다.
② 더러운 창이나 안개에 개의치 않는다.
③ 정지선 등에서 정지 후, 다시 출발할 때 좌우를 확인하지 않는다.
④ 회전하기 전에 뒤를 확인하지 않는다.

> 해설) 시야 고정이 많은 운전자의 경우 위험에 대응하기 위해 경적이나 전조등을 좀처럼 사용하지 않으며, 자기 차를 앞지르려는 차량의 접근 사실을 미리 확인하지 못한다.

94 타인의 부정확한 행동과 악천후 등에 관계없이 사고를 미연에 방지하는 운전을 무엇이라 하는가?

① 안전운전   ② 방어운전
③ 회피운전   ④ 경제운전

> 해설)
> • 방어운전 : 타인의 부정확한 행동과 악천후 등에 관계없이 사고를 미연에 방지하는 운전
> • 안전운전 : 자동차를 그 본래의 목적에 따라 운행함에 있어서 운전자 자신이 위험한 운전을 하거나 교통사고를 유발하지 않도록 주의하여 운전하는 것

95 방어운전은 주요 사고유형패턴의 실수를 예방하기 위한 방법으로 3단계 시계열적 과정의 핵심요소가 있는데, 다음 중 아닌 것은?

① 위험의 인지
② 위험의 판단
③ 방어의 이해
④ 제시간내 정확한 행동

> 해설) 방어운전의 3단계 핵심요소
> • 위험의 인지
> • 방어의 이해
> • 제시간내의 정확한 행동

96 야간에 마주 오는 차의 전조등 불빛으로 인한 눈부심을 피하는 방법으로 올바른 것은?

① 전조등 불빛을 정면으로 보지 말고 자기 차로의 바로 아래쪽을 본다.
② 전조등 불빛을 정면으로 보지 말고 도로 우측의 가장자리 쪽을 본다.
③ 눈을 가늘게 뜨고 자기 차로 바로 아래쪽을 본다.
④ 눈을 가늘게 뜨고 좌측의 가장자리 쪽을 본다.

> 해설) 마주오는 차량의 전조등에 의해 눈이 부실 때는 전조등의 불빛을 정면으로 보지 말고, 도로 우측의 가장자리 쪽을 보면서 운전하는 것이 바람직하다.

97 가장 흔한 사고 형태인 후미추돌사고를 회피하는 방어운전요령으로 틀린 것은?

① 전방 가까운 곳을 보고 운전한다.
② 앞차에 대한 주의를 늦추지 않는다.
③ 충분한 거리를 유지한다.
④ 상대보다 거리를 유지한다.

> 해설) 상황을 멀리 까지 살펴본다. 앞차 너머의 상황을 살핌으로서 앞차 운전자를 갑자기 행동하게 만드는 상황과 그로 인해 자신이 위협받게 되는 상황을 파악한다.

98 운전 중 시인성을 높이는 방법으로 운전하기 전의 준비사항이 아닌 것은?

① 차 안팎 유리창을 깨끗이 닦는다.
② 성애 제거기, 와이퍼, 워셔 등이 제대로 작동되는지를 점검한다.
③ 후사경과 사이드 미러를 조정한다.
④ 선글라스, 창 닦게 등은 준비할 필요가 없다.

> 해설) 선글라스, 점멸등, 창 닦게 등을 준비하여 필요할 때 사용할 수 있도록 한다.

99 방어운전 방법 중 시간을 효율적으로 다루는 몇 가지 기본원칙으로 틀린 것은?

① 안전한 주행경로 선택을 위해 주행 중 20~30초 전방을 탐색한다.
② 차를 정지시켜야 할 때 필요한 시간과 거리는 속도의 제곱에 반비례한다.
③ 위험 수준을 높일 수 있는 장애물이나 조건을 12~15초 전방까지 확인한다.
④ 자신의 차와 앞차 간에 최소한 2~3초의 추종거리를 유지한다.

> 해설) 정지시간과 거리는 속도의 제곱에 비례한다.

100 시가지도로 운전 중 안전운전을 위해 고려해야 할 3가지 요인으로 볼 수 없는 것은?

① 시인성   ② 시간
③ 공간   ④ 주차

> 해설) 시가지도로 방어운전을 하기 위해서는 이러한 시가지도로의 특성이 운전에 영향을 미치는 요인을 이해할 필요가 있으며, 그에 대처하여 시인성, 시간과 공간을 적절히 관리할 필요가 있다.

101 교차로 황색신호에서의 방어운전 요령으로 볼 수 없는 것은?

① 황색신호일 때에는 멈출 수 있도록 감속하여 접근한다.
② 황색신호일 때 모든 차는 정지선 바로 앞에 정지하여야 한다.
③ 이미 교차로 안으로 진입하여 있을 때 황색신호로 변경된 경우에는 바로 그 자리에 정지하여 다음 녹색신호를 기다린다.
④ 교차로 부근에서는 무단 횡단하는 보행자 등 위험요인이 많으므로 돌발 상황에 대비한다.

> 해설) 교차로 안으로 진입하여 있을 때 황색신호로 변경된 경우에는 신속히 교차로 밖으로 빠져나간다.

102 다음 중 커브길 주행방법으로 맞는 것은?

① 커브길에 진입하기 전에 경사도나 도로의 폭을 확인하고 고단기어로 변속하고 속도를 높인다.
② 회전이 시작되는 곳에서 끝나는 곳까지 속도를 일정하게 유지한다.
③ 속도와 관계없이 풋 브레이크를 사용한다.
④ 엔진 브레이크만으로 속도가 충분히 줄지 않으면 풋 브레이크를 사용하여 회전 중에 더 이상 감속하지 않도록 줄인다.

> 해설) 커브길에서는 감속된 속도에 맞는 기어로 변속하고, 풋 브레이크와 엔진 브레이크를 적절하게 사용하여 속도를 조절한다.

정답 92 ② 93 ① 94 ② 95 ② 96 ② 97 ①
정답 98 ④ 99 ② 100 ④ 101 ③ 102 ④

적중 예상문제 제 02 장 | 안전운행요령

103 주행 중에 가속 페달에서 발을 떼거나 저단으로 기어를 변속하여 차량의 속도를 줄이는 운전방법은?

① 기어 중립
② 풋 브레이크
③ 주차 브레이크
④ 엔진 브레이크

해설 자동차의 감속방법은 크게 풋 브레이크, 주차 브레이크, 엔진 브레이크를 이용한다. 이 중 엔진 브레이크는 주행 중에 가속 페달에서 발을 떼거나 저단으로 기어를 변속하여 차량의 속도를 줄이는 운전방법으로 내리막길이나 노면이 얼거나 눈길에서 감속시 유용하다.

104 다음 중 용어의 설명으로 틀린 것은?

① 슬로우-인, 패스트-아웃(Slow-in, Fast-out) : 커브길에 진입할 때에는 속도를 줄이고, 진출할 때에는 높이라는 의미
② 원심력 : 어떠한 물체가 회전운동을 할 때 회전반경으로부터 튀쳐나가려고 하는 힘
③ 아웃-인-아웃(Out-in-Out) : 차로 바깥쪽에서 진입하여 안쪽, 바깥쪽 순으로 통과하라는 의미
④ 자동차의 원심력 : 속도의 제곱에 비례하고, 커브의 반경이 짧을수록 작아짐

해설 자동차의 원심력은 속도의 제곱에 비례하고, 커브의 반경이 짧을수록 커진다. 결국 회전 반경이 짧은 커브길에서 속도를 높이면 높일수록 원심력은 더 한층 높아지고 전복사고의 위험도 그만큼 커진다.

105 커브길 주행 시의 주의사항이 아닌 것은?

① 부득이한 경우가 아니면 급핸들 조작이나 급제동은 하지 않는다.
② 불가피한 경우가 아니면 가속이나 감속은 하지 않는다.
③ 커브길 진입 전에는 속도를 줄이지 않는다.
④ 주간에는 경음기, 야간에는 전조등을 사용하여 내 차의 존재를 반대 차로 운전자에게 알린다.

해설 커브길 진입 전 속도를 줄인다.

106 오르막길에서의 안전운전 및 방어운전 요령으로 틀린 것은?

① 오르막길에서 부득이하게 앞지르기 할 때에는 힘과 가속이 좋은 고단 기어를 사용하는 것이 안전하다.
② 정차할 때에는 앞차가 뒤로 밀려 충돌할 가능성이 있으므로 충분한 차간 거리를 유지한다.
③ 정차해 있을 때에는 가급적 풋 브레이크와 핸드 브레이크를 동시에 사용한다.
④ 오르막길의 정상 부근은 시야가 제한되는 사각지대로, 반대 차로의 차량이 앞에 다가올 때까지는 보이지 않을 수 있으므로 서행하며 위험에 대비한다.

해설 오르막길 앞지르기 할 때에는 힘과 가속이 좋은 저단기어를 사용한다.

107 철길건널목에서의 방어운전 요령으로 틀린 것은?

① 철길건널목에 접근할 때에는 속도를 줄여 접근한다.
② 건널목을 통과할 때에는 기어를 변속하여 빠르게 통과한다.
③ 일시정지 후에는 철도 좌 · 우의 안전을 확보한다.
④ 건널목 건너편 여유 공간을 확인한 후에 통과한다.

해설 시동이 꺼지지 않도록 가속 페달을 조금 힘주어 밟아 통과하도록 한다. 또한, 건널목에서는 가급적 기어 변속을 하지 않는다.

108 고속도로 진입부에서의 안전운전 요령으로 잘못된 것은?

① 본선 진입의도를 다른 차량에게 방향지시등으로 알린다.
② 본선 진입 전 충분히 감속하여 천천히 진입한다.
③ 진입을 위한 가속차로 끝부분에서 감속하지 않도록 주의한다.
④ 고속도로 본선을 저속으로 진입하거나 진입시기를 잘못 맞추면 추돌사고 등 교통사고가 발생할 수 있다.

해설 고속도로 본선 진입 전에 충분히 가속하여 본선 차량의 교통흐름을 방해하지 않도록 한다.

109 운전 중 앞지르기 순서와 방법상의 주의사항이 아닌 것은?

① 앞지르기 금지장소 여부를 확인한다.
② 전방의 안전을 확인하는 동시에 후사경으로 좌측 및 좌후방을 확인한다.
③ 우측 방향지시등을 켠다.
④ 최고 속도의 제한범위 내에서 가속하여 진로를 서서히 좌측으로 변경한다.

해설 앞지르기는 앞 차량의 좌측 도로를 이용하므로 좌측 방향지시등을 켠다.

110 운전 중 앞지르기할 때 발생하기 쉬운 사고 유형이 아닌 것은?

① 최초 진로를 변경할 때에는 동일방향 좌측 후속 차량 또는 나란히 진행하던 차량과의 충돌
② 중앙선을 넘어 앞지르기할 때에는 반대 차로에서 횡단하고 있는 보행자나 주행하고 있는 차량과의 충돌
③ 앞지르기를 시도하기 위해 앞지르기를 당하는 차량과의 근접주행으로 인한 정면 충돌
④ 앞지르기한 후 본선으로 진입하는 과정에서 앞지르기 당하는 차량과의 충돌

해설 앞지르기를 시도하기 위해 앞지르기를 당하는 차량과의 근접주행으로 인한 후미 추돌 사고가 자주 발생한다.

111 야간 운전 시 안전운전 방법으로 잘못된 것은?

① 해가 지기 시작하면 곧바로 전조등을 켜 다른 운전자들에게 자신을 알린다.
② 주간보다 시야가 제한되므로 속도를 줄여 운행한다.
③ 흑색 등 어두운 색의 옷차림을 한 보행자는 발견하기 곤란하므로 보행자의 확인에 더욱 세심한 주의를 기울인다.
④ 승합자동차는 야간에 운행할 때에 실내조명등를 켜고 운행하면 안 된다.

해설 승합자동차는 야간 운행 시 실내조명등을 켜고 운행한다.

112 빗길 운전 시 안전운전 방법으로 거리가 먼 것은?

① 비가 내려 노면이 젖어 있는 경우에는 최고속도의 20%를 줄인 속도로 운행한다.
② 폭우로 가시거리가 100m 이내인 경우에는 최고속도의 50%를 감속하여 운행한다.
③ 물이 고인 길을 통과할 때에는 속도를 높여 신속하게 통과한다.
④ 보행자 옆을 통과할 때에는 속도를 줄여 흙탕물이 튀기지 않도록 주의한다.

해설 물이 고인 길을 통과할 때에는 속도를 줄여 저속으로 통과한다. 브레이크에 물이 들어가면 브레이크 기능이 약해지거나 불균등하게 제동되면서 제동력을 감소시킬 수 있다.

정답 103 ④ 104 ④ 105 ③ 106 ① 107 ②

정답 108 ② 109 ③ 110 ③ 111 ④ 112 ③

택시운전자격시험 문제집

113. 여러 가지 외적조건에 따라 운전방식을 맞추어하는 경제운전의 효과가 아닌 것은?

① 차량관리비용, 고장수리 비용, 타이어 교체비용 등의 감소 효과
② 운전자 및 승객의 스트레스는 증가함
③ 고장수리 작업 및 유지관리 작업 등의 시간 손실 감소효과
④ 공해배출 등 환경문제의 감소효과

해설 경제운전의 효과는 교통안전 증진 효과와 운전자와 승객의 스트레스는 감소한다.

114. 경제운전 방법으로 주행하였을 때 미치는 영향을 잘못 설명한 것은?

① 버스 엔진의 시동을 걸 때는 적정 속도로 엔진을 회전시켜 적정한 오일 압력이 유지되도록 하여야 한다.
② 경제운전을 위해서는 가능한 한 일정 속도로 주행하는 것이 매우 중요하다.
③ 기어를 적절히 변속하는 것 또한 경제운전에서 매우 중요한 요소이다.
④ 관성주행은 가속페달을 강하게 밟아 고속으로 운전하는 것이다.

해설 운전 중 교차로에 접근하든가 할 때 가속페달에서 발을 떼고 관성으로 차를 움직이게 할 수 있을 때는 제동을 피하는 것이 좋다. 관성주행은 가속페달에서 발을 떼서 엔진 브레이크를 이용하는 것이다.

115. 운전 중 정지할 때 기본 운행 수칙에 어긋나는 것은?

① 정지할 때에는 미리 감속하여 급정지로 인한 타이어 흔적이 발생하지 않도록 한다.(엔진브레이크 및 저단 기어 변속 활용)
② 정지할 때까지 여유가 있는 경우에는 브레이크페달을 가볍게 2~3회 나누어 밟는 '단속조작'을 통해 정지한다.
③ 급정지할 때에는 핸드 브레이크와 풋 브레이크를 동시에 사용한다.
④ 미끄러운 노면에서는 제동으로 인해 차량이 회전하지 않도록 주의한다.

해설 급제동할 때에는 저단기어로 변속하면서 풋 브레이크를 사용한다.

116. 기본 운행 수칙에 따라 편도 1차로 도로 등에서 앞지르기하고자 할 때 설명이 잘못된 것은?

① 앞지르기 할 때에는 언제나 방향지시등을 작동시킨다.
② 앞지르기가 허용된 구간에서만 시행한다.
③ 제한속도를 넘지 않는 범위 내에서 시행한다.
④ 도로의 구부러진 곳, 오르막길의 정상부근, 급한 내리막길, 교차로, 터널 안, 다리 위에서도 앞지르기를 해도 된다.

해설 ④항의 예는 앞지르기가 금지되는 구역이다.

117. 기본 운행 수칙에 따른 차량에 대한 점검이 필요할 때 설명으로 틀린 것은?

① 운행시작 전 또는 종료 후에는 차량상태를 철저히 점검한다.
② 운행 중 다른 운전자의 나쁜 운전행태에 대해 감정적으로 대응하지 않는다.
③ 운행 중간 휴식시간에는 차량의 외관 및 적재함에 실려 있는 화물의 보관 상태를 확인한다.
④ 운행 중에 차량의 이상이 발견된 경우에는 즉시 관리자에게 연락하여 조치를 받는다.

해설 ②항은 감정의 통제가 필요할 때 자기관리법이다.

118. 다음 커브길에서의 핸들조작 통과방법으로 옳은 것은?

① 슬로우 인 – 패스트 아웃
② 패스트 인 – 슬로우 아웃
③ 슬로우 인 – 슬로우 아웃
④ 패스트 인 – 패스트 아웃

해설 커브길에서의 핸들조작은 슬로우 인 – 패스트-아웃(Slow-in, Fast-out) 원리에 입각하여 커브 진입즈전에 핸들조작이 자유로울 정도로 속도를 감속하여야 한다.

119. 다음 중 방어운전 개념과 거리가 먼 것은?

① 자기 자신이 사고의 원인을 만들지 않는 운전
② 자기 자신이 사고에 말려들어 가지 않게 하는 운전
③ 타인의 사고를 유발시키지 않는 운전
④ 사고 발생 시 신속하게 대처할 수 있도록 하는 운전

해설 방어운전은 교통사고를 유발하지 않도록 사전에 주의하여 운전하는 것으로 사고 발생 시 대처와는 거리가 멀다.

120. 야간에는 주간에 비해 시야가 전조등의 범위로 한정되어 주간보다 속도를 감속하여 운행해야 안전하다. 감속해야 할 속도는?

① 주간 속도보다 약 20% 감속
② 주간 속도보다 약 30% 감속
③ 주간 속도보다 약 40% 감속
④ 주간 속도보다 약 50% 감속

해설 야간에는 주간에 비해 시야가 전조등의 범위로 한정되어 노면과 앞차의 후미 등 전방만을 보게 되므로 주간보다 속도를 20% 정도 감속하고 운행한다.

121. 친환경 경제운전 방법으로 가장 적절한 것은?

① 가능한 빨리 가속한다.
② 내리막길에서는 시동을 끄고 내려온다.
③ 타이어 공기압을 낮춘다.
④ 급감속은 되도록 피한다.

해설 경제운전의 기본적인 방법
- 가속 및 감속을 부드럽게 한다.
- 불필요한 공회전을 피한다.
- 급회전을 피한다. 차가 전방으로 나가려는 운동에너지를 최대한 활용해서 부드럽게 회전한다.
- 일정한 차량속도를 유지한다.

122. 다음 중 운전습관 개선을 통한 친환경 경제운전이 아닌 것은?

① 공회전을 많이 한다.
② 출발은 부드럽게 한다.
③ 정속주행을 유지한다.
④ 경제속도를 준수한다.

해설 운전습관 개선을 통해 실현할 수 있는 경제운전 방법으로는 공회전 최소화, 출발을 부드럽게, 정속주행을 유지, 경제속도 준수, 관성주행 활용, 에어컨 사용자제 등이 있다.

123. 다음 중 자동차 배기가스의 미세먼지를 줄이기 위한 가장 적절한 운전방법은?

① 출발할 대는 가속페달을 힘껏 밟고 출발한다.
② 정차 및 주차 때는 시동을 끄지 않고 공회전한다.
③ 주행할 대는 수시로 가속과 정지를 반복한다.
④ 급가속을 하지 않고 부드럽게 출발한다.

해설 친환경운전은 급출발, 급제동, 급가속을 삼가야 하고, 주행할 때에는 정속주행을 하되 수시로 가속과 정지를 반복하지 않아야 한다. 또한, 정차 및 주차 시에는 공회전을 하지 않아야 한다.

적중 예상문제

제 02 장 ㅣ 안전운행요령

124 친환경 경제운전 중 관성 주행(fuel cut) 방법이 **아닌** 것은?

① 교차로 진입 전 미리 가속 페달에서 발을 떼고 엔진 브레이크를 활용한다.

② 평지에서는 속도를 줄이지 않고 계속해서 가속 페달을 밟는다.

③ 내리막길에서는 엔진브레이크를 적절히 활용한다.

④ 오르막길 진입 전에는 가속하여 관성을 이용한다.

해설 연료 공급 차단 기능(fuel cut)을 적극적으로 활용하는 관성 운전(일정한 속도 유지 때 가속 페달을 밟지 않는 것을 말함)을 생활화한다.

125 앞지르기에 대한 내용으로 올바른 것은?

① 터널 안에서는 주간에는 앞지르기가 가능하지만 야간에는 앞지르기가 금지된다.

② 앞지르기할 때에는 전조등을 켜고 경음기를 울리면서 좌측이나 우측 관계없이 할 수 있다.

③ 다리 위나 교차로는 앞지르기가 금지된 장소이므로 앞지르기를 할 수 없다.

④ 앞차의 우측에 다른 차가 나란히 가고 있을 때는 앞지르기를 할 수 없다.

해설
• 다리 위, 교차로, 터널 안은 앞지르기가 금지된 장소이다.
• 방향 지시기 · 등화 또는 경음기를 사용하는 등 안전한 속도와 방법으로 좌측으로 앞지르기를 하여야 한다.
• 앞차의 좌측에 다른 차가 앞차와 나란히 가고 있는 경우에는 앞차를 앞지르지 못한다.

126 봄철 차량 안전운행 및 교통사고 예방방법으로 볼 수 **없는** 것은?

① 춘곤증이 발생하는 봄철 안전운전을 위해서 과로한 운전을 하지 않도록 건강관리에 유의한다.

② 포근하고 화창한 기후 조건은 보행자나 운전자의 집중력을 향상시킨다.

③ 본격적인 행락철을 맞이하여 교통수요가 많아지고 통행량이 증가한다.

④ 운행 중에는 주변 환경 변화를 인지하여 위험이 발생하지 않도록 방어 운전 한다.

해설 신학기를 맞아 학생들의 보행인구가 늘어나고, 행락객의 교통수요도 많아져 보행자나 운전자의 집중력을 떨어뜨린다.

127 여름철 장마와 무더위로 인한 불쾌지수가 높아질 때 운전 중 나타날 수 있는 현상이 **아닌** 것은?

① 차량 조작이 민첩하지 못하고, 난폭운전을 하기 쉽다.

② 주행 중에 예민해져 변화하는 교통상황을 냉정하게 판단하여 대응한다.

③ 불필요한 경음기 사용, 감정에 치우친 운전으로 사고 위험이 증가한다.

④ 스트레스가 가중돼 운전이 손에 잡히지 않고, 두통, 소화불량 등 신체 이상이 나타날 수 있다.

해설 감정이 예민해져 사소한 일에도 언성을 높이고, 잘못을 전가하려는 신경질적인 반응을 보이기 쉽다.

128 겨울철 안전운행에 대한 설명으로 옳지 **않은** 것은?

① 비포장 또는 산악도로 운행 시 월동비상장비를 휴대해야 한다.

② 미끄러운 길에서는 충분한 차간거리 확보 및 감속이 요구된다.

③ 미끄러운 길에서도 평상시와 같이 기어를 1단으로 놓고 출발한다.

④ 전 · 후방 교통상황에 대한 세심한 주의가 필요하다.

해설 승용차는 평상시 1단으로 출발하는 것이 정상이나 빙판길과 같은 도로에서는 2단에 넣고 출발하는 것이 구동력을 완화시켜 바퀴가 헛도는 것을 방지할 수 있다.

129 고속도로 교통사고의 특성으로 **틀린** 것은?

① 일반도로에 비교하여 상대적으로 치사율은 낮은 편이다.

② 운전자 전방주시 태만과 졸음운전으로 인한 2차 사고 발생 가능성이 높다.

③ 영업용 차량 운전자의 장거리운행으로 인한 과로로 졸음운전이 발생할 가능성이 매우 높다.

④ 화물차의 적재불량 과적은 도로상에 낙하물을 발생시키고 교통사고의 원인이 되고 있다.

해설 고속도로는 빠르게 달리는 도로의 특성상 다른 도로에 비해 치사율이 높다.

130 고속도로 진입 시 본선 우측 차로에 서행하는 본선 차량이 있을 경우 안전한 운전방법은?

① 서서히 속도를 높여 진입하되 본선 차량이 지나간 후 진입한다.

② 충분히 가속하여 본선 차량의 우측 차로에서 앞지르기하여 진입한다.

③ 가속차로 끝에서 정차하였다가 본선 차량이 지나가고 난 후 진입한다.

④ 가속 차로에서 본선 차량과 동일한 속도로 계속 주행한다.

해설 자동차(긴급자동차는 제외)의 운전자는 고속도로에 들어가려고 하는 경우 그 고속도로를 통행하고 있는 다른 자동차의 통행을 방해해서는 안 된다.

131 밤에 고속도로에서 자동차 고장으로 운행할 수 없게 되었을 때 고장 자동차의 표지(안전삼각대)와 함께 추가로 ( )에서 식별할 수 있는 불꽃신호 등을 설치해야 한다. ( )에 맞는 것은?

① 사방 200m 지점　　② 사방 300m 지점

③ 사방 400m 지점　　④ 사방 500m 지점

해설 밤에는 고장 자동차의 표지(안전삼각대)와 함께 사방 500m 지점에서 식별할 수 있는 적색의 섬광신호 · 전기제등 또는 불꽃신호를 추가로 설치하여야 한다.

132 교통사고 발생 시 현장에서 운전자가 취해야 할 순서로 맞는 것은?

① 현장 증거 확보 → 경찰서 신고 → 사상자 구호

② 경찰서 신고 → 사상자 구호 → 현장 증거 확보

③ 즉시 정차 → 사상자 구호 → 경찰서 신고

④ 즉시 정차 → 경찰서 신고 → 사상자 구호

해설 사고가 발생하면 바로 정차하여 사상자가 발생하였는지 여부를 확인한 후 경찰관서에 신고하는 등의 조치를 해야 한다.

133 터널 안 주행 중 자동차 사고로 인한 화재 목격 시 가장 바람직한 대응 방법은?

① 차량 통행이 가능하더라도 차를 세우는 것이 안전하다.

② 차량 통행이 불가능할 경우 차를 세운 후 자동차 안에서 화재 진압을 기다린다.

③ 차량 통행이 불가능할 경우 차를 세운 후 자동차 열쇠를 챙겨 대피한다.

④ 연기가 많이 나면 최대한 몸을 낮춰 연기나는 반대 방향으로 유도 표시등을 따라 이동한다.

해설 터널 안을 통행 중 화재 목격 시 시야가 확보되지 않고 통행이 불가능할 경우 비상 주차대나 갓길에 차를 정차한다. 엔진 시동은 끄고, 열쇠는 그대로 꽂아둔 채 차에서 내린다. 휴대전화나 터널 안 긴급전화로 119 등에 신고하고 부상자가 있으면 살핀다. 연기가 많이 나면 최대한 몸을 낮춰 연기나는 반대 방향으로 터널 내 유도 표시등을 따라 이동한다.

정답 124 ② 125 ③ 126 ② 127 ② 128 ③

정답 129 ① 130 ① 131 ④ 132 ③ 133 ④

택시운전자격시험 문제집

CHAPTER

03

운송서비스

SECTION 01 여객운수종사자의 기본자세

01 서비스의 개념과 특징

(1) 서비스의 개념

① **여객운송업에 있어 서비스**

㉮ 서비스란 승객의 이익을 도모하기 위해 행동하는 정신적 · 육체적 노동을 말한다.

㉯ 서비스도 하나의 상품으로 서비스 품질에 대한 승객만족을 위해 계속적으로 승객에게 제공하는 모든 활동을 의미한다.

㉰ 여객운송서비스는 버스를 이용하여 승객을 출발지에서 최종목적지까지 이동시키는 상업적 행위를 말하며, 버스를 이용하여 승객을 대상으로 승객이 원하는 구간이동 서비스를 제공하는 행위 그 자체를 의미한다.

② **올바른 서비스 제공을 위한 5요소**

㉮ 단정한 용모 및 복장 ㉯ 밝은 표정
㉰ 공손한 인사 ㉱ 친근한 말
㉲ 따뜻한 응대

(2) 서비스의 특징

형태	내용
무형성	• 보이지 않는다. • 서비스는 형태가 없는 무형의 상품으로서 제품과 같이 객관적으로 누구나 볼 수 있는 형태로 제시되지도 않으며 측정하기도 어렵지만 누구나 느낄 수는 있다. • 운송서비스 수준은 버스의 운행횟수, 운행시간, 차종, 목적지 도착시간 등에 영향을 받을 수 있다.
동시성	• 생산과 소비가 동시에 발생하므로 재고가 발생하지 않는다. • 서비스는 공급자에 의하여 제공됨과 동시에 고객에 의하여 소비되는 성격을 갖는다. 따라서, 재고가 없고 불량서비스가 나와도 다른 제품처럼 반품할 수도 없으며, 고치거나 수리할 수도 없다.
인적 의존성	• 사람에 의존한다. • 서비스는 사람에 의하여 생산되어 고객에게 제공되기 때문에 똑같은 서비스라 하더라도 그것을 행하는 사람에 따라 품질의 차이가 발생하기 쉽다.
소멸성	• 즉시 사라진다. • 서비스는 오래도록 남아있는 것이 아니고 제공한 즉시 사라져 남지 않는다. 또한, 서비스의 무형성, 동시성 등으로 제공된 서비스에 대한 품질 수준을 측정하기 어렵다.
무소유권	• 가질 수 없다. • 서비스는 누릴 수는 있으나 소유할 수는 없다. • 승객이 승차요금 또는 사용요금으로 지급하고 목적지 도착 또는 사용종료가 되었을 때, 구매 대가로 지급받은 유형재는 존재하지 않는다.
변동성	• 운송서비스의 소비활동은 버스 실내의 공간적 제약요인으로 인해 상황의 발생 정도에 따라 시간, 요일 및 계절별로 변동성을 가질 수 있다.
다양성	• 승객 욕구의 다양함과 감정의 변화, 서비스 제공자에 따라 상대적이며, 승객의 평가 역시 주관적이어서 일관되고 표준화된 서비스 질을 유지하기 어렵다.

02 승객만족

(1) 승객만족의 개념 및 중요성

① 승객만족이란 승객이 무엇을 원하고 있으며 무엇이 불만인지 알아내어 승객의 기대에 부응하는 양질의 서비스를 제공함으로써 승객으로 하여금 만족감을 느끼게 하는 것이다.

② 승객을 만족시키기 위한 추진력과 분위기 조성은 경영자의 몫이라 할 수 있으나, 실제로 승객을 상대하고 승객을 만족시켜야 할 사람은 승객과 직접 접촉하는 최일선의 운전자이다.

③ 100명의 운수종사자 중 99명의 운수종사자가 바람직한 서비스를 제공하더라도 승객이 접해본 단 한 명이 불만족스러웠다면 승객은 그 한 명을 통해 회사 전체를 평가하게 된다.

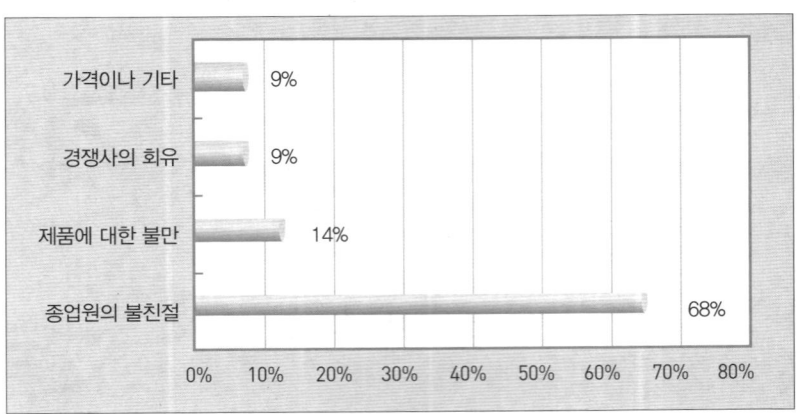

친절이 중요한 이유

(2) 일반적인 승객의 욕구

① 기억되고 싶어한다.

② 환영받고 싶어한다.

③ 관심을 받고 싶어한다.

④ 중요한 사람으로 인식되고 싶어한다.

⑤ 편안해지고 싶어한다.

⑥ 존경받고 싶어한다.

⑦ 기대와 욕구를 수용하고 인정받고 싶어한다.

(3) 승객만족을 위한 기본예절

① 승객을 기억한다.

② 자신의 것만 챙기는 이기주의는 바람직한 인간관계 형성의 저해요소이다.

③ 약간의 어려움을 감수하는 것은 좋은 인간관계 유지를 위한 투자이다.

④ 예의란 인간관계에서 지켜야 할 도리이다.

SECTION 01 여객운수종사자의 기본자세

제 03 장 | 운송서비스

⑤ 연장자는 사회의 선배로서 존중하고 공·사를 구분하여 예우한다.
⑥ 상스러운 말을 하지 않는다.
⑦ 승객에게 관심을 갖는 것은 승객으로 하여금 내게 호감을 갖게 한다.
⑧ 관심을 가짐으로써 인간관계는 더욱 성숙된다.
⑨ 승객의 입장을 이해하고 존중한다.
⑩ 승객의 여건, 능력, 개인차를 인정하고 배려한다.
⑪ 승객의 결점을 지적할 때는 진지한 충고와 격려로 한다.
⑫ 승객을 존중하는 것은 돈 한 푼 들이지 않고 승객을 접대하는 효과가 있다.
⑬ 모든 인간관계는 성실을 바탕으로 한다.
⑭ 항상 변함없는 진실한 마음으로 승객을 대한다.

03 승객을 위한 행동예절

(1) 이미지(Image) 관리
① 이미지란 개인의 사고방식이나 생김새, 성격, 태도 등에 대해 상대방이 받아들이는 느낌을 말한다.
② 개인의 이미지는 본인에 의해 결정되는 것이 아니라 상대방이 보고 느낀 것에 의해 결정된다.
③ **긍정적인 이미지를 만들기 위한 3요소**
  ㉮ 시선처리(눈빛)
  ㉯ 음성관리(목소리)
  ㉰ 표정관리(미소)

(2) 인사
① **인사의 중요성**
  ㉮ 인사는 평범하고도 대단히 쉬운 행동이지만 생활화되지 않으면 실천에 옮기기 어렵다.
  ㉯ 인사는 애사심, 존경심, 우애, 자신의 교양 및 인격의 표현이다.
  ㉰ 인사는 서비스의 주요 기법 중 하나이다.
  ㉱ 인사는 승객과 만나는 첫걸음이다.
  ㉲ 인사는 승객에 대한 마음가짐의 표현이다.
  ㉳ 인사는 승객에 대한 서비스 정신의 표시이다.

② **잘못된 인사**
  ㉮ 턱을 쳐들거나 눈을 치켜뜨고 하는 인사
  ㉯ 할까 말까 망설이다 하는 인사
  ㉰ 성의 없이 말로만 하는 인사
  ㉱ 무표정한 인사
  ㉲ 경황없이 급히 하는 인사
  ㉳ 뒷짐을 지고 하는 인사
  ㉴ 상대방의 눈을 보지 않고 하는 인사
  ㉵ 자세가 흐트러진 인사
  ㉶ 머리만 까닥거리는 인사
  ㉷ 고개를 옆으로 돌리고 하는 인사

③ **올바른 인사**
  ㉮ 표정 : 밝고 부드러운 미소를 짓는다.
  ㉯ 고개 : 반듯하게 들되, 턱을 내밀지 않고 자연스럽게 당긴다.
  ㉰ 시선 : 인사 전·후에 상대방의 눈을 정면으로 바라보며, 상대방을 진심으로 존중하는 마음을 눈빛에 담아 인사한다.
  ㉱ 머리와 상체 : 일직선이 되도록 하며 천천히 숙인다(가벼운 인사 : 15°, 보통 인사 : 30°, 정중한 인사 : 45°).
  ㉲ 입 : 미소를 짓는다.
  ㉳ 손 : 남자는 가볍게 쥔 주먹을 바지 재봉선에 자연스럽게 붙이고, 주머니에 넣고 하는 일이 없도록 한다.
  ㉴ 발 : 뒤꿈치를 붙이되, 양발의 각도는 여자 15°, 남자는 30°정도를 유지한다.
  ㉵ 음성 : 적당한 크기와 속도로 자연스럽게 말한다.
  ㉶ 인사 : 본 사람이 먼저 하는 것이 좋으며, 상대방이 먼저 인사한 경우에는 응대한다.

(3) 호감받는 표정관리
① **표정의 중요성**
  ㉮ 표정은 첫인상을 좋게 만든다.
  ㉯ 첫인상은 대면 직후 결정되는 경우가 많다.
  ㉰ 상대방에 대한 호감도를 나타낸다.
  ㉱ 상대방과의 원활하고 친근한 관계를 만들어 준다.
  ㉲ 업무 효과를 높일 수 있다.
  ㉳ 밝은 표정은 호감 가는 이미지를 형성하여 사회생활에 도움을 준다.
  ㉴ 밝은 표정과 미소는 신체와 정신 건강을 향상시킨다.

② **시선처리**
  ㉮ 자연스럽고 부드러운 시선으로 상대를 본다.
  ㉯ 눈동자는 항상 중앙에 위치하도록 한다.
  ㉰ 가급적 승객의 눈높이와 맞춘다.

③ **승객 응대 마음가짐 10가지**
  ㉮ 사명감을 가진다.
  ㉯ 승객의 입장에서 생각한다.
  ㉰ 원만하게 대한다.
  ㉱ 항상 긍정적으로 생각한다.
  ㉲ 승객이 호감을 갖도록 한다.
  ㉳ 공사를 구분하고 공평하게 대한다.
  ㉴ 투철한 서비스 정신을 가진다.
  ㉵ 예의를 지켜 겸손하게 대한다.
  ㉶ 자신감을 갖고 행동한다.
  ㉷ 부단히 반성하고 개선해 나간다.

(4) 악수
① 악수는 상대방과의 신체접촉을 통한 친밀감을 표현하는 행위로 바른 동작이 필요하다.
② 악수를 할 경우에는 상사가 아랫사람에게 먼저 손을 내민다.
③ 상사가 악수를 청할 경우 아랫사람은 먼저 가볍게 목례를 한 후 오른손을 내민다.
④ 악수하는 손을 흔들거나, 손을 꽉 잡거나, 손끝만 잡는 것은 좋은 태도가 아니다.
⑤ 악수하는 도중 상대방의 시선을 피하거나 다른 곳을 응시해서는 안 된다.

⑥ 악수를 청하는 사람과 받는 사람
  ㉮ 기혼자가 미혼자에게 청한다.
  ㉯ 선배가 후배에게 청한다.
  ㉰ 여자가 남자에게 청한다.
  ㉱ 승객이 직원에게 청한다.

(5) 용모 및 복장
① **단정한 용모와 복장의 중요성**
  ㉮ 승객이 받는 첫인상을 결정한다.
  ㉯ 회사의 이미지를 좌우하는 요인을 제공한다.
  ㉰ 하는 일의 성과에 영향을 미친다.
  ㉱ 활기찬 직장 분위기 조성에 영향을 준다.
② **근무복에 대한 공·사적인 입장**
  ㉮ 공적인 입장(운수업체 입장)
    ㉠ 시각적인 안정감과 편안함을 승객에게 전달할 수 있다.
    ㉡ 종사자의 소속감 및 애사심 등 심리적인 효과를 유발시킬 수 있다.
    ㉢ 효율적이고 능동적인 업무처리에 도움을 줄 수 있다.
  ㉯ 사적인 입장(종사자 입장)
    ㉠ 사복에 대한 경제적 부담이 완화될 수 있다.
    ㉡ 승객에게 신뢰감을 줄 수 있다.
③ **복장의 기본원칙**
  ㉮ 깨끗하게
  ㉯ 단정하게
  ㉰ 품위 있게
  ㉱ 규정에 맞게
  ㉲ 통일감 있게
  ㉳ 계절에 맞게
  ㉴ 편한 신발을 신되, 샌들이나 슬리퍼는 삼가야 한다.

(6) 언어예절
① **대화의 4원칙**
  ㉮ 밝고 적극적으로 말한다.
  ㉯ 공손하게 말한다.
  ㉰ 명료하게 말한다.
  ㉱ 품위 있게 말한다.
② **승객에 대한 호칭과 지칭**
  ㉮ 누군가를 부르는 말은 그 사람에 대한 예의를 반영하므로 매우 조심스럽게 써야 한다.
  ㉯ '고객'보다는 '차를 타는 손님'이라는 뜻이 담긴 '승객'이나 '손님'을 사용하는 것이 좋다.
  ㉰ 할아버지, 할머니 등 나이가 드신 분들은 '어르신'으로 호칭하거나 지칭한다.
  ㉱ '아줌마', '아저씨'는 상대방을 높이는 느낌이 들지 않으므로 호칭이나 지칭으로 사용하지 않는다.
  ㉲ 초등학생과 미취학 어린이에게는 ○○○어린이/학생의 호칭이나 지칭을 사용하고, 중·고등학생은 ○○○승객이나 손님으로 성인에 준하여 호칭하거나 지칭한다. 잘 아는 사람이라면 이름을 불러 친근감을 줄 수 있으나 공대말을 사용하여 존중하는 느낌을 받도록 한다.

③ **대화할 때의 주의사항**
  ㉮ 듣는 입장에서의 주의사항
    ㉠ 침묵으로 일관하는 등 무관심한 태도를 취하지 않는다.
    ㉡ 불가피한 경우를 제외하고 가급적 논쟁은 피한다.
    ㉢ 상대방의 말을 끊거나 말참견을 하지 않는다.
    ㉣ 다른 곳을 바라보면서 말을 듣거나 말하지 않는다.
    ㉤ 팔짱을 끼고 손장난을 치지 않는다.
  ㉯ 말하는 입장에서의 주의사항
    ㉠ 불평불만을 함부로 말하지 않는다.
    ㉡ 전문적인 용어나 외래어를 남용하지 않는다.
    ㉢ 욕설, 독설, 험담, 과장된 몸짓은 하지 않는다.
    ㉣ 남을 중상모략하는 언동은 조심한다.
    ㉤ 쉽게 흥분하거나 감정에 치우치지 않는다.
    ㉥ 손아랫사람이라 할지라도 농담은 조심스럽게 한다.
    ㉦ 함부로 단정하고 말하지 않는다.
    ㉧ 상대방의 약점을 잡아 말하는 것은 피한다.
    ㉨ 일부를 보고 전체를 속단하여 말하지 않는다.
    ㉩ 도전적으로 말하는 태도나 버릇은 조심한다.
    ㉪ 자기 이야기만 일방적으로 말하는 행위는 조심한다.

(7) 흡연 예절
① **금연해야 하는 장소(다른 사람에게 흡연의 피해를 줄 수 있는 곳)**
  ㉮ 버스 안
  ㉯ 보행 중인 도로
  ㉰ 승객대기실 또는 승강장
  ㉱ 금연식당 및 공공장소
  ㉲ 다른 사람에게 간접흡연의 영향을 줄 수 있는 장소
  ㉳ 사무실 내
② **담배꽁초를 처리하는 경우에 주의해야 할 사항**
  ㉮ 담배꽁초는 반드시 재떨이에 버린다.
  ㉯ 차창 밖으로 버리지 않는다.
  ㉰ 화장실 변기에 버리지 않는다.
  ㉱ 꽁초를 바닥에다 버리고 발로 비비지 않는다.
  ㉲ 꽁초를 손가락으로 튕겨 버리지 않는다.

04 직업관

(1) 직업의 의미
① **경제적 의미**
  ㉮ 직업을 통해 안정된 삶을 영위해 나갈 수 있어 중요한 의미를 가진다.
  ㉯ 직업은 인간 개개인에게 일할 기회를 제공한다.
  ㉰ 일의 대가로 임금을 받아 본인과 가족의 경제생활을 영위한다.
  ㉱ 인간이 직업을 구하려는 동기 중의 하나는 바로 노동의 대가, 즉 임금을 얻는 소득측면이 있다.
② **사회적 의미**
  ㉮ 직업을 통해 원만한 사회생활, 인간관계 및 봉사를 하게 되며, 자신이 맡은 역할을 수행하여 능력을 인정받는 곳이다.
  ㉯ 직업을 갖는다는 것은 현대사회의 조직적이고 유기적인 분업

관계 속에서 분담된 기능의 어느 하나를 맡아 사회적 분업 단위의 지분을 수행하는 것이다.
㈐ 사람은 누구나 직업을 통해 타인의 삶에 도움을 주기도 하고, 사회에 공헌하며 사회발전에 기여하게 된다. 따라서, 직업은 사회적으로 유용한 것이어야 하며, 사회발전 및 유지에 도움이 되어야 한다.

③ **심리적 의미**
㈎ 삶의 보람과 자기실현에 중요한 역할을 하는 곳으로 사명감과 소명의식을 갖고 정성과 정열을 쏟을 수 있는 곳이다.
㈏ 인간은 직업을 통해 자신의 이상을 실현하며, 인간의 잠재적 능력, 타고난 소질과 적성 등이 직업을 통해 계발되고 발전된다.
㈐ 자신이 가지고 있는 제반 욕구를 충족하고 자신의 이상이나 자아를 직업을 통해 실현함으로써 인격의 완성을 기하는 곳이다.

(2) 바람직한 직업관과 잘못된 직업관
① **바람직한 직업관**
㈎ 소명의식을 지닌 직업관
㈏ 사회구성원으로서의 역할 지향적 직업관
㈐ 미래 지향적 전문능력 중심의 직업관

② **잘못된 직업관**
㈎ 생계유지 수단적 직업관 : 직업을 생계를 유지하기 위한 수단으로 본다.
㈏ 지위 지향적 직업관 : 직업생활의 최고 목표는 높은 지위에 올라가는 것이라고 생각한다.
㈐ 귀속적 직업관 : 능력으로 인정받으려 하지 않고 학연과 지연에 의지한다.
㈑ 차별적 직업관 : 육체노동을 천시한다.
㈒ 폐쇄적 직업관 : 신분이나 성별 등에 따라 개인의 능력을 발휘할 기회를 차단한다.

(3) 올바른 직업윤리
① **소명의식** : 직업에 종사하는 사람이 어떠한 일을 하든지 자신이 하는 일에 전력을 다하는 것이 하늘의 뜻에 따르는 것이라고 생각하는 것이다.
② **천직의식** : 자신이 하는 일보다 다른 사람의 직업이 수입도 많고 지위가 높더라도 자신의 직업에 긍지를 느끼며, 그 일에 열성을 가지고 성실히 임하는 직업의식을 말한다.
③ **직분의식** : 사람은 각자의 직업을 통해서 사회의 각종 기능을 수행하고, 직접 또는 간접으로 사회구성원으로서의 마땅히 해야 할 본분을 다해야 한다.
④ **봉사정신** : 현대 산업사회에서 직업 환경의 변화와 직업의식의 강화는 자신의 직무 수행과정에서 협동정신 등이 필요로 하게 되었다.
⑤ **전문의식** : 직업인은 자신의 직무를 수행하는데 필요한 전문적 지식과 기술을 갖추어야 한다.
⑥ **책임의식** : 직업에 대한 사회적 역할과 직무를 충실히 수행하고, 맡은 바 임무나 의무를 다해야 한다.

(3) 직업의 가치
① **내재적 가치**
㈎ 자신에게 있어서 직업 그 자체에 가치를 둔다.
㈏ 자신의 능력을 최대한 발휘하길 원하며, 그로 인한 사회적인 헌신과 인간관계를 중시한다.
㈐ 자기표현이 충분히 되어야 하고, 자신의 이상을 실현하는데 그 목적과 의미를 두는 것에 초점을 맞추려는 경향을 갖는다.

② **외재적 가치**
㈎ 자신에게 있어서 직업을 도구적인 면에 가치를 둔다.
㈏ 삶을 유지하기 위한 경제적인 도구나 권력을 추구하고자 하는 수단을 중시하는데 의미를 두고 있다.
㈐ 직업이 주는 사회 인식에 초점을 맞추려는 경향을 갖는다.

SECTION 02 운송사업자 및 운수종사자 준수사항

01 운송사업자 준수사항

(1) 일반적인 준수사항(주요사항)

① 운송사업자는 노약자·장애인 등에 대해서는 특별한 편의를 제공해야 한다.

② 운송사업자는 여객에 대한 서비스의 향상 등을 위하여 관할관청이 필요하다고 인정하는 경우에는 운수종사자로 하여금 단정한 복장 및 모자를 착용하게 해야 한다.

③ 운송사업자는 자동차를 항상 깨끗하게 유지하여야 하며, 관할관청이 단독으로 실시하거나 관할관청과 조합이 합동으로 실시하는 청결상태 등의 검사에 대한 확인을 받아야 한다.

④ 운송사업자는 다음의 사항을 승객이 자동차 안에서 쉽게 볼 수 있는 위치에 게시하여야 한다.

  ㉮ 회사명(개인택시운송사업자의 경우는 제외), 자동차번호, 운전자 성명, 불편사항 연락처 및 차고지 등을 적은 표지판

  ㉯ 위의 표지판은 앞좌석의 승객과 뒷좌석의 승객이 각각 볼 수 있도록 2곳 이상에 게시하여야 한다.

⑤ 운송사업자는 운수종사자로 하여금 여객을 운송할 때에는 다음의 사항을 성실하게 지키도록 하고, 이를 항상 지도·감독해야 한다.

  ㉮ 정류소에서 주차 또는 정차할 때에는 질서를 문란하게 하는 일이 없도록 할 것

  ㉯ 정비가 불량한 사업용자동차를 운행하지 않도록 할 것

  ㉰ 위험방지를 위한 운송사업자·경찰공무원 또는 도로관리청 등의 조치에 응하도록 할 것

  ㉱ 교통사고를 일으켰을 때에는 긴급조치 및 신고의 의무를 충실하게 이행하도록 할 것

  ㉲ 자동차의 차체가 헐었거나 망가진 상태로 운행하지 않도록 할 것

⑥ 운송사업자는 '자동차안전기준에 관한 규칙'에 따른 속도제한장치 또는 운행기록계가 장착된 운송사업용 자동차를 해당 장치 또는 기기가 정상적으로 작동되는 상태에서 운행되도록 해야 한다.

⑦ 택시운송사업자[대형(승합자동차를 사용하는 경우로 한정한다) 및 고급형 택시운송사업자는 제외]는 차량의 입·출고 내역, 영업거리 및 시간 등 택시 미터기에서 생성되는 택시운송사업용 자동차의 운행정보를 1년 이상 보존하여야 한다.

⑧ 운송사업자(개인택시운송사업자 및 특수여객자동차운송사업자는 제외)는 차량 운행 전에 운수종사자의 건강상태, 음주 여부 및 운행경로 숙지 여부 등을 확인해야 하고, 확인 결과 운수종사자가 질병·피로·음주 또는 그 밖의 사유로 안전한 운전을 할 수 없다고 판단되는 경우에는 해당 운수종사자가 차량을 운행하도록 해서는 안된다.

⑨ 수요응답형 여객자동차운송사업자는 여객의 운행요청이 있는 경우 이를 거부하여서는 안 된다.

⑩ 운송사업자(개인택시운송사업자 및 특수여객자동차운송사업자는 제외)는 운수종사자를 위한 휴게실 또는 대기실에 난방장치, 냉방장치 및 음수대 등 편의시설을 설치해야 한다.

(2) 자동차의 장치 및 설비 등에 관한 준수사항

택시운송사업용 자동차 및 수요응답형 여객자동차(승용자동차만 해당)의 경우 다음의 장치 및 설비 등을 갖추어야 한다.

① 택시운송사업용 자동차[대형(승합자동차를 사용하는 경우로 한정) 및 고급형 택시운송사업용 자동차는 제외한다]의 안에는 여객이 쉽게 볼 수 있는 위치에 요금미터기를 설치해야 한다.

② 대형(승합자동차를 사용하는 경우는 제외) 및 모범형 택시운송사업용 자동차에는 요금영수증 발급과 신용카드 결제가 가능하도록 관련기기를 설치해야 한다.

③ 택시운송사업용 자동차 및 수요응답형 여객자동차 안에는 난방장치 및 냉방장치를 설치해야 한다.

④ 택시운송사업용 자동차[대형(승합자동차를 사용하는 경우로 한정) 및 고급형 택시운송사업용 자동차는 제외한다] 윗부분에는 택시운송사업용 자동차임을 표시하는 설비를 설치하고, 빈차로 운행 중일 때에는 외부에서 빈차임을 알 수 있도록 하는 조명장치가 자동으로 작동되는 설비를 갖춰야 한다.

⑤ 대형(승합자동차를 사용하는 경우는 제외) 및 모범형 택시운송사업용 자동차에는 호출설비를 갖춰야 한다.

⑥ 택시운송사업자[대형(승합자동차를 사용하는 경우로 한정) 및 고급형 택시운송사업자는 제외한다]는 택시 미터기에서 생성되는 택시운송사업용자동차 운행정보의 수집·저장 장치 및 정보의 조작을 막을 수 있는 장치를 갖추어야 한다.

⑦ 수요응답형 여객자동차에는 시·도지사가 정하는 수요응답 시스템을 갖추어야 한다.

⑧ 그 밖에 국토교통부장관이나 시·도지사가 지시하는 설비를 갖춰야 한다.

02 운수종사자의 준수사항

(1) 일반적인 준수사항

① 여객의 안전과 사고예방을 위하여 운행 전 사업용 자동차의 안전설비 및 등화장치 등의 이상 유무를 확인해야 한다.

② 질병·피로·음주나 그 밖의 사유로 안전한 운전을 할 수 없을 때에는 그 사정을 해당 운송사업자에게 알려야 한다.

③ 자동차의 운행 중 중대한 고장을 발견하거나 사고가 발생할 우려가 있다고 인정될 때에는 즉시 운행을 중지하고 적절한 조치를 해야 한다.

④ 운전업무 중 해당 도로에 이상이 있었던 경우에는 운전업무를 마치고 교대할 때에 다음 운전자에게 알려야 한다.

⑤ 관계 공무원으로부터 운전면허증, 신분증 또는 자격증의 제시 요구를 받으면 즉시 이에 따라야 한다.

⑥ 여객자동차운송사업에 사용되는 자동차 안에서 담배를 피워서는 안 된다.

⑦ 사고로 인하여 사상자가 발생하거나 사업용자동차의 운행을 중단할 때에는 제사고의 상황에 따라 적절한 조치를 취해야 한다.

⑧ 영수증발급기 및 신용카드결제기를 설치해야 하는 택시의 경우 승객이 요구하면 영수증의 발급 또는 신용카드결제에 응해야 한다.

⑨ 관할관청이 필요하다고 인정하여 복장 및 모자를 지정할 경우에는 그 지정된 복장과 모자를 착용하고, 용모를 항상 단정하게 해야 한다.

⑩ 택시운송사업의 운수종사자[구간운임제 시행지역 및 시간운임제 시행지역의 운수종사자와 대형(승합자동차를 사용하는 경우로 한정) 및 고급형 택시운송사업의 운수종사자는 제외한다]는 승객이 탑승하고 있는 동안에는 미터기를 사용하여 운행해야 한다.

⑪ 문을 완전히 닫지 아니한 상태에서 자동차를 출발시키거나 운행하는 행위를 해서는 안 된다.

⑫ 택시요금미터를 임의로 조작 또는 훼손하는 행위를 해서는 안 된다.

⑬ 운수종사자는 차량의 출발 전에 여객이 좌석안전띠를 착용하도록 안내하여야한다. 이 경우 안내의 방법, 시기, 그 밖에 필요한 사항은 국토교통부령으로 정한다.

⑭ 그 밖에 이 규칙에 따라 운송사업자가 지시하는 사항을 이행해야 한다.

(2) 운송수입금과 관련한 준수사항

운송사업자의 운수종사자는 운송수입금의 전액에 대하여 다음의 사항을 준수하여야 한다.

① 1일 근무시간 동안 택시요금미터에 기록된 운송수입금의 전액을 운수종사자의 근무종료 당일 운송사업자에게 납부할 것

② 일정금액의 운송수입금 기준액을 정하여 납부하지 않을 것

SECTION

03 운수종사자의 기본 소양

01 운전예절

(1) 운전자가 가져야 할 기본자세

① 교통법규 이해와 준수

② 여유 있는 양보운전

③ 주의력 집중

④ 심신상태 안정

⑤ 추측운전 금지

⑥ 운전기술 과신은 금물

⑦ 배출가스로 인한 대기오염 및 소음공해 최소화 노력 등

(2) 운전자가 삼가야 하는 행동

① 지그재그 운전으로 다른 운전자를 불안하게 만드는 행동은 하지 않는다.

② 과속으로 운행하며 급브레이크를 밟는 행위는 하지 않는다.

③ 운행 중에 갑자기 끼어들거나 다른 운전자에게 욕설을 하지 않는다.

④ 도로상에서 사고가 발생한 경우 차량을 세워 둔 채로 시비, 다툼 등의 행위로 다른 차량의 통행을 방해하지 않는다.

⑤ 운행 중에 갑자기 오디오 볼륨을 크게 작동시켜 승객을 놀라게 하거나, 경음기 버튼을 작동시켜 다른 운전자를 놀라게 하지 않는다.

⑥ 신호등이 바뀌기 전에 빨리 출발하라고 전조등을 깜빡이거나 경음기로 재촉하는 행위를 하지 않는다.

⑦ 교통 경찰관의 단속에 불응하거나 항의하는 행위를 하지 않는다.

⑧ 갓길로 통행하지 않는다.

02 운전자 상식

(1) 교통관련 용어 정의

① 교통사고조사규칙(경찰청 훈령)에 따른 대형교통사고

㉮ 3명 이상이 사망(교통사고 발생일로부터 30일 이내에 사망)

㉯ 20명 이상의 사상자가 발생한 사고

② 여객자동차 운수사업법에 따른 중대한 교통사고

㉮ 전복(顚覆)사고

㉯ 화재가 발생한 사고

㉰ 사망자 2명 이상 발생한 사고

㉱ 사망자 1명과 중상자 3명 이상이 발생한 사고

㉲ 중상자 6명 이상이 발생한 사고

③ 교통사고조사규칙에 따른 교통사고의 용어

㉮ 충돌사고 : 차가 반대방향 또는 측방에서 진입하여 그 차의 정면으로 다른 차의 정면 또는 측면을 충격한 것

㉯ 추돌사고 : 2대 이상의 차가 동일방향으로 주행 중 뒤차가 앞차의 후면을 충격한 것

㉰ 접촉사고 : 차가 추월, 교행 등을 하려다가 차의 좌·우측면을 서로 스친 것

㉱ 전도사고 : 차가 주행 중 도로 또는 도로 이외의 장소에 차체의 측면이 지면에 접하고 있는 상태(좌측면이 지면에 접해 있으면 좌전도, 우측면이 지면에 접해 있으면 우전도)

㉲ 전복사고 : 차가 주행 중 도로 또는 도로 이외의 장소에 뒤집혀 넘어진 것

㉳ 추락사고 : 자동차가 도로의 절벽 등 높은 곳에서 떨어진 사고

④ 자동차 관련 용어(자동차 및 자동차부품의 성능과 기준에 관한 규칙)

㉮ 공차상태 : 자동차에 사람이 승차하지 아니하고 물품(예비부분품 및 공구 기타 휴대물품을 포함)을 적재하지 아니한 상태로서 연료·냉각수 및 윤활유를 만재하고 예비타이어(예비타이어를 장착한 자동차만 해당)를 설치하여 운행할 수 있는 상태

㉯ 차량중량 : 공차상태의 자동차 중량

㉰ 적차상태 : 공차상태의 자동차에 승차정원의 인원이 승차하고 최대적재량의 물품이 적재된 상태. 이 경우 승차정원 1인(13세 미만의 자는 1.5인을 승차정원 1인으로 봄) 중량은 65kg으로 계산하고, 좌석정원의 인원은 정위치에, 입석정원의 인원은 입석에 균등하게 승차시키며, 물품은 물품적재장치에 균등하게 적재시킨 상태

㉱ 차량총중량 : 적차상태의 자동차의 중량

㉲ 승차정원 : 자동차에 승차할 수 있도록 허용된 최대인원(운전자를 포함)

(2) 교통사고 현장에서의 상황별 안전조치

① 교통사고 상황파악

㉮ 짧은 시간 안에 사고 정보를 수집하여 침착하고 신속하게 상황을 파악한다.

㉯ 피해자와 구조자 등에게 위험이 계속 발생하는지 파악한다.

㉰ 생명이 위독한 환자가 누구인지 파악한다.

㉱ 구조를 도와줄 사람이 주변에 있는지 파악한다.

㉲ 전문가의 도움이 필요한지 파악한다.

② 사고현장의 안전관리

㉮ 피해자를 위험으로부터 보호하거나 피신시킨다.

㉯ 사고 위치에 노면표시를 한 후 도로 가장자리로 자동차를 이동시킨다.

(3) 교통사고 현장에서의 원인조사

① **노면에 나타난 흔적조사**
  ㉮ 스키드마크, 요마크, 프린트자국 등 타이어자국의 위치 및 방향
  ㉯ 차의 금속부분이 노면에 접촉하여 생긴 파인 흔적 또는 긁힌 흔적의 위치 및 방향
  ㉰ 충돌 충격에 의한 차량파손품의 위치 및 방향
  ㉱ 충돌 후에 떨어진 액체잔존물의 위치 및 방향
  ㉲ 차량 적재물의 낙하위치 및 방향
  ㉳ 피해자의 유류품(遺留品) 및 혈흔자국
  ㉴ 도로구조물 및 안전시설물의 파손위치 및 방향

② **사고차량 및 피해자조사**
  ㉮ 사고차량의 손상부위 정도 및 손상방향
  ㉯ 사고차량에 묻은 흔적, 마찰, 찰과흔(擦過痕)
  ㉰ 사고차량의 위치 및 방향
  ㉱ 피해자의 상처 부위 및 정도
  ㉲ 피해자의 위치 및 방향

③ **사고당사자 및 목격자조사**
  ㉮ 운전자에 대한 사고상황조사
  ㉯ 탑승자에 대한 사고상황조사
  ㉰ 목격자에 대한 사고상황조사

④ **사고현장 시설물조사**
  ㉮ 사고지점 부근의 가로등, 가로수, 전신주 등의 시설물 위치
  ㉯ 신호등(신호기) 및 신호체계
  ㉰ 차로, 중앙선, 중앙분리대, 갓길 등 도로횡단 구성요소
  ㉱ 방호울타리, 충격흡수시설, 안전표지 등 안전시설요소
  ㉲ 노면의 파손, 결빙, 배수불량 등 노면상태요소

⑤ **사고현장 측정 및 사진촬영**
  ㉮ 사고지점 부근의 도로선형(평면 및 교차로 등)
  ㉯ 사고지점의 위치
  ㉰ 차량 및 노면에 나타난 물리적 흔적 및 시설물 등의 위치
  ㉱ 사고현장에 대한 가로방향 및 세로방향의 길이
  ㉲ 곡선구간의 곡선반경, 노면의 경사도(종단구배 및 횡단구배)
  ㉳ 도로의 시거 및 시설물의 위치 등
  ㉴ 사고현장, 사고차량, 물리적 흔적 등에 대한 사진촬영

(4) 교통관련 법규 및 사내 안전관리 규정 준수

① 배차지시 없이 임의 운행금지
② 정당한 사유 없이 지시된 운행노선을 임의로 변경운행 금지
③ 승차 지시된 운전자 이외의 타인에게 대리운전 금지
④ 사전승인 없이 타인을 승차시키는 행위 금지
⑤ 운전에 악영향을 미치는 음주 및 약물복용 후 운전 금지
⑥ 철길건널목에서는 일시정지 준수 및 정차 금지
⑦ 도로교통법에 따라 취득한 운전면허로 운전할 수 있는 차종 이외의 차량 운전금지
⑧ 자동차 전용도로, 급한 경사길 등에서는 주·정차 금지
⑨ 기타 사회적인 물의를 일으키거나 회사의 신뢰를 추락시키는 난폭운전 등의 운전 금지
⑩ 차는 이동하는 회사(이동을 하면서 회사를 홍보해주는) 도구로써 청결 유지. 차의 내·외부를 청결하게 관리하여 쾌적한 운행환경 유지

(5) 운행 전 준비

① 용모 및 복장 확인(단정하게)
② 승객에게는 항상 친절하게 불쾌한 언행 금지
③ 차의 내·외부를 항상 청결하게 유지
④ 운행 전 일상점검을 철저히 하고 이상이 발견되면 관리자에게 즉시 보고하여 조치 받은 후 운행
⑤ 배차사항, 지시 및 전달사항 등을 확인한 후 운행

(6) 운행 중 주의

① 주·정차 후 출발할 때는 차량 주변의 보행자, 승·하차자 및 노상취객 등을 확인한 후 안전하게 운행한다.
② 내리막길에서는 풋 브레이크를 장시간 사용하지 않고, 엔진 브레이크 등을 적절히 사용하여 안전하게 운행한다.
③ 보행자, 이륜차, 자전거 등과 교행, 나란히 진행할 때는 서행하며 안전거리를 유지하면서 운행한다.
④ 후진할 때는 유도요원을 배치하여 수신호에 따라 안전하게 후진한다.
⑤ 후방카메라를 설치한 경우에는 카메라를 통해 후방의 이상 유무를 확인한 후 안전하게 후진한다.
⑥ 눈길, 빙판길 등은 체인이나 스노우 타이어를 장착한 후 안전하게 운행한다.
⑦ 뒤따라오는 차량이 추월하는 경우에는 감속 등을 통한 양보운전을 한다.

(7) 교통사고 및 신상변동에 관한 조치

① **교통사고에 따른 조치**
  ㉮ 교통사고를 발생시켰을 때에는 도로교통법령에 따라 현장에서의 인명구호, 관할경찰서 신고 등의 의무를 성실히 이행한다.
  ㉯ 어떤 사고라도 임의로 처리하지 말고, 사고발생 경위를 육하원칙에 따라 거짓 없이 정확하게 회사에 보고한다.
  ㉰ 사고처리 결과에 대해 개인적으로 통보를 받았을 때는 회사에 보고한 후 회사의 지시에 따라 조치한다.

② **운전자 신상변동 등에 따른 보고**
  ㉮ 결근, 지각, 조퇴가 필요하거나, 운전면허증 기재사항 변경, 질병 등 신상변동이 발생한 때는 즉시 회사에 보고한다.
  ㉯ 운전면허 정지 및 취소 등의 행정처분을 받았을 때는 즉시 회사에 보고하여야 하며, 어떠한 경우라도 운전을 해서는 안 된다.

03 응급처치방법

(1) 부상자 의식 상태 확인

① 말을 걸거나 팔을 꼬집어 눈동자를 확인한 후 의식이 있으면 말로 안심시킨다.
② 의식이 없다면 기도를 확보한다. 머리를 뒤로 충분히 젖힌 뒤, 입안에 있는 피나 토한 음식물 등을 긁어내어 막힌 기도를 확보한다.

SECTION 03 운수종사자의 기본 소양

③ 의식이 없거나 구토할 때는 목이 오물로 막혀 질식하지 않도록 옆으로 눕힌다.

④ 목뼈 손상의 가능성이 있는 경우에는 목 뒤쪽을 한 손으로 받쳐준다.

⑤ 환자의 몸을 심하게 흔드는 것은 금지한다.

(2) 심폐소생술

① 의식확인
㉮ 성인 : 양쪽 어깨를 가볍게 두드리며 "괜찮으세요?"라고 말한 후 반응 확인
㉯ 영아 : 한쪽 발바닥을 가볍게 두드리며 반응 확인

② 119 신고 및 호흡확인
㉮ 119 신고 : 환자의 반응이 없다면 즉시 큰 소리로 주변 사람에게 119 신고 요청
㉯ 호흡확인 : 쓰러진 환자의 얼굴과 가슴을 10초 이내로 관찰하여 호흡 상태 확인 후 호흡이 없다면 즉시 심폐소생술 실시

② 가슴압박 및 인공호흡 반복 : 30회 가슴압박과 2회 인공호흡 반복 (30:2)
㉮ 가슴압박 방법
㉠ 가슴 중앙(양쪽 젖꼭지 사이)에 두 손을 올려놓는다.(영아는 가슴 중앙의 직하부에 두 손가락으로 실시)
㉡ 팔을 곧게 펴서 바닥과 수직이 되도록 한다.
㉢ 약 5cm 깊이(소아는 4~5cm)로 체중을 이용하여 압박과 이완을 반복한다.(영아는 가슴 두께의 1/3~1.2 깊이로 압박과 이완을 반복)
㉣ 분당 100~120회 속도로 강하고 빠르게 압박한다.
※ 소아(1~8세)의 가슴압박은 가급적 한 손으로 실시하며, 깊이는 영아에 준하여 실시한다.

㉯ 인공호흡 방법
㉠ 기도열기를 한 상태에서 이마에 얹은 손의 엄지와 검지로 코를 막는다.
㉡ 환자의 입을 완전히 덮은 다음 1초 동안 가슴이 충분히 올라올 정도로 숨을 불어 넣는다.
㉢ 코를 막았던 손과 입을 떼었다가 다시 불어 넣는다.
※ 영아는 기도열기를 한 상태에서 입과 코를 한꺼번에 덮은 다음 1초 동안 가슴이 충분히 올라갈 정도로 불어넣는다.)

성인의 정상 호흡수
성인의 정상 호흡수는 분당 12~20회로 1분간 숨을 참지 않고 자연스럽게 호흡할 때의 횟수를 세어 확인한다.

(3) 출혈 또는 골절

① 출혈이 심하다면 출혈 부위보다 심장에 가까운 부위를 헝겊 또는 손수건 등으로 지혈될 때까지 꽉 잡아맨다.

② 출혈이 적을 때에는 거즈나 깨끗한 손수건으로 상처를 꽉 누른다.

③ 가슴이나 배를 강하게 부딪쳐 내출혈이 발생했을 때는 얼굴이 창백해지며 핏기가 없어지고 식은땀을 흘리며 호흡이 얕고 빨라지는 쇼크 증상이 발생한다.

㉮ 부상자가 입고 있는 옷의 단추를 푸는 등 옷을 헐렁하게 하고 하반신을 높게 한다.

㉯ 부상자가 춥지 않도록 모포 등을 덮어주지만, 햇볕은 직접 쬐지 않도록 한다.

④ 골절 부상자는 잘못 다루면 오히려 더 위험해질 수 있으므로 구급차가 올 때까지 가급적 기다리는 것이 바람직하다.

㉮ 지혈이 필요하다면 골절 부분은 건드리지 않도록 주의하여 지혈한다.

㉯ 팔이 골절되었다면 헝겊으로 띠를 만들어 팔을 매달도록 한다.

(4) 차멀미 승객에 대한 조치

① 환자의 경우는 통풍이 잘되고 비교적 흔들림이 적은 앞쪽으로 앉도록 한다.

② 심한 경우에는 휴게소 내지는 안전하게 정차할 수 있는 곳에 정차하여 차에서 내려 시원한 공기를 마시도록 한다.

③ 차멀미 승객이 토할 경우를 대비해 위생봉지를 준비한다.

④ 차멀미 승객이 토한 경우에는 주변 승객이 불쾌하지 않도록 신속히 처리한다.

(5) 교통사고 발생 시 운전자의 조치사항

① 교통사고가 발생했을 때 운전자는 무엇보다도 사고피해를 최소화하는 것과 제2차 사고 방지를 위한 조치를 우선적으로 취해야 한다.

② 운전자는 이를 위해 마음의 평정을 찾아야 한다.

③ 사고발생시 운전자가 취할 조치과정은 다음과 같다.
㉮ 탈출 : 우선 엔진을 멈추게 하고 연료가 인화되지 않도록 한다.
㉯ 인명구조 : 인명구조 시 다음에 유의한다.
㉠ 승객이나 동승자가 있는 경우 적절한 유도로 승객의 혼란 방지에 노력해야 한다.
㉡ 인명구출 시 부상자, 노인, 어린아이 및 부녀자 등 노약자를 우선적으로 구조한다.
㉢ 정차 위치가 차도, 노견 등과 같이 위험한 장소일 때는 신속히 도로 밖의 안전장소로 유도하고 2차 피해가 일어나지 않도록 한다.
㉣ 부상자가 있을 때는 우선 응급조치를 한다.
㉤ 야간에는 주변의 안전에 특히 주의하고, 냉정하고 기민하게 구출유도를 해야 한다.
㉰ 후방방호 : 고장발생 시와 마찬가지로 경황이 없는 중에 통과 차량에 알리기 위해 차도로 뛰어나와 손을 흔드는 등의 위험한 행동을 삼가야 한다.
㉱ 연락 : 보험회사나 경찰 등에 다음 사항을 연락한다.
㉠ 사고발생지점 및 상태
㉡ 부상 정도 및 부상자수
㉢ 회사명
㉣ 운전자 성명
㉤ 우편물, 신문, 여객의 휴대 화물의 상태
㉥ 연료 유출 여부 등
㉲ 대기 : 부상자가 있는 경우 응급처치 등 부상자 구호에 필요한 조치를 한 후 후속차량에 긴급후송을 요청해야 한다.

적중 예상문제

PART 03 | 운송서비스

SECTION 1 여객운수종사자의 기본자세

01 여객운송업에 있어 올바른 서비스 제공을 위한 요소가 아닌 것은?

① 친근한 말 ② 따뜻한 응대
③ 승객과의 일상 대화 ④ 밝은 표정

> **해설** 올바른 서비스 제공을 위한 5요소
> - 단정한 용모 및 복장
> - 밝은 표정
> - 공손한 인사
> - 친근한 말
> - 따뜻한 응대

02 서비스의 특징에 대한 설명이다. 옳지 않은 것은?

① 보이지 않는다.
② 생산과 소비가 동시에 발생하므로 재고가 발생하지 않는다.
③ 사람에 의존한다.
④ 오랫동안 유지된다.

> **해설** 서비스의 특징
> - 무형성 : 보이지 않는다.
> - 동시성 : 생산과 소비가 동시에 발생하므로 재고가 발행하지 않는다.
> - 인적 의존성 : 사람에 의존한다.
> - 소멸성 : 즉시 사라진다.
> - 무소유권 : 가질 수 없다.
> - 변동성 : 시간, 요일 및 계절별로 변동성을 가질 수 있다.
> - 다양성 : 일관되고 표준화된 서비스 질을 유지하기 어렵다.

03 여객운송서비스의 특징에 대한 설명이다. 옳지 않은 것은?

① 서비스는 형태가 없는 무형의 상품이다.
② 서비스를 측정하기는 쉽지만 느낄 수는 없다.
③ 서비스는 승객이 버스 승차를 경험한 후에 운송서비스에 대한 질적 수준을 인지할 수 있다.
④ 운송서비스 수준은 버스의 운행 횟수, 운행시간, 차종, 목적지, 도착 시간 등의 영향을 받을 수 있다.

> **해설** 서비스는 형태가 없는 무형의 상품으로 제품과 같이 누구나 볼 수 있는 형태로 제시되지 않으며, 서비스를 측정하기는 어렵지만 누구나 느낄 수는 있다.

04 여객운송서비스의 특징에 대한 설명이다. 잘못된 것은?

① 서비스는 오래 남아 있는 것이 아니라 제공이 끝나면 즉시 사라져 남지 않는다.
② 서비스는 누릴 수는 있으나 소유할 수 없다.
③ 운송 서비스의 소비 활동은 상황의 발생 정도에 따라 시간, 요일 및 계절별로 변동성을 가질 수 있다.
④ 운송서비스는 승객의 평가가 주관적이어서 일관되고 표준화된 서비스 질을 유지하기 쉽다.

> **해설** 승객 요구의 다양함과 감정의 변화, 서비스 제공자에 따라 상대적이며, 승객의 평가 역시 주관적이어서 일관되고 표준화된 서비스 질을 유지하기 어렵다.

05 서비스는 사람에 의해 생산되어 사람에게 제공되므로 똑같은 서비스라 하더라도 그것을 행하는 사람에 따라 품질의 차이가 발생하기 쉬운 것은 서비스의 어떤 특징에 대한 설명인가?

① 인적 의존성 ② 소멸성
③ 무소유권 ④ 무형성

> **해설** 서비스는 사람에 의하여 생산되어 고객에게 제공되기 때문에 똑같은 서비스라 하더라도 그것을 행하는 사람에 따라 품질의 차이가 발생하기 쉽다. 특히 운송서비스는 운전자에 의해 생산되기 때문에 인적의존성이 높다.

06 다음은 일반적인 승객의 요구사항이다. 틀린 것은?

① 기억되고 싶어 하지 않는다.
② 환영받고 싶어 한다.
③ 관심을 받고 싶어 한다.
④ 중요한 사람으로 인식되고 싶어 한다.

> **해설** 일반적인 승객의 욕구
> - 기억되고 싶어 한다.
> - 환영받고 싶어 한다.
> - 관심을 받고 싶어 한다.
> - 중요한 사람으로 인식되고 싶어 한다.
> - 편안해지고 싶어 한다.
> - 존경받고 싶어 한다.
> - 기대와 욕구를 수용하고 인정받고 싶어 한다.

07 여객운송업 종사자의 승객 만족을 위한 기본예절 중 잘못된 것은?

① 승객을 기억한다.
② 연장자는 사회의 선배로서 존중하고, 공·사를 구분하여 예우한다.
③ 승객에게는 무관심한 태도를 갖는다.
④ 상스러운 말을 하지 않는다.

> **해설** 승객에 대한 관심을 표현함으로써 승객과의 관계는 가까워지고, 승객으로 하여금 내게 호감을 갖게 할 수 있다.

08 긍정적인 이미지를 만들기 위한 3요소가 아닌 것은?

① 시선처리(눈빛)
② 복장관리(외형)
③ 음성관리(목소리)
④ 표정관리(미소)

> **해설** 이미지란 개인의 사고방식이나 생김새, 성격, 태도 등에 대해 상대방이 받아들이는 느낌을 말하며 긍정적인 긍정적인 이미지를 만들기 위한 3요소는 다음과 같다.
> - 시선처리(눈빛)
> - 음성관리(목소리)
> - 표정관리(미소)

정답 01 ③ 02 ④ 03 ② 04 ④ 05 ① 06 ① 07 ③ 08 ②

적중 예상문제

제 03 장 ㅣ 운송서비스

09 악수를 청하는 사람과 받는 사람에 대한 설명이다. 틀린 것은?

① 남자가 여자에게 청한다.
② 기혼자가 미혼자에게 청한다.
③ 선배가 후배에게 청한다.
④ 상사가 아랫사람에게 청한다.

> 해설 악수는 여자가 남자에게 청한다.

10 여객운송서비스에서 인사의 개념 및 중요성에 대한 설명이다. 틀린 것은?

① 서비스의 첫 동작이자 마지막 동작이다.
② 승객에 대한 마음가짐의 표현이다.
③ 승객에 대한 서비스 정신의 표시이다.
④ 생활화되지 않아도 실천하기 쉽다.

> 해설 인사는 평범하고도 대단히 쉬운 행동이지만 생활화되지 않으면 실천에 옮기기 어렵다.

11 올바른 인사 방법에서 정중한 인사(정중례)의 머리와 상체의 인사 각도는?

① 인사 각도 15°
② 인사 각도 30°
③ 인사 각도 45°
④ 인사 각도 90°

> 해설 인사 각도 및 의미
> • 가벼운 인사 : 인사 각도 15°
> • 보통 인사 : 인사 각도 30°
> • 정중한 인사 : 인사 각도 45°

12 올바른 인사법이 아닌 것은?

① 밝고 부드러운 미소를 짓는다.
② 적당한 크기와 속도로 자연스럽게 말한다.
③ 상대방이 먼저 인사한 경우에만 인사한다.
④ 손은 주머니에 넣고 하는 일이 없도록 한다.

> 해설 인사는 본 사람이 먼저 하는 것이 좋으며, 상대방이 먼저 인사한 경우에는 응대한다.

13 호감 받는 표정 관리에서 좋은 표정 만들기에 맞지 않는 것은?

① 얼굴 전체가 웃는 표정을 만든다.
② 입은 가볍게 다문다.
③ 입은 양 꼬리가 올라가게 한다.
④ 입은 일자로 굳게 다문 표정을 짓는다.

> 해설 좋은 표정 만들기
> • 밝고 상쾌한 표정을 만든다.
> • 얼굴 전체가 웃는 표정을 만든다.
> • 돌아서면서 표정이 굳어지지 않도록 한다.
> • 입은 가볍게 다문다.
> • 입의 양 꼬리가 올라가게 한다.

14 고객응대 서비스에서 올바른 시선 처리로 보기 힘든 것은?

① 자연스럽고 부드러운 시선
② 눈동자는 항상 중앙에 위치
③ 위로 치켜뜨는 눈
④ 가급적 승객의 눈높이와 맞춤

> 해설 승객이 싫어하는 시선
> • 위로 치켜뜨는 눈   • 곁눈질
> • 한 곳만 응시하는 눈   • 위·아래로 훑어보는 눈

15 승객 응대 마음가짐이 아닌 것은?

① 운전자 입장에서 생각한다.
② 승객이 호감을 갖도록 한다.
③ 예의를 지켜 겸손하게 대한다.
④ 자신감을 갖고 행동한다.

> 해설 승객 응대 마음가짐 10가지
> • 사명감을 가진다.
> • 승객의 입장에서 생각한다.
> • 원만하게 대한다.
> • 항상 긍정적으로 생각한다.
> • 승객이 호감을 갖도록 한다.
> • 공사를 구분하고 공평하게 대한다.
> • 투철한 서비스 정신을 갖는다.
> • 예의를 지켜 겸손하게 대한다.
> • 자신감을 갖고 행동한다.
> • 부단히 반성하고 개선해 나간다.

16 운전자가 승객을 응대하는 마음가짐이 아닌 것은?

① 사명감을 가진다.
② 항상 부정적으로 생각한다.
③ 공사를 구분하고 공평하게 대한다.
④ 투철한 서비스 정신을 가진다.

> 해설 항상 긍정적으로 생각한다.

17 대인 관계에 있어 악수에 대한 설명이다. 잘못된 것은?

① 상대방과의 신체접촉을 통한 친밀감을 표현하는 행위로 바른 동작이 필요하다.
② 아랫사람이 상사에게 먼저 손을 내민다.
③ 악수하는 손을 흔들거나, 손을 꽉 잡거나, 손끝만 잡는 것은 좋은 태도가 아니다.
④ 악수하는 도중 상대방의 시선을 피하거나 다른 곳을 응시해서는 안 된다.

> 해설 악수를 청하는 사람과 받는 사람
> • 기혼자가 미혼자에게 청한다.
> • 선배(상사)가 후배(아랫사람)에게 청한다.
> • 여자가 남자에게 청한다.
> • 승객이 직원에게 청한다.

18 단정한 용모와 복장의 중요성에 대한 설명이 맞지 않는 것은?

① 승객이 받는 첫인상을 결정한다.
② 회사의 이미지를 좌우하는 요인을 제공한다.
③ 하는 일의 성과와는 아무런 관계가 없다.
④ 활기찬 직장 분위기 조성에 영향을 준다.

> 해설 단정한 용모와 복장의 중요성
> • 승객이 받는 첫인상을 결정한다.
> • 회사의 이미지를 좌우하는 요인을 제공한다.
> • 하는 일의 성과에 영향을 미친다.
> • 활기찬 직장 분위기 조성에 영향을 준다.

19 근무복에 대한 공적인 입장, 즉 운수업체 입장과 거리가 먼 것은?

① 시각적인 안정감과 편안함을 승객에게 전달할 수 있다.
② 종사자의 소속감 및 애사심 등 심리적인 효과를 유발시킬 수 있다.
③ 효율적이고 능동적인 업무처리에 도움을 줄 수 있다.
④ 사복에 대한 경제적 부담이 완화될 수 있다.

정답 09 ① 10 ④ 11 ③ 12 ③ 13 ④ 14 ③   정답 15 ① 16 ② 17 ② 18 ③ 19 ④

해설 사적인 입장(종사자 입장)
- 사복에 대한 경제적 부담이 완화될 수 있다.
- 승객에게 신뢰감을 줄 수 있다.

20 복장의 기본 원칙에 어긋나는 것은?

① 깨끗하고 단정하게
② 샌들이나 슬리퍼 등 편한 신발 착용
③ 품위 있고 규정에 맞게
④ 통일감 있고 계절에 맞게

해설 편한 신발을 신되 샌들이나 슬리퍼는 삼간다.

21 대화에 대한 설명 중 맞지 않는 것은?

① 밝고 긍정적인 어조로 적극적으로 편안하게 말한다.
② 승객의 입장은 고려하지 않고 편안하게 말한다.
③ 승객에 대한 친밀감과 존경의 마음을 존경어, 겸양어, 정중한 어휘의 선택으로 공손하게 말한다.
④ 정확한 발음과 적절한 속도, 사교적인 음성으로 시원스럽고 알기 쉽게 말한다.

해설 대화의 4원칙
- 밝고 적극적으로 말한다. • 공손하게 말한다.
- 명료하게 말한다. • 품위있게 말한다.

22 승객에 대한 호칭과 지칭으로 적당하지 않은 것은?

① 승객　　　② 손님
③ 어르신　　④ 고객

해설 고객보다는 "차를 타는 손님"이라는 뜻이 담긴 "승객"이나 "손님"을 사용하는 것이 좋으며, 할아버지·할머니 등 나이가 드신 분들은 "어르신"으로 호칭하거나 지칭하는 것이 적당하다.

23 대화를 나눌 때의 표정 및 예절에 대한 설명이다. 옳지 않은 것은?

① 눈은 상대방을 정면으로 바라보며 경청한다.
② 듣는 사람을 정면으로 바라보고 말한다.
③ 시선을 자주 마주치는 것을 삼간다.
④ 상대방 눈을 부드럽게 주시한다.

해설 눈은 듣는 입장에서 시선을 자주 마주친다.

24 대화할 때의 주의사항 중 옳지 않은 것은?

① 듣는 입장에서는 침묵으로 일관한다.
② 가급적 논쟁을 피한다.
③ 상대방의 말을 중간에 끊거나 말참견을 하지 않는다.
④ 건성으로 듣고 대답하지 않는다.

해설 대화할 때 듣는 입장에서는 침묵으로 일관하는 등 무관심한 태도를 취하지 않는다.

25 상대와 대화할 때 주의해야 할 사항이다. 옳지 않은 것은?

① 말하는 입장에서 불평불만을 함부로 말하지 않는다.
② 욕설, 독설, 험담, 과장된 몸짓은 하지 않는다.
③ 쉽게 흥분하거나 감정에 치우치지 않는다.
④ 전문적인 용어나 외래어를 사용하며 말한다.

해설 말하는 입장에서의 주의사항
- 불평불만을 함부로 말하지 않는다.
- 전문적인 용어나 외래어를 남용하지 않는다.
- 욕설, 독설, 험담, 과장된 몸짓은 하지 않는다.
- 남을 중상모략하는 언동은 조심한다.
- 쉽게 흥분하거나 감정에 치우치지 않는다.
- 손아랫사람이라 할지라도 농담은 조심스럽게 한다.
- 함부로 단정하고 말하지 않는다.
- 상대방의 약점을 잡아 말하는 것은 피한다.
- 일부를 보고 전체를 속단하여 말하지 않는다.
- 도전적으로 말하는 태도나 버릇은 조심한다.
- 자기 이야기만 일방적으로 말하는 행위는 조심한다.

26 직업의 의미 구성 요소가 아닌 것은?

① 경제적 의미　　② 인간적 의미
③ 사회적 의미　　④ 심리적 의미

해설 직업의 의미
- 경제적 의미
- 사회적 의미
- 심리적 의미

27 다음의 보기 내용은 직업의 의미 중 무엇과 관련이 깊은가?

> 직업은 삶의 보람과 자기실현에 중요한 역할을 하는 곳으로 사명과 소명의식을 갖고 정성과 정열을 쏟을 수 있는 곳이다.

① 경제적 의미
② 인간적 의미
③ 사회적 의미
④ 심리적 의미

해설 직업의 의미
- 경제적 의미 : 직업을 통해 안정된 삶을 영위해 나갈 수 있다.
- 사회적 의미 : 직업을 통해 원만한 사회생활, 인간관계 및 봉사를 하게 되며 자신이 맡은 역할을 수행하여 능력을 인정받는 곳이다.
- 심리적 의미 : 삶의 보람과 자기실현에 중요한 역할을 하는 곳으로 사명과 소명의식을 갖고 정성과 정열을 쏟을 수 있는 곳이다.

28 직업의 경제적 의미와 거리가 먼 것은?

① 직업을 통해 안정된 삶을 영위해 나갈 수 있어 중요한 의미를 가진다.
② 일의 대가로 임금을 받아 본인과 가족의 경제생활을 영위한다.
③ 자신의 이상이나 자아를 직업을 통해 실현함으로써 인격의 완성을 기하는 곳이다.
④ 직업은 인간 개개인에게 일할 기회를 제공한다.

해설 보기 ③항은 직업의 심리적 의미에 해당된다.

29 바람직한 직업관에 해당하는 것은?

① 직업을 생계를 유지하기 위한 수단으로 본다.
② 직업생활의 최고 목표는 높은 지위에 올라가는 것이라고 생각한다.
③ 능력으로 인정받으려 하지 않고 학연과 지연에 의지한다.
④ 항상 소명의식을 가지고 일하며, 자신의 직업을 천직으로 생각한다.

해설 바람직한 직업관
- 소명의식을 지닌 직업관
- 사회구성원으로서의 약할 지향적 직업관
- 미래 지향적 전문능력 중심의 직업관

🚗 적중 예상문제 | 제 03 장 ▪ 운송서비스

30 바람직한 직업관이라고 보기 힘든 것은?

① 소명의식을 지닌 직업관
② 사회구성원으로서의 역할 지향적 직업관
③ 지위 지향적 직업관
④ 미래 지향적 전문능력 중심의 직업관

해설 **잘못된 직업관**
• 생계유지 수단적 직업관 : 직업을 생계를 유지하기 위한 수단으로 본다.
• 지위 지향적 직업관 : 직업생활의 최고 목표는 높은 지위에 올라가는 것이라고 생각한다.
• 귀속적 직업관 : 능력으로 인정받으려 하지 않고 학연과 지연에 의지한다.
• 차별적 직업관 : 육체노동을 천시한다.
• 폐쇄적 직업관 : 신분이나 성별 등에 따라 개인의 능력을 발휘할 기회를 차단한다.

31 올바른 직업윤리 의식이 아닌 것은?

① 봉사정신
② 전문 의식
③ 의무의식
④ 책임의식

해설 올바른 직업윤리 요소 : 소명의식, 천직의식, 직분의식, 봉사정신, 전문의식, 책임의식

SECTION **2** 운송사업자 및 운수종사자 준수사항

32 다음 중 운송사업자가 지켜야 할 일반적인 준수사항에 해당되지 않는 것은?

① 운송사업자는 노약자, 장애인 등에 대해서는 특별한 편의를 제공해야 한다.
② 운송사업자는 속도제한장치 또는 운행기록장치가 정상적으로 작동되는 상태에서 운행되도록 해야 한다.
③ 운송사업자는 자동차를 항상 깨끗하게 유지하여야 한다.
④ 회사명, 자동차번호, 운전자 성명, 불편사항 연락처 및 차고지 등을 적은 표지판은 앞좌석 1곳에만 게시할 수 있다.

해설 운송사업자는 회사명(개인택시운송사업자의 경우는 제외), 자동차번호, 운전자 성명, 불편사항 연락처 및 차고지 등을 적은 표지판을 앞좌석의 승객과 뒷좌석의 승객이 각각 볼 수 있도록 2곳 이상에 게시하여야 한다.

33 일반택시운송사업자는 차량의 입ㆍ출고 내역, 영업거리 및 시간 등 택시 미터기에서 생성되는 택시운송사업용 자동차의 운행정보를 얼마 이상 보존하여야 하는가?

① 6개월
② 1년
③ 3년
④ 5년

해설 택시운송사업자[대형(승합자동차를 사용하는 경우로 한정한다) 및 고급형 택시운송사업자는 제외]는 차량의 입ㆍ출고 내역, 영업거리 및 시간 등 택시 미터기에서 생성되는 택시운송사업용 자동차의 운행정보를 1년 이상 보존하여야 한다.

34 자동차의 장치 및 설비 등에 관한 운송사업자의 준수사항 중 고급형 택시운송사업용 자동차에는 설치하지 않아도 되는 장치 또는 및 설비는?

① 요금미터기
② 난방장치 및 냉방장치
③ 요금영수증 발급기기
④ 택시운송사업용 자동차임을 표시하는 설비

해설 택시운송사업용 자동차 윗부분에는 택시운송사업용 자동차임을 표시하는 설비를 설치하고, 빈차로 운행 중일 때에는 외부에서 빈차임을 알 수 있도록 하는 조명장치가 자동으로 작동되는 설비를 갖춰야 한다. 단, 대형(승합자동차를 사용하는 경우로 한정) 및 고급형 택시운송사업용 자동차는 제외한다.

35 운수종사자가 지켜야 할 일반적인 준수사항과 거리가 먼 것은?

① 운행 전 사업용 자동차의 안전설비 및 등화장치 등의 이상 유무를 확인해야 한다.
② 여객자동차운송사업에 사용되는 자동차 안에서 담배를 피워서는 안 된다.
③ 운전업무 중 해당 도로에 이상이 있었던 경우에는 회사에 보고한다.
④ 택시요금미터를 임의로 조작 또는 훼손하는 행위를 해서는 안 된다.

해설 운전업무 중 해당 도로에 이상이 있었던 경우에는 운전업무를 마치고 교대할 때에 다음 운전자에게 알려야 한다.

36 운송수입금과 관련하여 운수종사자의 납부 요령으로 옳은 것은?

① 1일 근무시간 동안 택시요금미터에 기록된 운송수입금의 전액을 근무종료 당일 운송사업자에게 납부하여야 한다.
② 1일 근무시간 동안 택시요금미터에 기록된 운송수입금의 중 개인경비를 제외한 나머지 금액을 근무종료 당일 운송사업자에게 납부하여야 한다.
③ 1일 근무시간 동안 택시요금미터에 기록된 운송수입금 중 일정금액의 운송수입금 기준액을 뺀 나머지 금액을 근무종료 당일 운송사업자에게 납부하여야 한다.
④ 1일 근무시간 동안 택시요금미터에 기록된 운송수입금과 관계없이 일정금액의 운송수입금 기준액을 근무종료 당일 운송사업자에게 납부하여야 한다.

해설 **운송수입금과 관련한 준수사항**
• 1일 근무시간 동안 택시요금미터에 기록된 운송수입금의 전액을 운수종사자의 근무종료 당일 운송사업자에게 납부할 것
• 일정금액의 운송수입금 기준액을 정하여 납부하지 않을 것

SECTION **3** 운수종사자의 기본 소양

37 다음은 운전자가 가져야 할 기본자세이다. 거리가 먼 것은?

① 교통법규 이해와 준수
② 추측운전 금지
③ 자기중심적인 운전
④ 주의력 집중

해설 **운전자가 가져야 할 기본자세**
• 교통법규 이해와 준수
• 여유 있는 양보운전
• 주의력 집중
• 심신상태 안정
• 추측운전 금지
• 운전기술 과신은 금물
• 배출가스로 인한 대기오염 및 소음공해 최소화 노력 등

38 사업용 운전자로서 가져야 할 가장 기본적인 자세는?

① 주의력 집중
② 심신상태 안정
③ 여유있는 양보운전
④ 교통법규의 이해와 준수

해설 운전자가 가져야 할 가장 기본적인 자세는 교통법규를 이해하고 이를 실천하는 것이다.

정답 30 ③ 31 ③ 32 ④ 33 ② 34 ④

택시운전자격시험 문제집

정답 35 ③ 36 ① 37 ③ 38 ④

39 다음은 운전자가 삼가야 하는 행동이다. 맞지 않는 것은?

① 지그재그 운전으로 다른 운전자를 불안하게 만드는 행동은 하지 않는다.
② 과속으로 운행하며 급브레이크를 밟는 행위를 하지 않는다.
③ 도로상에서 사고가 발생한 경우 차량을 세워둔 채로 사고해결을 한다.
④ 운전 중에 갑자기 끼어들거나 다른 운전자에게 욕설을 하지 않는다.

> **해설** 도로상에서 사고가 발생한 경우 차량을 세워 둔 채로 시비, 다툼 등의 행위로 다른 차량의 통행을 방해하지 않아야 한다.

40 다음의 괄호 안에 들어갈 내용으로 옳은 것은?

> 경찰청 훈령인 교통사고조사규칙에 따른 대형사고란 (㉮) 이상이 사망 또는 (㉯)명 이상의 사상자가 발생한 사고를 말한다.

① ㉮ 5명, ㉯ 30명　② ㉮ 5명, ㉯ 20명
③ ㉮ 3명, ㉯ 30명　④ ㉮ 3명, ㉯ 20명

> **해설** 교통사고조사규칙에 따른 대형사고는 3명 이상이 사망하거나 20명 이상의 사상자를 발생한 사고를 말하며, 이때 사망 기준은 교통사고 발생일로부터 30일 이내에 사망한 것을 말한다.

41 여객자동차 운수사업법에 따른 중대한 교통사고에 해당되지 않는 것은?

① 전복사고
② 화재가 발생한 사고
③ 사망자 1명 이상 발생한 사고
④ 사망자 1명과 중상자 3명 이상이 발생한 사고

> **해설** 여객자동차 운수사업법에 따른 중대한 교통사고
> • 전복(顚覆)사고
> • 화재가 발생한 사고
> • 사망자 2명 이상 발생한 사고
> • 사망자 1명과 중상자 3명 이상이 발생한 사고
> • 중상자 6명 이상이 발생한 사고

42 교통사고조사규칙에 따른 교통사고의 용어 설명이다. 잘못된 것은?

① 충돌사고 : 차가 반대방향 또는 측방에서 진입하여 그 차의 정면으로 다른 차의 정면 또는 측면을 충격한 것을 말한다.
② 전도사고 : 차가 주행 중 도로 또는 도로 이외의 장소에 뒤집혀 넘어진 것을 말한다.
③ 추돌사고 : 2대 이상의 차가 동일방향으로 주행 중 뒤차가 앞차의 후면을 충격한 것을 말한다.
④ 접촉사고 : 차가 추월, 교행 등을 하려다가 차의 좌·우측면을 서로 스친 것을 말한다.

> **해설** 전도사고와 전복사고
> • 전도사고 : 차가 주행 중 도로 또는 도로 이외의 장소에 차체의 측면이 지면에 접하고 있는 상태로 좌측면이 지면에 접해 있으면 좌전도, 우측면이 지면에 접해 있으면 우전도에 해당된다.
> • 전복사고 : 차가 주행 중 도로 또는 도로 이외의 장소에 뒤집혀 넘어진 것을 말한다.

43 적차상태를 판단할 때 승차정원 1인의 중량은 얼마로 계산하는가?

① 70kg　② 65kg
③ 60kg　④ 55kg

> **해설** 적차상태란 공차상태의 자동차에 승차정원의 인원이 승차하고 최대적재량의 물품이 적재된 상태로 이 경우 승차정원 1인(13세 미만의 자는 1.5인을 승차정원 1인으로 봄) 중량은 65kg으로 계산하고, 좌석정원의 인원은 정위치에, 입석정원의 인원은 입석에 균등하게 승차시키며, 물품은 물품적재장치에 균등하게 적재시킨 상태를 말한다.

44 교통사고 현장에서의 상황별 안전조치에 대한 설명이다. 옳지 않은 것은?

① 짧은 시간 안에 사고 정보를 수집하여 침착하고 신속하게 상황을 파악한다.
② 생명이 위독한 환자가 누구인지 파악한다.
③ 피해자와 구조자 등에게 위험이 계속 발생하는지 파악한다.
④ 사고위치를 보존하기 위해서 사고차량은 그대로 둔다.

> **해설** 사고위치에 노면 표시를 한 후 도로 가장자리로 자동차를 이동시킨다.

45 교통사고 현장에서의 원인조사 중 사고현장 시설물조사 항목에 해당하지 않는 것은?

① 차로, 중앙선, 중앙분리대, 갓길 등
② 방호울타리, 충격흡수시설, 안전표지 등
③ 차량 적재물의 낙하위치 및 방향
④ 노면의 파손, 결빙, 배수불량 등 노면상태

> **해설** 사고현장 시설물조사
> • 사고지점 부근의 가로등, 가로수, 전신주(電信柱) 등의 시설물 위치
> • 신호등(신호기) 및 신호체계
> • 차로, 중앙선, 중앙분리대, 갓길 등 도로횡단구성요소
> • 방호울타리, 충격흡수시설, 안전표지 등 안전시설요소
> • 노면의 파손, 결빙, 배수불량 등 노면상태요소

46 교통사고 발생 시 운전자가 조치해야 할 사항이다. 틀린 것은?

① 교통사고를 발생시켰을 때에는 현장에서의 인명구호를 우선으로 한다.
② 관할 경찰서 신고 등의 의무를 성실히 이행한다.
③ 사고발생 시 임의로 처리하고 거짓 없이 정확하게 회사에 보고한다.
④ 사고처리 결과에 대해 개인적으로 통보를 받았을 때는 회사에 보고한 후 회사의 지시에 따라 조치한다.

> **해설** 어떤 사고라도 임의로 처리하지 말고, 사고발생 경위를 육하원칙에 따라 거짓 없이 정확하게 회사에 보고한다.

47 교통사고로 인허 사망자와 부상자가 발생한 경우 먼저 취해야 할 행동은?

① 사망자의 시신 보존
② 보험회사 담당자에게 신고
③ 경찰서에 신고
④ 부상자 구출

> **해설** 교통사고 발생 시 최우선적으로 해야 할 행동은 부상자 구출이다.

48 다음은 사고 발생 시 운전자가 취할 조치과정이다. 잘못된 것은?

① 탈출　② 인명구조
③ 전방 방호　④ 연락

> **해설** 사고 발생 시 운전자가 취할 조치 과정
> • 탈출 : 안전하고 신속하게 사고차량으로부터 탈출
> • 인명구조 : 부상자, 노인, 어린아이 및 부녀자 등 노약자 우선으로 구조
> • 후방 방호 : 통과차량에게 알리기 위해 차선으로 뛰어나와 손을 흔드는 등의 위험한 행동 금지
> • 연락 : 보험회사나 경찰 등에 연락
> • 대기 : 고장차량의 경우와 같은 방법

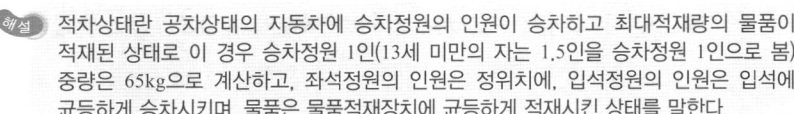

적중 예상문제

제 03 장 ㅣ 운송서비스

49 다음 중 교통사고를 당하여 쓰러져 있는 환자에게 최초로 시행해야 하는 것은?

① 출혈이나 골절 등이 있는지 확인한다.
② 목을 뒤로 젖혀 기도를 개방한다.
③ 환자의 의식 여부를 먼저 확인한다.
④ 한두 번 인공호흡을 실시한다.

해설 먼저 환자의 의식 여부를 확인하고, 의식이 없다면 심폐소생술을 실시한다.

50 심장의 기능이 정지하거나 호흡이 멈추었을 때 사용하는 응급처치로 가슴압박과 인공호흡을 행하는 행위는?

① 인공호흡법   ② 심장마사지법
③ 직접압박법   ④ 심폐소생술

해설 심폐소생술이란 심장과 폐의 활동이 멈추어 호흡이 정지되었을 경우에 실시하는 응급 처치이다.

51 심폐소생술 시행을 위한 부상자 의식 상태 확인 요령으로 잘못된 것은?

① 의식이 없다면 기도를 확보한다.
② 부상자의 온몸을 두드리며 확인한다.
③ 목뼈 손상의 가능성이 있는 경우에는 목 뒤쪽을 한 손으로 받쳐준다.
④ 의식이 없거나 구토할 때는 목이 오물로 막혀 질식하지 않도록 옆으로 눕힌다.

해설 **의식확인**
• 성인 : 양쪽 어깨를 가볍게 두드리며 "괜찮으세요?"라고 말한 후 반응 확인
• 영아 : 한쪽 발바닥을 가볍게 두드리며 반응 확인

52 성인에게 심폐소생술을 시행할 때 가슴압박의 깊이로 옳은 것은?

① 약 4cm   ② 약 5cm
③ 약 6cm   ④ 약 7cm

해설 가슴압박 깊이는 성인의 경우 약 5cm(최대 6cm 이하), 소아의 경우 4~5cm, 영아 4cm가 권장된다.

53 심폐소생술을 시술할 때 가슴압박의 속도는 분당 몇 회를 유지하여야 하는가?

① 50~60회   ② 70~90회
③ 100~120회   ④ 130~150회

해설 가슴압박의 속도는 성인과 소아 모두 분당 100~120회로 권장된다.

54 성인을 대상으로 심폐소생술을 실시할 때, 가슴압박 : 인공호흡의 횟수는?

① 5 : 1   ② 15 : 2
③ 30 : 2   ④ 60 : 2

해설 심폐소생술은 30회의 가슴압박과 2회의 인공호흡을 반복한다.

55 교통사고 환자의 심폐소생술의 인공호흡은 위 팽만, 위 내용물 역류, 기도 흡인, 폐조직 괴사 등 부작용이 있다. 그러므로 환자의 가슴이 부드럽게 올라올 정도로 실시해야 한다. 매 환기 시 몇 초간 숨을 불어 넣어야 하는가?

① 1초   ② 2초
③ 3초   ④ 4초

해설 **인공호흡 방법**
• 기도열기를 한 상태에서 이마에 얹은 손의 엄지와 검지로 코를 막는다.
• 환자의 입을 완전히 덮은 다음 1초 동안 가슴이 충분히 올라올 정도로 숨을 불어 넣는다.
• 코를 막았던 손과 입을 떼었다가 다시 불어 넣는다.

56 교통사고 시 응급처치 방법 중 설명이 옳지 않은 것은?

① 출혈이 심하다면 출혈 부위보다 심장에 가까운 부위를 헝겊 또는 손수건 등으로 지혈될 때까지 꽉 잡아맨다.
② 출혈이 적을 때에는 거즈나 깨끗한 손수건으로 상처를 꽉 누른다.
③ 가슴이나 배를 강하게 부딪쳐 내출혈이 발생하였을 때는 부상자가 입고 있는 옷의 단추를 푸는 등 옷을 헐렁하게 하고 하반신을 높게 한다.
④ 부상자가 춥지 않도록 모포 등을 덮어주고, 햇볕을 직접 쬐게 한다.

해설 부상자가 춥지 않도록 모포 등을 덮어주어야 하지만, 햇볕은 직접 쬐지 않도록 한다.

57 승객이 차멀미를 할 경우 조치사항이다. 적절한 조치사항이 아닌 것은?

① 통풍이 잘되고 비교적 흔들림이 적은 앞쪽에 앉도록 한다.
② 승객이 차멀미가 심한 경우에는 즉시 하차시킨다.
③ 차멀미 승객이 토할 경우를 대비해 위생봉지를 준비한다.
④ 차멀미 승객이 토한 경우에는 주변 승객이 불쾌하지 않도록 신속히 처리한다.

해설 차멀미가 심한 경우에는 휴게소 내지는 안전하게 정차할 수 있는 곳에 정차하여 차에서 내려 시원한 공기를 마시도록 한다.

58 교통사고로 인해 골절이 발생한 환자에 대한 응급처치 요령으로 적절하지 않은 것은?

① 쇼크(충격)를 받을 우려가 있으므로 이에 주의한다.
② 복잡골절에 있어 출혈이 있으면 직접압박으로 출혈을 방지한다.
③ 골절 부위에 출혈이 심한 경우에는 지압법으로 지혈한다.
④ 환자를 부축하여 안전한 곳으로 이동시킨다.

해설 골절 부상자는 잘못 다루면 오히려 위험해질 수 있으므로 구급차가 올 때까지 가급적 기다리는 것이 바람직하다.

59 사고 발생 시 운전자가 취할 조치 중 인명구조에 대한 설명이 옳지 않은 것은?

① 승객의 혼란방지에 노력한다.
② 부상자, 노인, 어린아이 및 부녀자 등 노약자를 우선으로 구조한다.
③ 부상자가 있을 때는 우선 응급조치를 한다.
④ 정차 위치가 차선, 노견 등과 같이 위험한 장소일 때에는 차안에 그대로 있는다.

해설 정차 위치가 차선, 노견 등과 같이 위험한 장소일 때에는 신속히 도로 밖의 안전한 장소로 유도하고 2차 피해가 일어나지 않도록 한다.

60 사고 발생 시 보험회사 및 경찰 등에 연락할 사항에 해당되지 않는 것은?

① 사고 발생 지점 및 상태   ② 차주 성명
③ 화물의 상태   ④ 연료 유출 여부 등

해설 **교통사고 발생 시 운전자가 보험회사나 경찰 등에 연락할 사항**
• 사고 발생 지점 및 상태   • 부상정도 및 부상자수
• 회사명   • 운전자 성명
• 화물의 상태   • 연료 유출 여부 등

92

정답 49 ③ 50 ④ 51 ② 52 ② 53 ③ 54 ③ 55 ①

택시운전자격시험 문제집

정답 56 ④ 57 ② 58 ④ 59 ④ 60 ②

CHAPTER

04

지리
(서울, 경기, 인천)

SECTION 01 서울특별시 지리

- **면　　적** : 605.25㎢ (25.09.30 기준)
- **행정구분** : 25개 자치구 425행정동
- **인　　구** : 약 932만명 (25.09.30 기준)
- **상징나무** : 은행나무
- **상징　꽃** : 개나리
- **상징　새** : 까치

※ 서울지역 응시자용

01 주요 관공서 및 공공건물 위치
(가나다 순)

1. 주요 관공서 소재지

소재지	명칭
강남구	강남구청(삼성동), 강남운전면허시험장(대치동), 서울본부세관(논현동), 국기원(역삼동), 강남세무서(청담동), 역삼세무서(역삼동), 삼성세무서(역삼동), 서초세무서(역삼동), 강남교육지원청(삼성2동), 한국토지공사 서울지역본부(논현동), 특허청 서울사무소(역삼동), 강남경찰서(대치동), 수서경찰서(개포동), 강남우체국(개포동), 강남소방서(삼성동), 한국도심공항터미널(삼성동), 코엑스(삼성동), 국민연금공단서울남부지역본부(논현동), 서울지방통계청(논현동)
강북구	강북구청(수유동), 강북경찰서(번동), 국립재활원(수유동)
강서구	강서구청(화곡동), 김포국제공항(방화동), 강서운전면허시험장(외발산동)
광진구	광진구청(자양동), 광진경찰서(구의동), 동서울종합터미널(구의동)
금천구	금천구청(시흥동), 금천경찰서(시흥동), 한국건설생활환경연구원(가산동)
노원구	노원구청(상계동), 도봉운전면허시험장(상계동)
도봉구	도봉구청(방학동), 서울북부지방법원(도봉동), 서울북부지방검찰청(도봉동)
동대문구	동대문구청(용두동), 청량리역(전농동)
동작구	동작구청(노량진동), 기상청(신대방동)
마포구	마포구청(성산동), 서부지방법원(공덕동), 서부지방검찰청(공덕동), 서부운전면허시험장(상암동), 한국교통안전공단 서울본부(성산동), MBC신사옥(상암동), KBS미디어센터(상암동), TBS방송(상암동), YTN(상암동), SBS아이앤엠(상암동)
서대문구	서대문구청(연희동), 경찰청(미근동), 경찰위원회(미근동), 국민연금공단서울북부지역본부(충정로3가)
서초구	대법원(서초동), 대검찰청(서초동), 서울고등법원(서초동), 서울고등검찰청(서초동), 서울중앙지방법원(서초동), 서울중앙지방검찰청(서초동), 서울가정법원(양재동), 서울행정법원(양재동), 서초구청(서초동), 서울지방조달청(반포동), 국립중앙도서관(반포동), 국립국악원(서초동), 통일연구원(반포동), 방배경찰서(방배동), 한국도로교통공단 서울지부(염곡동)
성동구	성동구청(행당동), 서울교통공사(용답동)
송파구	송파구청(신천동), 서울동부지방법원(문정동), 서울동부지방검찰청(문정동), 서울동부구치소(문정동), 중앙전파관리소(가락동)
양천구	양천구청(신정동), 서울남부지방법원(신정동), 서울남부지방검찰청(신정동), 서울과학수사연구소(신월동), 서울출입국외국인청(신정동), CBS기독방송(목동), SBS서울방송(목동)
영등포구	영등포구청(당산동3가), 국회의사당(여의도동), 서울지방병무청(신길동), 한국방송공사(KBS, 여의도동), 국민건강보험공단 서울강원지역본부(여의도동), 한국소방안전원(영등포동8가)
용산구	용산구청(이태원동), 국방부(용산동3가), 용산경찰서(원효로1가), 국립중앙박물관(용산동6가), 전쟁기념관(용산동1가)
종로구	종로구청(수송동), 정부서울청사(세종로), 서울시교육청(신문로2가), 감사원(삼청동), 서울경찰청(내자동), 서울지방국세청(수송동), 서울지방우정청(종로1가), 종로경찰서(경운동), 혜화경찰서(인의동), 세종문화회관(세종로)

SECTION 01 서울특별시 지리

소재지	
중구	서울특별시청(태평로1가), 서울시의회(태평로1가), 서울특별시 소방재난본부(예장동), 서울지방고용노동청(장교동), 중구청(예관동), 남대문경찰서(남대문로5가), 중부경찰서(저동2가), 남대문세무서(저동), 중부세무서(충무로1가), 한국관광공사 서울센터(다동), 대한상공회의소(남대문로4가), 서울역 역사(동자동)

2. 주요 문화재, 관광명소, 유원지, 상업시설, 놀이공원과 소재지

소재지	명칭
강남구	선릉과 정릉(삼성동), 봉은사(삼성동), 도산공원(신사동), 대모산도시자연공원(일원동), 학동공원(논현동), 해찬솔공원(자곡동)
강동구	암사선사유적지(암사동)
강북구	국립4.19민주묘지(수유동), 북서울꿈의 숲(번동), 북한산국립공원 백운대(우이동), 우이동유원지(우이동), 파라스파라서울(우이동)
강서구	서울식물원(마곡동), 양천고성지(가양동), KBS스포츠월드(화곡동), 우장산공원(내발산동)
관악구	호림박물관(신림동)
광진구	서울어린이대공원(능동), 유니버설아트센터(능동), 뚝섬유원지(자양동), 아차산생태공원(광장동), 시립서울천문대(광장동)
구로구	고척근린공원과 여개묘역(고척동), 평강성서유물박물관(오류동)
도봉구	북한산국립공원(도봉동), 도봉산(도봉동)
동대문구	세종대왕기념관(청량리동), 경동시장(제기동), 홍릉시험림(수목원, 청량리동)
동작구	국립서울현충원(동작동), 노량진수산시장(노량진동), 사육신공원(노량진동), 보라매공원(신대방동)
마포구	서울월드컵경기장(성산동), 월드컵공원(상암동), 하늘공원(상암동), 난지한강공원(상암동), 평화의 공원(상암동)
서대문구	독립문(현저동), 서대문형무소역사관(현저동)
서초구	예술의 전당(서초동), 양재시민의 숲(양재동), 반포한강공원(반포동), 몽마르뜨공원(반포동), 서리풀공원(서초동)
성동구	서울숲(성수동1가), 달맞이봉공원(금호동)
성북구	정릉10공원(정릉동), 개운산공원(돈암동)
송파구	몽촌토성(방이동), 풍납토성(풍납동), 롯데월드(잠실동), 석촌호수(잠실동), 올림픽공원(방이동), 잠실종합운동장(잠실동), 가락종합시장(가락동)
양천구	파리공원(목동), 용왕산근린공원(목동), 목동종합운동장(목동)
영등포구	여의도공원(여의도동), 63빌딩(여의도동), 선유도공원(양화동)
용산구	남산서울타워(용산동2가), 백범김구기념관(효창동), 용산가족공원(용산동6가)
종로구	경복궁(세종로), 창경궁(와룡동), 창덕궁(와룡동), 종묘(훈정동), 국립민속박물관(세종로), 보신각(관철동), 조계사(수송동), 동대문(흥인지문, 보물제1호, 종로6가), 마로니에공원(동숭동), 사직공원(사직동), 경희궁공원(신문로2가), 탑골공원(종로2가), 광장시장(예지동)

소재지	명칭
중구	남대문(숭례문, 국보제1호, 남대문로4가), 덕수궁(정동), 명동성당(명동2가), 장충체육관(장충동2가), 남산공원(회현동1가), 서울로7017(봉래동2가), 국립극장(장충동2가), 남대문시장(남창동), 방산시장(주교동)
중랑구	용마폭포공원(면목동), 망우리공원(망우동)

3. 주요 국가대사관과 소재지

소재지	대사관
서대문구	프랑스대사관(합동)
영등포구	인도네시아대사관(여의도동)
용산구	남아프리카공화국대사관(한남동), 말레이시아대사관(한남동), 벨기에대사관(한남동), 스페인대사관(한남동), 이탈리아대사관(한남동), 인도대사관(한남동), 태국대사관(한남동), 사우디아라비아대사관(이태원동), 필리핀대사관(이태원동), 이란대사관(동빙고동)
종로구	미국대사관(세종로), 일본대사관(중학동), 멕시코대사관(중학동), 베트남대사관(삼청동), 브라질대사관(팔판동), 호주대사관(종로1가)
중구	중국대사관(명동), 영국대사관(정동), 캐나다대사관(정동), 러시아대사관(정동), 독일대사관(남대문로5가), 스웨덴대사관(남대문로5가), 튀르키예대사관(장충동), 주한 E.U대표부(남대문로5가)

4. 주요 종합병원과 소재지

소재지	병원명칭
강남구	강남차병원(역삼동), 삼성서울병원(일원동), 강남세브란스병원(도곡동)
강동구	중앙보훈병원(둔촌동), 강동성심병원(길동), 강동경희대학교병원(상일동)
강북구	대한병원(수유동)
광진구	건국대학교병원(화양동), 혜민병원(자양동), 국립정신건강센터(중곡동)
구로구	고려대학교 구로병원(구로동)
노원구	인제대학교 상계백병원(상계동), 노원을지대학교병원(하계동), 원자력병원(공릉동)
동대문구	경희대학교병원(회기동), 삼육서울병원(휘경동), 서울시립동부병원(용두동), 서울성심병원(청량리동)
동작구	중앙대학교병원(흑석동), 서울시립보라매병원(신대방동)
서대문구	신촌세브란스병원(신촌동)
서초구	가톨릭대학교 서울성모병원(서초동)
성동구	한양대학교병원(사근동)
성북구	고려대학교 안암병원(안암동)
송파구	서울아산병원(풍납동), 국립경찰병원(가락동)

소재지	병원명칭
양천구	이대목동병원(목동), 홍익병원(목동)
영등포구	여의도성모병원(여의도동), 대림성모병원(대림동), 한림대학교 한강성심병원(영등포동), 성애병원(신길동)
용산구	순천향대학병원(한남동)
종로구	서울대학교병원(연건동), 강북삼성병원(평동), 서울적십자병원 (평동)
중구	국립중앙의료원(을지로6가)
중랑구	서울의료원(신내동), 서울시립북부병원(망우동)

5. 주요 대학교와 소재지

소재지	대학교명칭
관악구	서울대학교(신림동)
광진구	건국대학교(화양동), 세종대학교(군자동)
노원구	광운대학교(월계동), 육군사관학교(공릉동), 서울여자대학교 (공릉동), 삼육대학교(공릉동), 서울과학기술대학교(공릉동)
도봉구	덕성여자대학교(쌍문동)
동대문구	서울시립대학교(전농동), 한국외국어대학교(이문동), 경희대학교(회기동)
동작구	중앙대학교(흑석동), 숭실대학교(상도동)
마포구	서강대학교(신수동 · 대흥동), 홍익대학교(상수동)
서대문구	연세대학교(신촌동), 이화여자대학교(대현동), 명지대학교(남가좌동), 추계예술대학교(북아현동), 경기대학교서울캠퍼스(충정로2가)
서초구	서울교육대학교(서초동)
성동구	한양대학교(행당동 · 사근동), 한국방송통신대학교 서울지역대학(성수1가2동)
성북구	고려대학교(안암동), 국민대학교(정릉동), 서경대학교(정릉동), 성신여자대학교(돈암동), 한성대학교(삼선동), 동덕여자대학교(하월곡동)
송파구	한국체육대학교(방이동)
용산구	숙명여자대학교(청파동)
종로구	성균관대학교(명륜동), 상명대학교(홍지동), 한국방송통신대학교 대학본부(동숭동)
중구	동국대학교(필동)

6. 주요 호텔과 소재지

소재지	호텔명칭
강남구	크레센도호텔(삼성동), 인터컨티넨탈서울코엑스호텔(삼성동), 조선팰리스호텔(역삼동), 글래드강남코엑스센터(대치동), 노보텔엠베서더서울강남호텔(역삼동), 엘리에나호텔(논현동), 파크하얏트 서울호텔(대치동), 글래드강남 코엑스센터(대치동), 호텔리베라(청담동), 삼정호텔(역삼동)

소재지	호텔명칭
강서구	나이아가라호텔(염창동), 골든서울호텔(염창동)
구로구	라마다서울신도림호텔(신도림동)
광진구	그랜드워커힐호텔(광장동), 비스타워커힐서울호텔(광장동)
금천구	엠디호텔(독산동)
마포구	서울가든호텔(도화동), 글래드 마포(도화동), 롯데시티호텔 (공덕동)
서대문구	스위스그랜드호텔(홍은동)
서초구	JW메리어트호텔(반포동), 더 리브사이드호텔(잠원동)
송파구	롯데호텔월드(잠실동)
영등포구	콘래드서울호텔(여의도동), 글래드 여의도(여의도동)
용산구	그랜드하얏트서울호텔(한남동), 해밀턴호텔(이태원동), 노보텔 앰배서더서울용산(한강로3가)
종로구	JW메리어트 동대문스퀘어(종로6가), 포시즌스 호텔서울(당주동)
중구	서울호텔롯데(소공동), 신라호텔(장충동2가), 더 플라자호텔 (태평로2가), 웨스틴조선호텔(소공동), 앰배서더서울풀만호텔 (장충동2가), 반얀트리클럽 앤 스파서울(장충동2가), 서울로얄호텔(명동1가), 프레지던트호텔(을지로1가), 코리아나호텔(태평로1가), 세종호텔(충무로2가), 르메르디앙서울명동(명동), 노보텔앰베서더 서울동대문호텔(을지로6가)

02 서울특별시 주요 고속도로, 간선도로 등

1. 서울특별시와 연결된 고속도로

명칭	연결구간
경부 고속도로	한남I.C(강남구 압구정동) – 양재I.C(서초구 양재동) – 만남의 광장(부산시 구서동)
경인 고속도로	신월I.C(양천구 목동) – 서인천I.C(인천시 가정동)
서울양양 고속도로	강일I.C(강동구 고덕동) – 양양JCT(양양군 서면)

2. 서울특별시의 각 구별 주요 간선도로

소재지	도로명칭
강남구	남부순환로, 논현로, 도산대로, 봉은사로, 양재대로, 언주로, 올림픽로, 테헤란로
강동구	남부순환로, 동남로, 양재대로, 올림픽대로, 천호대로
강북구	고산자로, 도봉로, 월계로
강서구	강서로, 공항대로, 남부순환로, 올림픽대로, 화곡로
관악구	관악로, 남부순환로, 신림로

SECTION 01 서울특별시 지리

소재지	도로명칭
광진구	강변북로, 능동로, 동부간선도로, 아차산로, 천호대로
구로구	강서로, 서부간선도로, 시흥대로
금천구	금하로, 남부순환로, 독산로, 시흥대로
노원구	동부간선도로, 동일로, 월계로
동대문구	고산자로, 왕산로, 천호대로, 청계천로
동작구	동작대로 신대방로, 올림픽대로
마포구	강변북로, 마포대로, 월드컵로
서대문구	내부순환도로, 수색로, 성산로, 세검정로, 통일로
서초구	남부순환로, 동작대로, 사평대로, 신반포로, 올림픽대로
성동구	강변북로, 고산자로, 독서당로, 동부간선도로, 왕십리로, 청계천로
성북구	돌곶이로, 동부간선도로, 동소문로, 북부간선도로, 성북로, 월계로, 창경궁로
송파구	백제고분로, 송파대로, 양재대로, 올림픽로, 수도권제1순환고속도로
양천구	국회대로, 남부순환로
영등포구	경인로, 국회대로, 노들로, 시흥대로, 신길로, 올림픽대로
용산구	강변북로, 독서당로, 원효로, 서빙고로, 한강대로
은평구	수색로, 증산로, 통일로
종로구	대학로, 돈화문로, 사직로, 삼청로, 새문안로, 세검정로, 세종대로, 율곡로, 종로, 창경궁로, 청계천로, 통일로
중구	삼일대로, 세종대로, 돈화문로, 왕십리로, 을지로, 청계천로, 충무로, 통일로, 퇴계로
중랑구	동일로, 동부간선도로, 망우로, 북부간선도로, 용마산로

3. 서울특별시의 주요 간선도로와 구간

도로명칭	구간
강남대로	한남대교 북단 - 강남역 - 뱅뱅사거리 - 염곡교차로
강동대로	풍납로(올림픽대교 남단) - 둔촌사거리 - 서하남I.C입구 사거리
강변북로	행주대교 북단(행주I.C) - 구리암사대교 북단(아천I.C)
경인로	여의도교차로 - 역곡고가사거리 - 인천시
고산자로	성수대교 북단 - 왕십리로터리 - 고려대역
관악로	관악구 봉현초등학교 - 서울대학교 입구
국회대로	서강대교 북단 - 신월동 탑건위너빌아파트 앞
남부순환로	김포공항입구 - 사당역 - 수서I.C
내부순환도로	성산대교 북단 - 홍지문터널 - 성동교(동부간선도로 연결)
노들로	양화교 교차로 - 한강대교 남단
논현로	동호대교 남단 - 강남구 구룡사 앞 교차로
능동로	강변북로(뚝섬유원지역) - 중곡동 용곡사거리

도산대로	신사역사거리 - 영동대교 남단교차로
독산로	구로전화국사거리 - 독산4동사거리 - 박미삼거리
독서당로	한남역 - 금남시장삼거리 - 응봉삼거리
돈화문로	창덕궁 - 종로3가 - 청계3가사거리
돌곶이로	북서울꿈의숲 동문교차로 - 돌곶이역 - 석관동로터리
동부간선도로	수락산지하차도 - 청담대교 - 복정교차로(서울시 송파)
동소문로	한성대입구역 - 미아리고개 - 미아삼거리
동일로	영동대교 남단 - 의정부시계 - 마전2교(양주시)
동작대로	서빙고역 - 동작대교 - 사당역사거리
마포대로	마포대교 북단교차로 - 아현삼거리
북부간선도로	하월곡J.C교차로(내부순환로) - 도농I.C제2육교(남양주시)
삼청로	경복궁사거리(동십자각) - 삼청터널
서부간선도로	성산대교 남단 - 시흥대교(금천구 시흥동)
성산로	성산대교 남단 - 사직터널
송파대로	잠실대교 북단 - 복정역(서울시 송파)
시흥대로	대림삼거리 - 가야대교앞 삼거리(금천구 시흥동)
세종대로	서울역사거리 - 광화문 삼거리
세검정로	홍은동사거리 - 신영동삼거리(세검정)
양재대로	선암I.C - 암사정수센터 삼거리
양천로	양화교 삼거리(염창동) - 개화사거리(강서구 방화동)
언주로	성수대교 북단 - 내곡터널
영동대로	영동대교 북단교차로 - 일원터널 입구
올림픽대로	강일I.C - 한강대교 밑 - 신곡I.C교차로(김포시)
올림픽로	삼성교(강남경찰서 앞) - 강동대로(암사동)
왕십리로	성동고교 사거리 - 뚝도아리수정수센터 삼거리
원효로	남영역사거리 - 강변삼성스위트아파트 앞
월계로	미아삼거리 - 월계1교 교차로
율곡로	경복궁사거리 - 원남동사거리 - 동대문 - 청계6가 사거리
용마산로	아차산역삼거리 - 용마산로 - 신내I.C 교차로
을지로	시청앞 삼거리 - 한양공고 앞 사거리
종로	세종대로사거리 - 신설동역 오거리
창경궁로	한성대입구역 - 원남동사거리 - 퇴계로4가 교차로
천호대로	신설동역오거리 - 상일I.C입구
청계천로	청계천광장교차로 - 신답초등학교 입구(동대문구)
충무로	관수교 - 명보사거리 - 충무로역
통일로	서울역 사거리 - 홍은사거리 - 구파발역 - 서울시 시계 - 동산삼거리(파주시)
테헤란로	강남역사거리 - 삼성교(강남경찰서 옆)
퇴계로	서울역사거리 - 도로교통공단사거리(중구)
한강대로	서울역사거리 - 삼각지역사거리 - 한강대교 남단
화곡로	올림픽대로(가양대교 분기점) - 신월동 시계

SECTION 01 서울특별시 지리

제 04 장 | 지리(서울, 경기, 인천)

4. 서울특별시 교통시설(철도역, 공항, 버스터미널, 항구 등) 소재지

명칭	연결구간
강남구	한국도심공항터미널(삼성동), SRT수서역(수서동)
강서구	김포국제공항(방화동)
광진구	동서울종합터미널(구의동)
동대문구	청량리역(전농동)
서초구	서울고속버스터미널(반포동), 서울남부터미널(서초동)
용산구	서울역(동자동), 용산역(한강로3가)

5. 서울특별시의 주요 교량명칭과 구간(한강 상류에서 하류 순)

이름	구간		비고
	북단	남단	
강동대교	구리시(토평동)	강동구(강일동)	
암사대교	구리시(아천동)	강동구(암사동)	
광진교	광진구(광장동)	강동구(천호동)	
천호대교	광진구(광장동)	강동구(천호동)	강동개발 촉진
올림픽대교	광진구(구의동)	송파구(풍납동)	
잠실철교	광진구(구의동)	송파구(신천동)	지하철2호선과 도로겸 용교량
잠실대교	광진구(자양동)	송파구(신천동)	
청담대교	광진구(자양동)	강남구(청담동)	복층교, 지하철7호선 통과
영동대교	광진구(자양동)	강남구(청담동)	
성수대교	성동구(성수동)	강남구(압구정동)	붕괴 후 복구
동호대교	성동구(옥수동)	강남구(압구정동)	지하철3호선 통과
한남대교	용산구(한남동)	서초구(잠원동)	
반포대교	용산구(서빙고동)	서초구(반포동)	잠수교와 복층교
잠수교	용산구(서빙고동)	서초구(반포동)	홍수 시 잠수
동작대교	용산구(이촌동)	동작구(동작동)	지하철4호선 통과
한강대교	용산구(이촌동)	동작구(본동)	최초의 한강인도교
한강철교	용산구(이촌동)	동작구(노량진동)	최초의 한강다리, 철도교통에 이용
원효대교	용산구(이촌동)	영등포구(여의 도동)	민자건설
마포대교	마포구(마포동)	영등포구(여의 도동)	
서강대교	마포구(신정동)	영등포구(여의도동)	
당산철교	마포구(합정동)	영등포구(당산동)	지하철2호선 전용철교
양화대교	마포구(합정동)	영등포구(당산동)	
성산대교	마포구(망원동)	영등포구(양화동)	

이름	구간		비고
	북단	남단	
월드컵대교	마포구(상암동)	영등포구(양화동)	
가양대교	마포구(상암동)	강서구(가양동)	
방화대교	고양시(강매동)	강서구(방화동)	인천국제공항고속도로 와 연결
행주대교 신행주대교	고양시(행주외동)	강서구(개화동)	
김포대교	고양시(토당동)	김포시(고촌읍)	

SECTION 01 | 서울특별시 지리

01 다음 중 '서울특별시청'이 위치한 곳은?
① 종로구 세종로 ② 중구 종로1가
③ 종로구 수송동 ④ 중구(세종대로 110)

해설 서울특별시 25개 구청과 소재지(가나다순)
- 강남구청(삼성동)
- 강동구청(성내동)
- 강북구청(수유동)
- 강서구청(화곡동)
- 관악구청(봉천동)
- 광진구청(자양동)
- 구로구청(구로동)
- 금천구청(시흥동)
- 노원구청(상계동)
- 도봉구청(방학동)
- 동대문구청(용두동)
- 동작구청(노량진동)
- 마포구청(성산동)
- 서대문구청(연희동)
- 서초구청(서초동)
- 성동구청(행당동)
- 성북구청(삼선동)
- 송파구청(신천동)
- 양천구청(신정동)
- 영등포구청(당산동3가)
- 용산구청(이태원동)
- 은평구청(녹번동)
- 종로구청(수송동)
- 중구청(예관동)
- 중랑구청(신내동)

02 '대법원과 대검찰청'이 위치한 곳은?
① 서초구(서초동) ② 종로구 세종로
③ 서초구 반포동 ④ 중구 태평로1가

03 다음 중 '서울남부지방법원과 서울남부지방검찰청'이 위치한 곳은?
① 송파구 ② 양천구(신정동)
③ 마포구 ④ 도봉구

해설 서울특별시 '서울지방법원·서울지방검찰청의 소재지'
- 서울중앙지방법원과 서울중앙지방검찰청 : 서초구 서초동
- 서울동부지방법원과 서울동부지방검찰청 : 송파구 문정동
- 서울서부지방법원과 서울서부지방검찰청 : 마포구 공덕동
- 서울남부지방법원과 서울남부지방검찰청 : 양천구 신정동
- 서울북부지방법원과 서울북부지방검찰청 : 도봉구 도봉동

04 다음 중 '헌법재판소'가 위치한 곳은?
① 서초구 서초동 ② 종로구(재동)
③ 서초구 양재동 ④ 영등포구 여의도동

05 다음 중 '정부서울청사'가 위치한 곳은?
① 종로구 삼청동 ② 중구 남대문로5가
③ 종로구(적선동) ④ 중구 태평로1가

06 '경찰청'이 위치한 곳은?
① 종로구 ② 서대문구(미근동)
③ 중구 ④ 용산구

07 다음 중 '서울경찰청'이 위치한 곳은?
① 종로구(내자동)
② 중구
③ 용산구
④ 서대문구

해설 경찰청·경찰서와 소재지
- 경찰청(서대문구 미근동)
- 서울경찰청(종로구 내자동)
- 강남경찰서(강남구 대치동)
- 수서경찰서(강남구 개포동)
- 은평경찰서(은평구 불광동)
- 서부경찰서(은평구 녹번동)
- 서초경찰서(서초구 서초동)
- 방배경찰서(서초구 방배동)
- 성북경찰서(성북구 삼선동)
- 종암경찰서(성북구 하월곡동)
- 종로경찰서(종로구 공평동)
- 혜화경찰서(종로구 숭인동)
- 중부경찰서(중구 회현동)
- 남대문경찰서(중구 남대문로5가)

08 '서울특별시교육청'이 위치한 곳은?
① 중구 ② 용산구
③ 서대문구 ④ 종로구(신문로2가)

09 다음 중 종로구 '삼청동'에 위치한 것은?
① 감사원 ② 정부서울청사
③ 세종문화회관 ④ 경찰청

10 '서울지방국세청'의 위치로 옳은 것은?
① 용산구 후암동 ② 종로구 세종로
③ 종로구(수송동) ④ 종로구 삼청동

해설
- 국세청 : 세종시 나성동
- 서울지방국세청 : 종로구 수송동

11 다음 중 '도봉운전면허시험장'이 위치한 곳은?
① 노원구 중계동 ② 노원구(상계동)
③ 도봉구 도봉등 ④ 도봉구 창동

해설 서울특별시 '운전면허시험장과 소재지'
- 강남운전면허시험장 : 강남구 대치동
- 강서운전면허시험장 : 강서구 외발산동
- 서부운전면허시험장 : 마포구 상암동
- 도봉운전면허시험장 : 노원구 상계동

12 다음 중 '국립국악원과 예술의 전당'이 위치한 구는?
① 종로구 ② 중구
③ 강남구 ④ 서초구

정답 01 ④ 02 ① 03 ② 04 ② 05 ③ 06 ②
정답 07 ① 08 ④ 09 ① 10 ③ 11 ② 12 ④

적중 예상문제

SECTION 01 | 서울특별시 지리

13 서울특별시 '종로구'에 위치한 주요 관공서는?

① 국회의사당, 경찰청, 국세청
② 감사원, 서울시교육청, 서울경찰청
③ 서울지방통계청, 기상청, 서울지방병무청
④ 대법원, 서울고등법원, 서울지방국세청

14 아름다운 비원이 있는 '창덕궁'이 위치한 곳은?

① 종로구 세종로   ② 종로구(와룡동)
③ 중구   ④ 서대문구

> **해설** **종로구 관광명소와 소재지**
> 경복궁(세종로), 창경궁 · 창덕궁(와룡동), 국립민속박물관(세종로), 보신각(관철동), 조계사(수송동), 동대문(흥인지문, 보물1호, 종로6가), 마로니에공원(동숭동), 사직단(사직동), 서울역사박물관(신문로2가), 탑골공원(종로2가), 종묘(훈정동), 세종문화회관(세종로)

15 다음 중 '중구'에 위치한 관광명소가 아닌 것은?

① 명동성당   ② 남산타워
③ 국립극장   ④ 마로니에공원

> **해설** **중구 관광명소와 소재지**
> 남대문(숭례문, 국보1호, 남대문로4가), 덕수궁(정동), 명동성당(명동2가), 장충체육관 · 국립극장(장충동2가), 남산공원(예장동), 서울로 7017(봉래동2가)

16 민의의 전당 '국회의사당'이 위치한 곳은?

① 종로구
② 중구
③ 영등포구(여의도동)
④ 영등포구 영등포동

> **해설** • 국회의사당 : 영등포구 여의도동
> • 서울특별시의회본관 : 중구 태평로1가

17 다음 중 '한국교통안전공단 서울본부'가 위치한 곳은?

① 마포구(성산동)   ② 마포구 상암동
③ 노원구 하계동   ④ 노원구 상계동

> **해설** • 한국교통안전공단 서울본부 : 마포구 성산동
> • 한국도로교통공단(KOROAD) 서울지부 : 서초구 염곡동
> • 서울시교통연수원 : 송파구 신천동

18 다음 중 '서울지방병무청'의 위치는?

① 종로구 세종로
② 영등포구(신길동)
③ 종로구 내자동
④ 영등포구 여의도동

> **해설** • 서울지방국세청 : 종로구 수송동
> • 서울지방우정청 : 종로구 종로1가(서린동)
> • 서울지방고용노동청 : 중구 장교동
> • 서울지방통계청 : 강남구 논현동
> • 서울지방조달청 : 서초구 반포동
> • 서울지방병무청 : 영등포구 신길동

19 '63빌딩(63스퀘어)과 한국방송공사(KBS)'가 위치한 곳은?

① 영등포구(여의도동)
② 영등포구 양평동
③ 영등포구 신길동
④ 영등포구 영등포동

> **해설** • 한국방송공사(KBS) : 영등포구 여의도동
> • KBS미디어센터 : 마포구 상암동
> • MBC신사옥 : 마포구 상암동
> • SBS서울방송 : 양천구 목동
> • CBS기독방송 : 양천구 목동
> • JTBC : 마포구 상암동

20 다음 중 'TBN한국교통방송 서울방송센터'가 위치한 곳은?

① 영등포구   ② 마포구
③ 양천구   ④ 서초구(염곡동)

> **해설** • TBN한국교통방송 서울방송센터 : 서초구 염곡동
> • TBS(교통)방송 : 마포구 상암동

21 다음 중 강남구 '삼성동'에 위치한 것은?

① 강남우체국   ② 강남경찰서
③ 강남세무서   ④ 강남소방서

> **해설** 강남우체국(개포동), 강남경찰서(대치동), 강남세무서(청담동)

22 서울특별시 '강남구'에 위치한 것은?

① 봉은사, 코엑스
② 조계사, 사직공원
③ 서울식물원, 홍릉수목원
④ 예술의 전당, 몽마르뜨공원

23 다음 중 '강동구'에 위치한 것은?

① 선릉과 정릉   ② 서울암사동유적
③ 롯데월드   ④ 도산공원

24 서울특별시 '강북구'에 위치하지 않은 것은?

① 국립재활원
② 북서울꿈의숲
③ 국립4.19민주묘지
④ 경동시장

25 다음 중 '강서구'에 위치하지 않은 것은?

① 서울식물원
② 서울남부지방법원
③ 양천고성지
④ 강서운전면허시험장

정답 13 ② 14 ② 15 ④ 16 ③ 17 ① 18 ②

정답 19 ① 20 ④ 21 ④ 22 ① 23 ② 24 ④ 25 ②

적중 예상문제

SECTION 01 | 서울특별시 지리

26 서울특별시 '관악구'에 위치한 것은?
① 시립서울천문대   ② 국립서울현충원
③ 서울대학교   ④ 백범김구기념관

27 '광진구'에 위치하지 않은 것은?
① 서울어린이대공원
② 뚝섬유원지
③ 유니버설아트센터
④ 한양대학교

28 다음 중 '구로구'에 위치하지 않은 것은?
① 한국소방안전원
② 고려대학교 구로병원
③ 신도림역
④ 고척스카이돔

29 서울특별시 '금천구'에 위치한 것은?
① 개운산공원
② 우장산공원
③ 가산디지털산업단지
④ 구로역

30 다음 중 '노원구'에 위치하지 않은 것은?
① 도봉운전면허시험장
② 태릉
③ 광운대학교
④ 서울북부지방법원

31 서울특별시 '도봉구'에 위치한 것은?
① 국민대학교
② 도봉산, 북한산국립공원
③ 도봉운전면허시험장
④ 북서울꿈의숲

32 다음 중 '동대문구'에 위치하지 않은 것은?
① 청량리역
② 동서울종합터미널
③ 세종대왕기념관
④ 경동시장

33 서울특별시 '동작구'에 위치한 것은?
① 노량진수산시장   ② 가락종합시장
③ 광장시장   ④ 방산시장

34 다음 중 '마포구'에 위치하지 않은 것은?
① 서부운전면허시험장
② 서울서부지방법원
③ 서울월드컵경기장
④ 서울교통공사

35 '서대문구'에 위치하지 않은 것은?
① 독립문
② 신촌세브란스병원
③ 서울숲
④ 서대문형무소역사관

36 다음 중 '서초구'에 위치하지 않은 것은?
① 헌법재판소   ② 대검찰청
③ 서울고등법원   ④ 서울고등검찰청

37 서울특별시 '성동구'에 위치한 것은?
① 서울어린이대공원
② 건국대학교병원
③ 한국도로교통공단 서울지부
④ 서울교통공사, 서울숲

38 서울특별시 '성북구'에 위치하지 않은 것은?
① 고려대학교   ② 국립경찰병원
③ 정릉   ④ 동덕여자대학교

39 다음 중 '송파구'에 위치한 것은?
① 서울과학수사연구소, 서울남부지방법원, 서울출입국외국인청
② 국립경찰병원, 서울동부지방법원, 서울동부구치소
③ 서울시교육청, 통일연구원, 서울지방조달청
④ 대한상공회의소, 한국관광공사 서울센터, 한국소방안전원

40 서울특별시 '양천구'에 위치하지 않은 것은?
① 목동종합운동장
② 서울과학수사연구소
③ 선유도공원
④ SBS서울방송

41 다음 중 '영등포구'에 위치한 것은?
① 국회의사당, 63빌딩, 서울지방병무청
② 전쟁기념관, 한국방송공사(KBS), 서울성모병원
③ 선유도공원, 서울교통공사, 성애병원
④ 여의도공원, 서울식물원, 서울본부세관

정답 26 ③ 27 ④ 28 ① 29 ③ 30 ④ 31 ② 32 ② 33 ①
정답 34 ④ 35 ③ 36 ① 37 ④ 38 ② 39 ② 40 ③ 41 ①

적중 예상문제 SECTION 01 | 서울특별시 지리

42 서울특별시 '용산구'에 위치하지 <u>않은</u> 것은?

① 국립중앙박물관　　　② 백범김구기념관
③ 숙명여자대학교　　　④ 세종대왕기념관

43 다음 중 '종로구'에 위치한 것은?

① 중국대사관, 보신각
② 남산타워, 경복궁
③ 서울역, 남대문시장
④ 세종문화회관, 혜화경찰서

44 다음 중 '중구'에 위치하지 <u>않은</u> 것은?

① 남대문시장, 방산시장
② 남산, 남산공원
③ 국립극장, 장충체육관
④ TBS(교통)방송, 전쟁기념관

45 서울특별시 '중랑구'에 위치하지 <u>않은</u> 것은?

① 중앙보훈병원
② 서울의료원
③ 서울시립북부병원
④ 용마폭포공원

46 '탑골공원과 원각사지십층석탑'이 위치한 곳은?

① 중구　　　　　　　　② 종로구(종로2가)
③ 동대문구　　　　　　④ 서대문구

47 서울특별시 한양 4대문 중 '동대문'이 위치한 곳은?

① 종로구(종로6가)
② 동대문구
③ 서대문구
④ 중구

해설　• 동대문(흥인지문, 보물1호) : 종로구 종로6가
　　　• 남대문(숭례문, 국보1호) : 중구 남대문로4가

48 '서울과학수사연구소'가 위치한 곳은?

① 서초구 서초동　　　② 서초구 방배동
③ 양천구(신월동)　　　④ 양천구 목동

49 다음 중 '국립서울현충원'이 위치한 곳은?

① 서초구 서초동　　　② 동작구(동작동)
③ 서초구 방배동　　　④ 동작구 상도동

해설　• 국립서울현충원 : 동작구 동작동
　　　• 국립4.19국립묘지 : 강북구 수유동

50 재야의 종을 타종하는 '보신각'이 위치한 곳은?

① 종로구 세종로　　　② 종로구 삼청동
③ 종로구 내자동　　　④ 종로구(관철동)

51 다음 중 '국립중앙박물관 및 전쟁기념관'이 위치한 곳은?

① 용산구(용산동)　　　② 중구
③ 종로구　　　　　　　④ 서대문구

해설　• 국립중앙박물관 : 용산구 용산동
　　　• 국립민속박물관 : 종로구 세종로

52 '서울남부구치소'가 위치한 곳은?

① 성동구　　　　　　　② 송파구
③ 구로구(천왕동)　　　④ 영등포구

해설　• 서울남부구치소 : 구로구 천왕동
　　　• 서울동부구치소 : 송파구 문정동(구, 성동구치소)

53 다음 중 '서초구'에 위치한 관광명소는?

① 학동공원, 코엑스, 봉은사
② 어린이대공원, 뚝섬유원지, 아차산생태공원
③ 석촌호수, 올림픽공원, 풍납토성
④ 시민의숲, 예술의 전당, 몽마르뜨공원

54 송파구 방이동 '올림픽공원'내에 위치한 것은?

① 석촌호수　　　　　　② 롯데월드
③ 풍납토성　　　　　　④ 몽촌토성

해설　송파구 관광명소와 소재지
　　　몽촌토성 · 올림픽공원(이상 방이동), 풍납토성(풍납동), 롯데월드 · 석촌호수 · 잠실종합
　　　운동장(이상 잠실동)

55 2002년 한일월드컵 주경기장인 '서울월드컵경기장'의 위치는?

① 마포구(성산동)　　　② 송파구 잠실동
③ 마포구 상암동　　　④ 송파구 방이동

해설　• 서울월드컵경기장 : 마포구 성산동
　　　• 잠실종합운동장 : 송파구 잠실동
　　　• 장충체육관 : 중구 장충동2가

56 다음 중 '서울어린이대공원'이 위치한 곳은?

① 광진구(능동)
② 광진구 광장동
③ 성동구 성수동
④ 성동구 응봉동

해설　• 서울어린이대공원 : 광진구 능동
　　　• 마로니에공원과 낙산공원 : 종로구 동숭동
　　　• 선유도공원(재활용생태공원) : 영등포구 양화동

정답　42 ④　43 ④　44 ④　45 ①　46 ②　47 ①　48 ③　49 ②

정답　50 ④　51 ①　52 ③　53 ④　54 ④　55 ①　56 ①

SECTION 01 | 서울특별시 지리

57 전통혼례장소로 유명한 '한국의 집'이 위치한 곳은?
① 중구(필동)   ② 중구 정동
③ 종로구 명륜동   ④ 종로구 삼청동

58 '보라매공원과 서울시보라매병원'이 위치한 곳은?
① 동작구 노량진동   ② 영등포구 여의도동
③ 동작구(신대방동)   ④ 영등포구 양평동

59 다음 중 '서리풀공원과 몽마르뜨공원'이 위치한 행정구역은?
① 용산구   ② 송파구
③ 강남구   ④ 서초구

60 대한체육회 '태릉선수촌'이 위치한 곳은?
① 송파구   ② 노원구(공릉동)
③ 강동구   ④ 중랑구

61 다음 중 '국립재활원'이 위치한 곳은?
① 중구   ② 강북구(수유동)
③ 중랑구   ④ 종로구

62 관세청 '서울본부세관'이 위치한 곳은?
① 종로구   ② 중구
③ 서초구   ④ 강남구(논현동)

63 '효창공원과 백범 김구기념관'이 위치한 곳은?
① 용산구(효창동)   ② 마포구
③ 중구   ④ 종로구

64 다음 중 '서울시교육청 남산도서관과 안중근의사 기념관'이 위치한 곳은?
① 종로구   ② 중구(남대문로5가)
③ 용산구   ④ 마포구

65 대한불교 조계종 총본산인 '조계사'가 위치한 곳은?
① 서초구   ② 강남구
③ 종로구(수송동)   ④ 중구

66 조선시대 고궁 중 '덕수궁'의 소재지는?
① 중구 정동   ② 종로구 세종로 1-1
③ 종로구 와룡동   ④ 종로구 신문로

> **해설** 조선시대 궁궐 위치
> 경복궁(종로구 세종로), 창덕궁(종로구 와룡동), 창경궁(종로구 와룡동), 덕수궁(중구 정동)

67 서울특별시의 역사와 문화를 정리하여 보여주는 '서울역사박물관'의 위치는?
① 서대문구
② 동대문구
③ 중구
④ 종로구(신문로2가)

68 다음 중 '영국대사관'이 위치한 곳은?
① 용산구
② 서대문구
③ 종로구
④ 중구(정동)

> **해설** 대사관과 소재지
> • 종로구 : 미국대사관(세종로), 일본대사관(중학동), 호주대사관(종로1가), 브라질대사관(팔판동), 멕시코대사관(중학동), 베트남대사관(삼청동)
> • 중구 : 중국대사관(명동2가), 영국대사관(정동), 캐나다대사관(정동), 러시아대사관(정동), 독일대사관(남대문로5가), 스웨덴대사관(남대문로5가), 튀르키예대사관(장충동), 주한E.U대표부(남대문로5가)
> • 용산구 : 이탈리아대사관 · 말레이시아대사관 · 스페인대사관 · 인도대사관 · 태국대사관(이상 한남동)
> • 영등포구 : 인도네시아대사관(여의도동)
> • 서대문구 : 프랑스대사관(합동)

69 다음 중 '미국대사관'이 위치한 곳은?
① 종로구(세종로)   ② 중구
③ 용산구   ④ 서대문구

70 서울특별시 '종로구'에 위치한 병원은?
① 대림성모병원, 한강성심병원
② 서울의료원, 서울시립북부병원
③ 서울대학교병원, 서울적십자병원
④ 국립중앙의료원, 서울시립보라매병원

> **해설** 종합병원과 소재지
> • 종로구 : 서울대학교병원(연건동), 강북삼성병원(평동), 서울적십자병원(평동)
> • 노원구 : 상계백병원(상계동), 을지대학교병원(하계동), 원자력병원(공릉동)
> • 강남구 : 삼성서울병원(일원동), 강남차병원(역삼동), 강남세브란스병원(도곡동)
> • 영등포구 : 여의도성모병원(여의도동), 대림성모병원(대림동), 한강성심병원(영등포동), 성애병원(신길동)
> • 동대문구 : 경희대학교병원(회기동), 삼육서울병원(휘경동), 서울시립동부병원(용두동), 서울성심병원(청량리동)

71 다음 중 '서울의료원'이 위치한 곳은?
① 중랑구(신내동)
② 중구
③ 종로구
④ 노원구

> **해설** 국립·시립병원과 소재지
> 국립중앙의료원(중구 을지로6가), 국립경찰병원(송파구 가락동), 국립정신건강센터(광진구 중곡동), 중앙보훈병원(강동구 둔촌동), 서울의료원(중랑구 신내동), 서울시립동부병원(동대문구 용두동), 서울시립북부병원(중랑구 망우동), 서울시립서북병원(은평구 역촌동), 서울시립은평병원(은평구 응암동), 서울시립보라매병원(동작구 신대방동)

정답 57 ① 58 ③ 59 ④ 60 ② 61 ② 62 ② 63 ① 64 ② 65 ③ 66 ①

정답 67 ④ 68 ④ 69 ① 70 ③ 71 ①

적중 예상문제

SECTION 01 | 서울특별시 지리

72 서울특별시 '대학병원과 위치'가 잘못 연결된 것은?

① 서울대학교병원 - 종로구 연건동
② 신촌세브란스 - 서대문구 신촌동
③ 고려대 안암병원 - 동대문구 용두동
④ 중앙대학교병원 - 동작구 흑석동

해설 대학병원과 소재지
서울대학교병원(종로구 연건동), 신촌세브란스(서대문구 신촌동), 고려대 안암병원(성북구 안암동), 한양대학교병원(성동구 사근동), 경희대학교병원(동대문구 회기동), 건국대학교병원(광진구 화양동), 중앙대학교병원(동작구 흑석동), 가톨릭대학 서울성모병원(서초구 서초동)

73 다음 중 '서울시립병원과 위치'가 옳지 않은 것은?

① 서울시립동부병원 – 동대문구 용두동
② 서울시립북부병원 – 중랑구 망우동
③ 서울시립서북병원 – 은평구 역촌동
④ 서울시립보라매병원 – 중랑구 신내동

74 다음 중 '서울아산병원'이 위치한 곳은?

① 송파구(풍납동)   ② 강동구
③ 강남구   ④ 서초구

해설 종합병원과 소재지
• 서울아산병원 : 송파구 풍납동
• 삼성서울병원 : 강남구 일원동
• 강북삼성병원 : 종로구 평동

75 '서울대학교'가 위치한 곳은?

① 중구   ② 서대문구
③ 마포구   ④ 관악구(신림동)

76 다음 중 '서대문구'에 위치하지 않은 대학교는?

① 이화여자대학교   ② 연세대학교
③ 숙명여자대학교   ④ 명지대학교

77 서울특별시 '성북구'에 위치한 대학교가 아닌 것은?

① 한성대학교
② 고려대학교
③ 성균관대학교
④ 동덕여자대학교

해설 성북구 소재 대학교
고려대학교, 국민대학교, 서경대학교, 성신여자대학교, 동덕여자대학교, 한성대학교

78 다음 중 '대학교와 위치'가 잘못 연결된 것은?

① 동국대학교 - 종로구
② 경희대학교 - 동대문구
③ 연세대학교 - 서대문구
④ 건국대학교 - 광진구

해설 주요 대학교와 소재지
• 노원구 : 광운대학교, 육군사관학교, 서울여자대학교, 삼육대학교, 서울과학기술대학교
• 동대문 : 서울시립대학교, 한국외국어대학교, 경희대학교
• 마포구 : 서강대학교, 홍익대학교
• 서대문구 : 연세대학교, 이화여자대학교, 명지대학교, 추계예술대학, 경기대 서울캠퍼스
• 성동구 : 한양대학교, 한국방송통신대학교 서울지역대학
• 종로구 : 성균관대학교, 상명대학교, 한국방송통신대학교 대학본부

79 다음 중 '호텔신라'가 위치한 곳은?

① 종로구   ② 서초구
③ 중구(장충동2가)   ④ 강남구

해설 중구 소재 호텔
호텔롯데(소공동), 호텔신라(장충동2가), 웨스턴조선호텔(소공동), 르메르디앙서울명동(명동), 더 플라자호텔(태평로2가), 서울로얄호텔(명동), 프레지던트호텔(을지로1가), 코리아나호텔(태평로1가), 세종호텔(충무로2가), 앰배서더서울풀만호텔(장충동1가)

80 서울특별시 '강남구'에 위치한 호텔은?

① JW메리어트호텔
② 삼정호텔
③ 그랜드하얏트호텔
④ 스위스그랜드호텔

해설 강남구 소재 호텔
크레센도호텔 · 그랜드인터컨티넨탈서울파르나스 · 인터컨티넨탈서울코엑스호텔(이상 삼성동), 조선팰리스호텔 · 노보텔앰배서더서울강남호텔 · 삼정호텔(이상 역삼동)

81 다음 중 '그랜드워커힐호텔'이 위치한 곳은?

① 강남구   ② 광진구(광장동)
③ 중구   ④ 용산구

해설 호텔과 소재지
• 광진구 : 그랜드워커힐호텔, 비스타워커힐서울호텔
• 서초구 : JW메리어트호텔, 쉐라톤서울팔레스강남호텔, 더 리버사이드호텔
• 용산구 : 그랜드하얏트서울호텔, 해밀턴호텔, 노보텔앰배서더호텔

82 '광화문삼거리에서 서울시청 – 남대문 – 서울역사거리'로 연결되는 도로명은?

① 율곡로   ② 세종대로
③ 남대문로   ④ 서소문로

83 '경복궁사거리에서 안국역 – 원남동사거리 – 동대문'으로 연결되는 도로명은?

① 세종대로   ② 광화문로
③ 태평로   ④ 율곡로

84 '서울역에서 홍은동 – 불광동 – 구파발'로 연결되는 도로명은?

① 통일로   ② 자유로
③ 응암로   ④ 진흥로

정답 72 ③ 73 ④ 74 ① 75 ④ 76 ③ 77 ③ 78 ①

정답 79 ③ 80 ② 81 ② 82 ② 83 ④ 84 ①

 적중 예상문제

85 '청계천광장교차로(중구) – 신답초교입구(동대문구)'로 연결되는 도로명은?
① 세종대로 ② 퇴계로
③ 을지로 ④ 청계천로

86 '세종대로사거리 – 종로3가역 – 동대문 – 신설동역오거리'로 연결되는 도로명은?
① 종로 ② 청계천로
③ 을지로 ④ 퇴계로

87 '서울시청삼거리 – 을지로입구역 – 을지로5가 – 한양공고앞 사거리'로 연결되는 도로명은?
① 종로 ② 청계천로
③ 을지로 ④ 퇴계로

88 '서울역사거리(중구) – 충무로역 – 도로교통공단사거리(중구)'로 연결되는 도로명은?
① 종로 ② 청계천로
③ 을지로 ④ 퇴계로

> **해설** 도로명과 구간
> • 남부순환로 : 김포공항입구에서 오류I.C – 사당역 – 서초I.C – 수서I.C
> • 내부순환도로 : 성산대교북단에서 홍지문터널 – 성동교(동부간선도로)
> • 올림픽로 : 잠실종합운동장사거리에서 서울시교통회관 – 송파구청 – 암사I.C
> • 동부간선도로 : 복정교차로(송파구) – 첨단대교 – 성수동 – 수락산지하차도(의정부)
> • 서부간선도로 : 성산대교남단에서 고척교차로 – 금천I.C
> • 강변북로 : 가양대교교차로(고양시) – 남양주경찰서(남양주시)
> • 올림픽대로 : 개화I.C(김포시) – 강일I.C(강동구)
> • 시흥대로 : 대림삼거리(동작구) – 독산동 – 석수역(안양시)
> • 노들로 : 양화교에서 서울남단까지 올림픽대로와 나란히 진행
> • 강남대로 : 한남대교북단에서 강남역 – 뱅뱅사거리 – 염곡교차로

89 '강남역사거리(강남구) – 선릉역 – 삼성교사거리(강남소방서앞)'로 연결하는 도로명은?
① 테헤란로 ② 선릉로
③ 강남대로 ④ 서초대로

> **해설** 도로명과 구간
> • 테헤란로 : 강남역사거리(강남구) – 선릉역 – 삼성교사거리(강남소방서앞)
> • 보문로 : 신설동오거리에서 성북구청입구사거리
> • 송파대로 : 잠실대교남단에서 가락시장 – 복정역(송파구)
> • 언주로 : 성수대교남단에서 강남세브란스 – 내곡터널
> • 천호대로 : 신설동역오거리에서 군자교 – 천호대교 – 상일I.C입구
> • 영동대로 : 영동대교북교차로에서 삼성역 – 일원터널입구
> • 독서당로 : 한남역(경의중앙선) – 금남시장삼거리 – 응봉사거리
> • 고산자로 : 성수대교북단에서 왕십리역오거리 – 고려대역

90 다음 중 '송파구'에 위치한 도로가 아닌 것은?
① 남부순환로 ② 올림픽로
③ 양재대로 ④ 송파대로

91 다음 중 '테헤란로'에 위치하지 않은 지하철역은?
① 선릉역 ② 서초역
③ 삼성역 ④ 강남역

> **해설** 테헤란로에 위치한 지하철역
> 강남역, 역삼역, 선릉역, 삼성역

92 다음 중 '서울무역전시컨벤션센터(SETEC)'와 가장 가까운 지하철역은?
① 대치역 ② 학여울역
③ 대청역 ④ 일원역

93 다음 중 '롯데호텔월드'에서 가장 가까운 지하철역은?
① 잠실새내역 ② 삼성역
③ 종합운동장역 ④ 잠실역

94 다음 중 지하철 1호선 '종각역'에 가장 가깝게 위치한 곳은?
① 덕수궁
② 종로구청
③ 보신각
④ 종로경찰서

> **해설** 지하철역 인근 소재한 것
> • 서울역 : 서울스퀘어, 남대문경찰서, 주한독일대사관
> • 삼성역(2호선) : 서울강남경찰서, 강남소방서, 강남운전면허시험장, 한국도심공항터미널, 코엑스, 아셈타워, 그랜드인터컨티넨탈서울파르나스호텔, 현대백화점
> • 왕십리역 : 성동경찰서, 성동구청, 성동우체국

95 다음 중 '지하철 2호선 환승역'이 아닌 것은?
① 신도림역
② 사당역
③ 종로3가역
④ 건대입구역

> **해설** 지하철 2호선 환승역
> 건대입구역, 왕십리역, 동대문역사문화공원역, 을지로3가역, 충정로역, 합정역, 당산역, 영등포구청역, 신도림역, 사당역, 교대역, 강남역, 선릉역, 종합운동장역, 잠실역

96 다음 중 '지하철 중 3개 노선이 환승되는 역'은?
① 시청역 ② 왕십리역
③ 신도림역 ④ 강남역

> **해설** 지하철 3개 노선 환승역
> 동대문역사공원역, 종로3가역, 서울고속버스터미널역, 왕십리역, 김포공항역

97 다음 중 '지하철 김포공항역'을 지나지 않는 지하철 노선은?
① 지하철 5호선
② 지하철 7호선
③ 지하철 9호선
④ 공항철도

> **해설** 지하철 김포공항과 연결되는 지하철 노선
> 지하철 5호선, 지하철 9호선, 공항철도, 서해선, 김포골드선

적중 예상문제

SECTION 01 | 서울특별시 지리

98 다음 중 '서울고속버스터미널'이 위치한 곳은?

① 서초구(반포동)
② 서초구 양재동
③ 광진구 구의동
④ 광진구 자양동

> **해설** 서울특별시 '교통시설과 위치'
> • 김포국제공항 : 강서구 방화동
> • 서울고속버스터미널 : 서초구 반포동
> • 동서울종합터미널 : 광진구 구의동
> • 서울남부터미널 : 서초구 서초동
> • 한국도심공항터미널 : 강남구 삼성동

99 해외 출국심사를 하는 '한국도심공항(도심공항터미널)'의 위치는?

① 서초구
② 중구
③ 강남구(삼성동)
④ 강서구

100 'KTX(고속철도)경부선' 정차역이 아닌 것은?

① 서울역
② 용산역
③ 영등포역
④ 광명역

> **해설** • KTX(고속철도) 경부선 정차역 : 서울역, 영등포역, 광명역
> • KTX(고속철도) 호남선 정차역 : 용산역, 광명역
> • SRT 정차역(강남구 수서동) : 수서역(경부선, 호남선, 전라선 정차)

101 서울시 '강남구'에 위치한 터널은?

① 상도터널
② 매봉터널
③ 구기터널
④ 용마터널

> **해설** 주요 터널과 소재지
> 사직터널(종로구 사직동), 홍지문터널(종로구 부암동), 북악터널(종로구 평창동), 구기터널(종로구 구기동), 남산1호터널(중구 예장동), 남산2호터널(중구 장충동2가), 매봉터널(강남구 도곡동), 상도터널(동작구 본동)

102 다음 중 서초구 '한남대교남단 한남I.C'에서 시작되는 고속도로는?

① 경인고속도로
② 경부고속도로
③ 수도권제1순환고속도로
④ 중앙고속도로

> **해설** • 경부고속도로 : 한남대교 남단 한남I.C(서울시 서초구) ↔ 구서I.C(부산시 금정구)
> • 경인고속도로 : 신월I.C(서울시 양천구) ↔ 서인천I.C(인천시 서구)

103 '마포구와 영등포구'를 연결하는 대교가 아닌 것은?

① 서강대교
② 성산대교
③ 한남대교
④ 양화대교

> **해설** • 마포구와 영등포구 연결 교량 : 월드컵교, 성산대교, 양화대교, 당산철교, 서강대교, 마포대교
> • 용산구와 서초구 연결 교량 : 한남대교, 반포대교, 잠수교
> • 광진구와 송파구 연결 교량 : 잠실대교, 잠실철교, 올림픽대교

104 다음 중 '용산구와 서초구'를 연결하는 대교가 아닌 것은?

① 한남대교
② 반포대교
③ 잠수교
④ 동호대교

105 '영등포구 여의도동'과 연결되어 있지 않는 대교는?

① 마포대교
② 원효대교
③ 서강대교
④ 월드컵대교

> **해설** • 양화대교 : 마포구 합정동 ↔ 영등포구 양평동
> • 월드컵대교 : 마포구 상암동 ↔ 영등포구 양화동

106 다음 중 '인천국제공항고속도로'와 직접 연결되는 교량은?

① 방화대교
② 행주대교
③ 가양대교
④ 월드컵대교

107 국회의사당 앞을 지나 '밤섬' 위를 지나는 교량은?

① 마포대교
② 서강대교
③ 양화대교
④ 원효대교

108 다음 중 '지하철 2호선 잠실역' 인근에 위치하는 않은 것은?

① 롯데월드타워
② 송파구청
③ 잠실종합운동장
④ 석촌호수

109 서초구 '양재I.C' 인근에 위치한 것은?

① aT센터
② 서울남부터미널
③ 서초구청
④ 예술의전당

110 '동서울버스터미널에서 롯데월드타워'로 연결되는 교량은?

① 천호대교
② 동호대교
③ 잠실대교
④ 성수대교

정답 98 ① 99 ③ 100 ② 101 ② 102 ② 103 ③

정답 104 ④ 105 ④ 106 ① 107 ② 108 ③ 109 ① 110 ③

SECTION 02 경기도 지리

- **면 적** : 약 10,185㎢ (25.09.30 기준)
- **행정구분** : 28개 시, 3개 군
- **인 구** : 약 1,372만명 (25.09.30 기준)
- **상징나무** : 은행나무
- **상징 꽃** : 개나리
- **상징 새** : 비둘기

※ 경기도 지역 응시자용

01 경기도 28개시 3개 군의 주요 기관, 학교, 병원, 호텔, 명소(가나다 순)

1. 가평군

⊙ 주요 명소, 호텔

산과 섬	명지산, 유명산, 화악산, 연인산, 자라섬
계곡	명지계곡, 조무락계곡, 용추계곡
휴양림	유명산자연휴양림, 청평자연휴양림, 칼봉산자연휴양림, 아침고요수목원
호수	청평호(청평호반), 호명호수
관광지(유원지)	청평유원지, 북한강유원지, 대성리국민관광지, 쁘띠프랑스, 에델바이스스위스테마파크
호텔	마이다스호텔 & 리조트

2. 고양(특례)시

⊙ 주요 기관 및 학교, 병원

기관	고양경찰서, 일산동부경찰서, 일산서부경찰서, 킨텍스(KINTEX)
학교	한국항공대학교, 중부대학교 고양캠퍼스, 동국대학교 고양캠퍼스
병원	국립암센터, 동국대학교 일산병원, 일산백병원, 명지병원
기타	일산MBC드림센터, SBS일산제작센터

⊙ 주요 명소

산	북한산, 북한산성
공원	일산호수공원(동양 최대의 인공호수), 원마운트 워터파크
문화유적	행주산성, 벽제관지, 서오릉, 고려 공양왕릉(고려 마지막 왕의 릉), 최영장군 묘

3. 과천시

⊙ 주요 기관

정부과천종합청사, 중앙선거관리위원회, 서울지방국토관리청, 서울지방중소벤처기업청, 경인지방통계청, 국립현대미술관, 추사박물관

⊙ 주요 명소

산	관악산(연주대), 청계산
사찰	연주암
공원	서울대공원, 서울랜드, 서울경마공원(렛츠런 파크 서울)

4. 광명시

⊙ 주요 기관

경부선 광명역(KTX)

⊙ 주요 명소

산	도덕산, 구름산
공원	도덕산공원, 광명공원
문화유적	광명동굴

5. 광주시

⊙ 주요 명소, 학교, 병원

학교, 병원	서울장신대학교(경안동), 참조은병원
관광지	남한산성과 남한산성도립공원, 팔당호, 소내섬
문화유적	남한산성 행궁, 수어장대, 조선백자도요지, 천진암성지, 곤지암, 허난설헌 묘

6. 구리시

⊙ 주요 명소, 병원

산	아차산
공원	장자호수공원, 구리한강시민공원(코스모스공원)
문화유적	동구릉(조선시대 왕과 왕비가 안장된 9개릉으로 구성된 대한민국 최대의 왕릉군), 고구려대장간마을
병원	한양대학교 구리병원
기타	구리농수산물도매시장

7. 군포시

⊙ 주요 명소, 학교, 병원

학교	한세대학교
병원	지샘병원
산, 저수지	수리산, 반월호수
기타	안양컨트리클럽, 누리천문대

8. 김포시

⊙ 주요 명소, 병원

문화유적	문수산성, 애기봉, 감암포, 덕포진(외세침공에 대비하여 설치한 조선시대 군영), 김포장릉
병원	뉴고려병원
유원지	태산패밀리파크, 애기봉평화생태공원

9. 남양주시

⊙ 주요 명소

산	예봉산, 운길산, 천마산, 축령산, 운악산
사찰	수종사, 봉선사, 불암사
계곡	비금계곡, 수동계곡
관광지	팔당유원지, 수동국민관광지, 밤섬유원지, 축령산자연휴양림, 다산생태공원, 물의정원, 남양주종합촬영소
문화유적	다산 정약용유적지, 광해군 묘, 흥선대원군 묘, 광릉, 홍릉과 유릉, 사릉, 휘경원
병원	현대병원

10. 동두천시

⊙ 주요 명소, 학교

산	소요산
계곡	왕방계곡, 쇠목계곡, 탑동계곡
학교	동양대학교

11. 부천시

⊙ 주요 기관과 명소, 학교, 병원, 호텔

기관	부천소사경찰서, 부천원미경찰서, 부천오정경찰서
박물관	한국만화박물관, 자연생태박물관
놀이공원	웅진플레이도시, 부천영상문화단지
학교	가톨릭대학교 성심교정, 부천대학, 유한대학, 서울신학대학
병원	가톨릭대 부천성모병원, 순천향대 부천병원, 세종병원, 다이엘종합병원
호텔	폴라리스호텔, 고려호텔

12. 성남시

⊙ 주요 기관 및 학교, 병원, 호텔, 재래시장

기관	성남서울공항, 분당경찰서, 성남수정경찰서, 성남중원경찰서
학교	가천대학교 글로벌캠퍼스, 을지대학교, 동서울대학, 신구대학
병원	분당서울대학교병원, 분당차병원, 국군수도병원, 정병원
호텔	밀리토피아호텔
재래시장	모란민속시장, 성호시장

13. 수원(특례)시

⊙ 주요 기관 및 학교, 병원, 호텔

영통구	경기도청(이의동), 경기도교육청(이의동), 수원고등법원과 수원고등검찰청(하동), 수원지방법원과 수원지방검찰청(하동), 경기도선거관리위원회(영통동), 경기지방중소벤처기업청(영통동), 수원남부경찰서(매탄동), 동수원세무서(영통동), 경기주택도시공사(이의동), 아주대학교(원천동), 경기대학교 수원캠퍼스(이의동), 아주대학교병원(원천동), 코트야드 메리어트호텔(하동)
팔달구	수원시청(인계동), 경기도소방재난본부(매산로3가), 수원보호관찰소(우만동), 경인지방병무청(화서동), 수원세무서(매산로3가), 성빈센트병원(지동), 동수원병원(우만동), 포포인츠 바이 쉐라톤호텔(인계동), 이비스 앰배서더호텔(인계동), 라마다프라자호텔(인계동), 노보텔 앰배서더호텔(매산로1가)
권선구	경인지방우정청(탑동), 수원서부경찰서(탑동), 한국교통안전공단 경기남부본부(서둔동), 한국방송통신대학교 경기지역대학(오목천동), 화홍병원(호매실동)

SECTION 02 경기도 지리

장안구	경기남부경찰청(연무동), 중부지방국세청(파장동), 고용노동부 경기지청(천천동), 수원중부경찰서(정자동), 수원소방서(정자동), 경기도택시운송사업조합(파장동), 경기도교통연수원(조원동), 성균관대학교(천천동), 경기도의료원 수원병원(정자동)

⊙ 주요 명소

산, 저수지	광교산, 팔달산, 일월저수지, 광교저수지, 원천호수
공원	광교호수공원, 권선중앙공원, 인계예술공원, 팔달공원, 영흥수목원, 올림픽공원
문화유적	수원화성과 4대문(팔달문 - 남문, 장안문 - 북문, 창룡문 - 동문, 화서문 - 서문), 화성행궁(팔달구 남창동)
재래시장	남문로데오시장, 영동시장, 역전시장, 지동시장, 연무시장
기타	수원월드컵경기장(우만동), 지지대고개

14. 시흥시

⊙ 주요 명소와 학교, 병원

산, 공원	소래산, 옥구공원, 관곡지(연꽃테마파크), 갯골생태공원
관광지	물왕호수, 월곶포구, 오이도
문화유적	조남리 지석묘, 강희맹선생 묘
학교	경기과학기술대학교, 한국공학대학교
병원	시화병원, 신천연합병원, 센트럴병원

15. 안산시

⊙ 주요 기관과 학교, 병원

기관	안산단원경찰서, 안산상록경찰서, 안산운전면허시험장(와동)
학교	한양대학교 ERICA(에리카)캠퍼스(사동), 안산대(일동), 신안산대(초지동), 서울예술대학(고잔동)
병원	한도병원, 고려대학교 안산병원, 단원병원

⊙ 주요 명소

공원, 관광지	안산호수공원, 화랑유원지, 화랑호수, 시화호, 시화방조제, 방아다리해변, 탄도항
섬	대부도, 누에섬
재래시장	시민시장

16. 안성시

⊙ 주요 학교

중앙대학교 다빈치캠퍼스(대덕면), 한경대학(석정동), 두원공과대학(죽산면), 동아방송예술대학(삼죽면)

⊙ 주요 문화유적

서운산성, 죽주산성, 죽산성지, 미리내성지(김대건신부의 묘가 있음)

17. 안양시

⊙ 학교, 병원

학교	성결대학교(안양동), 대림대학(비산동), 연성대학(안양동), 안양대학(안양동), 경인교육대학교 경기캠퍼스(석수동)
병원	한림대성심병원, 안양샘병원

⊙ 주요 명소

산	수리산, 삼성산, 수리산도립공원
사찰	삼막사
상가, 재래시장	평촌역상가(평촌1번가), 남부시장, 호계종합시장, 박달시장

18. 양주시

⊙ 학교

경동대학교, 서정대학, 예원예술대학

⊙ 주요 명소

공원, 유원지	사패산, 송추계곡(송추유원지), 장흥관광지(장흥유원지), 가나아트파크, 일영유원지, 장흥자생수목원, 남경수목원, 두리랜드, 송암천문대
문화유적	화암사지(터), 양주 관아지(터), 온릉, 권율장군 묘

19. 양평군

⊙ 주요 명소

산	용문산, 중미산
사찰	용문사
휴양림	양평벽운봉자연휴양림, 산음자연휴양림, 중미산자연휴양림
관광지	두물머리(양수리), 세미원(물과 꽃의 정원)
문화유적	용문사의 은행나무(천연기념물 제30호)

20. 여주시

⊙ 주요 명소

사찰	신륵사
골프장	이포컨트리클럽, 여주컨트리클럽, 세라지오컨트리클럽
문화유적	영릉(세종대왕릉), 효종대왕릉, 명성황후 생가, 고달사지 부도(국보 제4호), 파사성, 이포나루

SECTION 02 경기도 지리

제 04 장 ㅣ 지리(서울, 경기, 인천)

21. 연천군

⊙ 주요 명소

관광지	한탄강관광지, 동막골유원지, 태풍전망대, 임진강, 제1땅굴(상승OP), 재인폭포
문화유적	전곡선사유적지, 전곡선사박물관, 경순왕릉(신라 마지막왕)

22. 오산시

⊙ 학교, 병원

학교	한신대학교, 오산대학
병원	조은오산병원(구, 다나국제병원)

⊙ 주요 명소

관광지	물향기수목원, 유엔군초전기념비
문화유적	독산성(백제시대의 산성)과 세마대지
재래시장	오색시장

23. 용인(특례)시

⊙ 주요 기관 및 학교, 병원, 호텔

기관	한국도로교통공단 경기도지부(영덕동), 용인운전면허시험장(신갈동)
학교	경희대학교 국제캠퍼스(하갈동), 강남대학교(구갈동), 한국외국어대학교 글로벌캠퍼스(모현읍), 단국대학교 죽전캠퍼스(죽전동), 명지대학교 자연캠퍼스(남동), 용인대학교(삼가동)
병원	다보스병원, 강남병원, 용인세브란스병원
호텔	더트리니어반스위트호텔, 라마다용인호텔

⊙ 주요 명소

사찰	와우정사(누워있는 불상)
관광지	한국민속촌, 에버랜드, 캐리비안 베이, 한국등잔박물관
문화유적	처인성(고려시대 토성)
스키장, 골프장	양지파인리조트스키장(양지면), 88컨트리클럽, 지산C.C, 한성C.C, 용인C.C ※대한민국에서 골프장이 가장 많은 시

24. 의왕시

⊙ 학교

• 한국교통대학교 의왕캠퍼스(구, 철도대학), 계원예술대학교

⊙ 주요 명소

산, 호수	모락산, 백운호수, 왕송호수

사찰	청계사, 백운사
기타	철도박물관

25. 의정부시

⊙ 주요 기관

• 경기도북부청사(신곡동), 의정부지방법원(가능동), 의정부지방검찰청(가능동), 경기북부지방경찰청(금오동), 경기도교육청북부청사(금오동), 경기북부병무지청(호원동), 의정부운전면허시험장(금오동), 교통안전공단 경기북부본부(호원동), 경기도 택시운송조합북부지부

⊙ 학교, 병원

학교	신한대학, 경민대학, 을지대학교 의정부캠퍼스
병원	가톨릭대 의정부성모병원, 경기도의료원 의정부병원, 추병원, 의정부을지대학교병원

⊙ 주요 명소

산	수락산, 부용산, 천보산
사찰	망월사, 회룡사
문화유적	망월사 혜거국사 부도, 회룡사 5층석탑, 신숙주선생 묘

26. 이천시

⊙ 주요 명소

산	설봉산, 도드람산, 원적산
사찰	연화정사, 신흥사, 영원사
관광지	덕평공룡수목원, 설봉공원, 미란다호텔, 이천온천지구, 이천도자예술마을(예스파크['藝's Park]), 지산포레스트리조트(스키장)
특산품	이천쌀, 이천도자기

27. 파주시

⊙ 학교

• 웅지세무대학(탄현면), 두원공과대학(파주읍)

⊙ 주요 명소

산, 사찰	감악산, 보광사
관광지	판문점, 오두산통일전망대, 임진각 평화누리, 제3땅굴, 도라산전망대, 도라산역, 헤이리예술마을, 프로방스마을
문화유적	율곡이이 유적지, 파주삼릉, 파주장릉, 수길원, 소령원, 신사임당 묘, 윤관장군 묘, 오두산성, 화석정
기타	파주출판단지, 서울시립용미리공원묘지

28. 평택시

◉ 주요 기관 및 학교, 병원

기관	경기평택항만공사, 평택지방해양수산청, 평택항국제여객터미널
학교	국제대학, 평택대학
병원	굿모닝병원, 박애병원, 박병원

◉ 주요 명소

공원, 유원지	아산호와 아산만방조제, 평택호관광지
문화유적	팽성읍 객사, 원균 묘, 민세 안재홍선생 생가
재래시장	통복시장, 안중시장
기타	평택호(아산호) - 해변의 간석지형 호수(붕어·잉어 서식)

29. 포천시

◉ 학교, 병원, 호텔

학교	대진대학교
병원	일심의료재단 우리병원
호텔	베어스타운, 한화리조트산정호수안시

◉ 주요 명소

산	백운산(백운계곡), 왕방산, 운악산, 명성산, 가리산
호수, 폭포	산정호수, 비둘기낭폭포
유원지, 휴양림	백로주유원지, 백운계곡국민관광지, 국망봉자연휴양림, 운악산자연휴양림
관광지	국립수목원산림박물관, 국립수목원(광릉수목원), 포천아트밸리, 허브아일랜드, 베어스타운리조트(스키장), 신북온천리조트
문화유적	화산서원(경기도기념물 제46호), 고모리산성

30. 하남시

◉ 주요 명소

산	검단산
문화유적	이성산성, 동사지오층석탑, 미사리선사유적
기타	미사리경정공원조정카누경기장(미사리조정경기장), 팔당댐(남한강과 북한강이 합류)

31. 화성시

◉ 주요 기관 및 학교, 병원, 호텔

기관	경기도농업기술원(기산동)
학교	수원대학교(봉담읍), 협성대학교(봉담읍), 수원가톨릭대학교(봉담읍)
병원	원광종합병원
호텔	를링힐스호텔

◉ 주요 명소

사찰	용주사, 봉림사
섬, 항구	져부도, 어섬, 전곡항, 궁평항, 남양호, 화성호, 화성방조제
문화유적	제암리 3.1운동순국유적지, 건릉(정조의 능), 융릉(사도세자의 능), 남이장군 묘, 화성당성
재래시장	발안만세시장, 조암시장, 남양시장, 사강시장

02 경기도를 통과하는 주요고속도로, 간선도로 등

1. 주요 고속도로

고속도로 명칭	(경기도) 통과구간
경부고속도로	성남시 - 수원시 - 오산시 - 안성시
경인고속도로	부천시
제2경인고속도로	시흥시 - 광명시 - 안양시
서해안고속도로	광명시 - 안산시 - 화성시 - 평택시
영동고속도로	시흥시 - 안산시 - 군포시 - 수원시 - 용인시 - 이천시 - 여주시
용인서울고속도로	용인시 - 수원시 - 성남시
중부고속도로	하남시 - 광주시 - 이천시 - 안성시
중부내륙고속도로	양평군 - 여주시
서울양양고속도로	하남시 - 남양주시 - 가평군
광주원주고속도로	광주시 - 여주시 - 양평군
세종포천고속도로	포천시 - 양주시 - 의정부시 - 남양주시 - 구리시 - 하남시 - 광주시 - 용인시 - 안성시
평택제천고속도로	평택시 - 안성시
평택시흥고속도로	평택시 - 시흥시
수도권제1순환고속도로	김포시 - 시흥시 - 안산시 - 군포시 - 안양시 - 성남시 - 하남시 - 남양주시 - 구리시 - 의정부시 - 양주시 - 고양시

SECTION 02 경기도 지리

제 04 장 ㅣ 지리(서울, 경기, 인천)

2. 주요 고속도로 분기점(J.C)

명칭	고속도로 구간
군자분기점	영동고속도로 – 평택시흥고속도로
금토분기점	경부고속도로 – 용인서울고속도로
동탄분기점	경부고속도로 – 봉담동탄고속도로
서오산분기점	봉담동탄고속도로 – 오산화성고속도로
서평택분기점	서해안고속도로 – 평택제천고속도로
서하남분기점	세종포천고속도로 – 수도권제1순환고속도로
신갈분기점	경부고속도로 – 영동고속도로
안산분기점	영동고속도로 – 서해안고속도로
안성분기점	경부고속도로 – 평택제천고속도로
안현분기점	수도권제1순환고속도로 – 제2경인고속도로
여주분기점	영동고속도로 – 중부내륙고속도로
용인분기점	영동고속도로 – 세종포천고속도로
조남분기점	서해안고속도로 – 수도권제1순환고속도로
판교분기점	경부고속도로 – 수도권제1순환고속도로
평택분기점	평택파주고속도로 – 평택제천고속도로
하남분기점	중부고속도로 – 수도권제1순환고속도로
호법분기점	영동고속도로 – 중부고속도로

3. 주요 국도와 지방도

명칭	구간
국도 1호선	파주시 – 고양시 – 광명시 – 안양시 – 의왕시 – 수원시 – 오산시 – 평택시
국도 3호선	동두천시 – 의정부시 – 성남시 – 광주시 – 이천시
국도 6호선	부천시 – 서울시 – 구리시 – 남양주시 – 양평군
국도 37호선	파주시 – 연천군 – 포천시 – 가평군 – 양평군
국도 38호선	평택시 – 안성시
국도 39호선	의정부시 – 고양시 – 부천시 – 시흥시 – 안산시 – 화성시 – 평택시
국도 42호선	시흥시 – 안산시 – 수원시 – 용인시 – 이천시 – 여주시
국도 43호선	포천시 – 의정부시 – 남양주시 – 구리시 – 하남시 – 광주시 – 수원시 – 평택시
국도 45호선	남양주시 – 광주시 – 용인시 – 평택시
국도 46호선	부천시 – 서울시 – 구리시 – 남양주시 – 가평군
국도 47호선	안산시 – 의왕시 – 안양시 – 과천시 – 서울시 – 구리시 – 남양주시 – 포천시
국도 77호선	파주시 – 고양시 – 시흥시 – 안산시 – 화성시 – 평택시
국도 82호선	화성시 – 팽택시

SECTION 02 | 경기도 지리

01 경기도 행정구역은 '몇 개의 시와 군'으로 구성되었습니까?
① 22개 시, 5개 군   ② 24개 시, 7개 군
③ 25개 시, 6개 군   ④ 28개 시, 3개 군

02 다음 중 '경기도청'이 위치한 행정구역은?
① 수원시 팔달구
② 수원시 영통구(이의동)
③ 수원시 장안구
④ 수원시 권선구

해설
• 경기도청 : 수원시 영통구 도청로 30(이의동)
• 경기도청 북부청사 : 의정부시 신곡동

03 '경기도청 북부청사'가 위치한 행정구역은?
① 의정부시   ② 남양주시
③ 고양시   ④ 과천시

04 다음 중 '수원고등법원과 수원고등검찰청'이 위치한 곳은?
① 장안구   ② 팔달구
③ 영통구(하동) ④ 권선구

05 '경기도교육청 남부청사'가 위치한 행정구역은?
① 수원시 영통구(이의동)
② 수원시 장안구
③ 수원시 팔달구
④ 수원시 권선구

해설
• 경기도교육청 조원청사 : 수원시 장안구 조원동
• 경기도교육청 북부청사 : 의정부시 금오동

06 다음 중 '경기남부경찰청'이 위치한 행정구역은?
① 수원시(연무동)   ② 성남시
③ 의정부시   ④ 과천시

해설
• 경기남부경찰청 : 수원시 장안구 연무동
• 경기북부경찰청 : 의정부시 금오동

07 '경기북부경찰청'이 위치한 행정구역은?
① 고양시   ② 부천시
③ 남양주시   ④ 의정부시(금오동)

08 다음 중 '정부과천종합청사'가 위치한 행정구역은?
① 수원시
② 과천시 과천동
③ 성남시
④ 과천시(중앙동)

해설 과천시 '기관과 소재지'
정부과천종합청사(중앙동), 서울지방국토관리청(중앙동), 경인지방통계청(중앙동)

09 '한국교통안전공단 경기남부본부'가 위치한 행정구역은?
① 성남시   ② 안양시
③ 수원시(서둔동) ④ 용인시

해설
• 한국교통안전공단 경기남부본부 : 수원시 권선구 서둔동
• 한국교통안전공단 경기북부본부 : 의정부시 호원동

10 다음 중 '한국도로교통공단 경기도지부'가 위치한 곳은?
① 수원시   ② 용인시(영덕동)
③ 안양시   ④ 안산시

11 '한국가스안전공사 경기광역본부'가 위치한 행정구역은?
① 수원시(파장동) ② 안산시
③ 과천시   ④ 안양시

해설
• 한국가스안전공사 경기광역본부 : 수원시 장안구 파장동
• 한국가스공사 경기지역본부 : 안산시 일동

12 다음 중 '경인지방병무청'이 위치한 곳은?
① 고양시   ② 용인시
③ 안양시   ④ 수원시 팔달구(화서동)

해설
• 경인지방병무청 : 수원시 팔달구 화서동
• 중부지방국세청 : 수원시 장안구 파장동
• 서울지방국토관리청 : 과천시 중앙동

13 다음 중 '수원시청'이 위치한 곳은?
① 권선구   ② 장안구
③ 팔달구(인계동) ④ 영통구

해설 수원시 '시청·구청과 소재지'
• 수원시청 : 팔달구 인계동   • 장안구청 : 장안구 조원동
• 권선구청 : 권선구 탑동   • 영통구청 : 영통구 매탄동
• 팔달구청 : 팔달구 매향동

정답 01 ④ 02 ② 03 ① 04 ③ 05 ① 06 ① 07 ④
정답 08 ④ 09 ③ 10 ② 11 ① 12 ④ 13 ③

적중 예상문제   SECTION 02 | 경기도 지리

14 다음 중 수원시에 위치한 '경찰서'가 아닌 것은?

① 수원동부경찰서

② 수원서부경찰서

③ 수원중부경찰서

④ 수원남부경찰서

> **해설**   수원시 '경찰서와 소재지'
> 수원서부경찰서(권선구 탑동), 수원중부경찰서(장안구 정자동), 수원남부경찰서(영통구 매탄동)

15 다음 중 '수원시'에 위치하지 않은 기관은?

① 경기도청

② 한국교통안전공단 경기남부본부

③ 한국도로교통공단 경기도지부

④ 경기도교통연수원

16 경기도 소재 '운전면허시험장'이 아닌 것은?

① 안산운전면허시험장

② 의정부운전면허시험장

③ 용인운전면허시험장

④ 서부운전면허시험장

> **해설**   경기도 '운전면허시험장과 소재지'
> • 안산운전면허시험장 : 안산시
> • 용인운전면허시험장 : 용인시
> • 의정부운전면허시험장 : 의정부시

17 다음 중 '경기도교통연수원'이 위치한 행정구역은?

① 안산시 단원구

② 수원시 장안구(조원동)

③ 안산시 상록구

④ 수원시 팔달구

18 '경기도택시운송조합'이 위치한 곳은?

① 과천시   ② 안양시

③ 의정부시   ④ 수원시(파장동)

> **해설**   • 경기도택시운송조합 : 수원시 장안구 파장동
> • 경기도택시운송조합 북부지부 : 의정부시

19 다음 중 '성남시'에 위치한 경찰서가 아닌 것은?

① 분당경찰서

② 성남수정경찰서

③ 성남판교경찰서

④ 성남중원경찰서

> **해설**   성남시 '경찰서와 소재지'
> 분당경찰서(분당구 정자동), 성남중원경찰서(중원구 상대원동), 성남수정경찰서(수정구 태평동)

20 '국립현대미술관'이 위치한 행정구역은?

① 수원시   ② 안산시

③ 부천시   ④ 과천시

21 대한민국 철도의 모든 것을 간직한 '철도박물관'이 소재한 곳은?

① 안양시   ② 의왕시

③ 광명시   ④ 용인시

22 다음 중 세계에서 유일한 '한국등잔박물관'이 위치한 곳은?

① 구리시   ② 용인시

③ 의정부시   ④ 안성시

23 경의선 철도역 중 가장 북쪽에 있는 '도라산역'의 행정구역은?

① 연천군   ② 양주군

③ 파주시   ④ 포천시

24 다음 중 청평댐 건설로 생긴 '자라섬'이 위치한 행정구역은?

① 가평군   ② 양평군

③ 남양주시   ④ 여주시

25 놋그릇(유기)을 많이 생산하여 '안성맞춤'이란 말이 유래한 지역은?

① 이천시   ② 안성시

③ 여주시   ④ 과천시

26 경기도에서 '골프장'이 가장 많은 행정구역은?

① 용인시   ② 평택시

③ 여주시   ④ 이천시

27 다음 중 휴전선과 가장 가까운 '태풍전망대'가 위치한 행정구역은?

① 연천군   ② 동두천시

③ 파주시   ④ 김포시

28 북녘땅을 바라볼 수 있는 '애기봉과 애기봉평화생태공원'이 위치한 곳은?

① 고양시   ② 김포시

③ 양주시   ④ 파주시

29 '미사경정공원조정카누경기장(미사리조정경기장)'이 위치한 곳은?

① 여주시   ② 남양주시

③ 양평군   ④ 하남시

정답   14 ①   15 ③   16 ④   17 ②   18 ④   19 ③

정답   20 ④   21 ②   22 ②   23 ③   24 ①   25 ②   26 ①   27 ①   28 ②   29 ④

 적중 예상문제

30 다음 중 '제암리 3.1운동 순국기념관'이 위치한 행정구역은?
① 화성시 ② 안성시
③ 오산시 ④ 용인시

31 임진왜란 때 권율장군이 왜군을 크게 물리친 '독산성과 세마대'가 위치한 행정구역은?
① 평택시 ② 오산시
③ 고양시 ④ 화성시

32 국내 최대 규모의 놀이공원인 '에버랜드'가 위치한 행정구역은?
① 수원시 ② 성남시
③ 용인시 ④ 광주시

33 국내 유일의 프랑스 테마파크인 '쁘띠프랑스'가 위치한 행정구역은?
① 남양주시 ② 가평군
③ 양평군 ④ 광명시

34 다음 중 '대성리국민관광지'가 위치한 행정구역은?
① 가평군 ② 연천군
③ 양주시 ④ 파주시

35 종합테마파크 '웅진플레이도시'가 위치한 행정구역은?
① 안양시 ② 성남시
③ 부천시 ④ 수원시

36 다음 중 '광교호수공원(구, 원천유원지)'이 위치한 행정구역은?
① 의왕시 ② 안양시
③ 군포시 ④ 수원시

37 '대부도'의 행정구역은 안산시입니다. '제부도'의 행정구역은?
① 안산시 ② 김포시
③ 시흥시 ④ 화성시

38 다음 중 남한강과 북한강이 만나는 '양수리(두물머리)'의 행정구역은?
① 광주시 ② 양평군
③ 하남시 ④ 이천시

39 구한말 고종황제의 비인 '명성황후의 생가'가 위치한 곳은?
① 용인시 ② 광주시
③ 여주시 ④ 양평군

40 다음 중 '관광명소와 소재지'가 잘못 연결된 것은?
① 웅진플레이도시 - 부천시
② 애기봉전망대 - 김포시
③ 철도박물관 - 의왕시
④ 자라섬 - 남양주시

41 경기도내 '관광명소와 행정구역'이 잘못 연결된 것은?
① 서울경마공원 - 고양시
② 밤섬유원지 - 남양주시
③ 프로방스가을 - 파주시
④ 베어스타운리조트 - 포천시

42 다음 중 산세가 아름다워 소금강이라 불리는 '소요산'이 위치한 곳은?
① 양주시 ② 가평군
③ 고양시 ④ 동두천시

> **해설** 경기도 '산과 소재지'
> • 가평군 : 명지산, 유명산, 화악산, 연인산
> • 고양시 : 북한산, 북한산성
> • 남양주시 : 천마산, 운길산, 축령산
> • 포천시 : 운악산, 백운산, 명성산
> • 동두천시 : 소요산
> • 안양시 : 관악산
> • 양평군 : 용문산
> • 하남시 : 검단산

43 다음 중 '경기도 5대 악산(岳山)'이 아닌 것은?
① 운악산 ② 관악산
③ 소요산 ④ 화악산

> **해설** 경기도 5대 악산(岳山) : 감악산(파주시·연천군·양주시), 화악산(가평군), 운악산(포천시·가평군), 관악산(과천시·안양시·관악구), 송악산(개성시)

44 '유명산과 유명산자연휴양림'이 위치한 행정구역은?
① 포천시 ② 가평군
③ 용인시 ④ 양평군

45 다음 중 '수원(화성)성 4대문'이 아닌 것은?
① 화홍문 ② 장안문
③ 팔달문 ④ 화서문

> **해설** 수원화성 4대문
> 창룡문(동문), 화서문(서문), 장안문(북문), 팔달문(남문)

46 조선시대 명장 권율장군과 관련 있는 '행주산성'의 위치는?
① 김포시 ② 파주시
③ 고양시 ④ 광주시

> **해설** 경기도 '산성과 소재지'
> 남한산성(광주시), 북한산성(고양시), 행주산성(고양시), 문수산성(김포시), 죽주산성(안성시), 오두산성(파주시), 처인성지(용인시)

정답 30 ① 31 ② 32 ③ 33 ② 34 ① 35 ③ 36 ④ 37 ④ 38 ② 39 ③
정답 40 ④ 41 ① 42 ④ 43 ③ 44 ② 45 ① 46 ③

적중 예상문제

SECTION 02 | 경기도 지리

47 다음 중 김포와 강화도 입구를 지키기 위해 돌로 쌓은 '조선시대 산성'은?

① 오두산성　　　　　② 죽주산성
③ 행주산성　　　　　④ 문수산성

48 경기도 도립공원으로 지정된 '남한산성'이 위치한 행정구역은?

① 고양시　　　　　② 남양주시
③ 광주시　　　　　④ 여주시

49 다음 중 고려시대 토성(土城)인 '처인성지'가 위치한 곳은?

① 성남시　　　　　② 용인시
③ 광주시　　　　　④ 고양시

50 조선시대 정조와 사도세자의 능인 '건릉과 융릉'이 위치한 곳은?

① 구리시　　　　　② 남양주시
③ 수원시　　　　　④ 화성시

> **해설** 왕릉과 유명인사 묘의 소재지
> 영릉(세종대왕릉, 여주시), 동구릉(구리시), 홍릉과 유릉(남양주시), 서오릉(고양시), 고려 공양왕릉(고양시), 최영장군 묘(고양시), 신라 경순왕릉(연천군), 건릉과 융릉(화성시), 남 이장군 묘(화성시), 권율장군 묘(양주시), 윤관장군 묘(파주시), 이이(이율곡) 묘(파주시)

51 고종황제와 명성황후의 능인 '홍릉과 유릉'이 위치한 행정구역은?

① 구리시　　　　　② 남양주시
③ 여주시　　　　　④ 고양시

52 천주교 '미리내성지와 김대건신부 묘'가 위치한 행정구역은?

① 안성시　　　　　② 여주시
③ 광주시　　　　　④ 화성시

53 다음 중 조선왕조 500년 숨결이 잠든 '동구릉'이 위치한 곳은?

① 고양시　　　　　② 구리시
③ 남양주시　　　　④ 여주시

54 1,000년 이상 된 은행나무(천연기념물 30호)가 있는 '용문사'의 소재지는?

① 광주시　　　　　② 여주시
③ 양평군　　　　　④ 가평군

> **해설** 경기도 '유명사찰과 소재지'
> • 용인시 : 와우정사　　　• 여주시 : 신륵사, 고달사지
> • 화성시 : 용주사　　　• 안양시 : 삼막사
> • 안성시 : 칠장사　　　• 동두천시 : 자재암
> • 양평군 : 용문사

55 다음 중 남한강변의 천년고찰 '신륵사'가 위치한 행정구역은?

① 이천시　　　　　② 남양주시
③ 양평군　　　　　④ 여주시

56 누워있는 불상으로 유명한 '와우정사'가 위치한 행정구역은?

① 여주시　　　　　② 안성시
③ 용인시　　　　　④ 오산시

57 재래시장 '모란민속시장'이 위치한 행정구역은?

① 성남시　　　　　② 안양시
③ 수원시　　　　　④ 용인시

> **해설** 경기도 '재래시장과 소재지'
> • 수원시 : 남문로데오시장, 영동시장, 역전시장, 지동시장
> • 안양시 : 남부시장, 박달시장, 호계종합시장, 평촌역상가
> • 성남시 : 모란민속시장, 성호시장
> • 화성시 : 남양시장, 사강시장, 발안만세시장, 조암시장
> • 안산시 : 시민시장
> • 오산시 : 오색시장
> • 평택시 : 통복시장, 안중시장

58 안양시에 위치하지 않은 '재래시장'은?

① 남부시장　　　　　② 박달시장
③ 호계종합시장　　　④ 시민시장

59 다음 중 수원시에 위치한 '재래시장'이 아닌 것은?

① 영동시장　　　　　② 지동시장
③ 오색시장　　　　　④ 역전시장

60 '가평군'에 위치한 관광명소가 아닌 것은?

① 청평유원지　　　　② 한탄강유원지
③ 자라섬　　　　　④ 대성리국민관광지

61 다음 중 '고양시'에 위치하지 않은 것은?

① 동구릉　　　　　③ 일산호수공원
③ 행주산성　　　　④ 킨텍스(KINTEX)

62 '과천시'에 위치하지 않은 것은?

① 국립현대미술관　　② 서울대공원
③ 관악산(연주대)　　④ 국립암센터

63 다음 중 '광명시'에 위치한 것은?

① 광명동굴　　　　② 고구려대장간마을
③ 벽제관지　　　　④ 연인산

64 경기도 '광주시'에 위치하지 않은 것은?

① 천진암성지
② 한양대학교병원
③ 남한산성
④ 팔당호

116

정답 47 ④　48 ③　49 ②　50 ④　51 ②　52 ①　53 ②　54 ③　55 ④

정답 56 ③　57 ①　58 ④　59 ③　60 ②　61 ①　62 ④　63 ①　64 ②

 적중 예상문제

65 다음 중 '구리시'에 위치한 것은?
① 한국항공대학교 ② 문수산성
③ 천마산 ④ 농수산물도매시장

66 '군포시'에 위치한 것은?
① 한세대학교 ② 한국만화박물관
③ 국군수도병원 ④ 청계산

67 다음 중 '김포시'에 위치한 관광명소가 아닌 것은?
① 애기봉평화생태공원 ② 덕포진
③ 소요산 ④ 장릉

68 '남양주시'에 위치한 관광명소가 아닌 것은?
① 팔당유원지
② 일영유원지
③ 다산 정약용유적지
④ 수동국민관광지

69 다음 중 '동두천시'에 위치하지 않은 것은?
① 소요산 ② 왕방계곡
③ 동양대학교 ④ 산정호수

70 '부천시'에 위치하지 않은 것은?
① 모란민속시장 ② 한국만화박물관
③ 웅진플레이도시 ④ 유한대학

71 다음 중 '성남시'에 위치하지 않은 것은?
① 성남서울공항 ② 국군수도병원
③ 가천대학교 ④ 오색시장

72 '수원시'에 위치한 관광명소가 아닌 것은?
① 한국민속촌 ② 광교호수공원
③ 수원화성 ④ 인계예술공원

73 다음 중 '시흥시'에 소재하지 않은 것은?
① 물왕호수 ② 대부도
③ 월곶포구 ④ 한국산업기술대학교

74 '안산시'에 위치하지 않은 것은?
① 대부도 ② 시화방조제
③ 중앙대학교 ④ 안산운전면허시험장

75 다음 중 '안성시'와 관련 없는 것은?
① 삼막사 ② 중앙대학교
③ 서운산성 ④ 미리내성지

76 '안양시'에 소재하지 않은 것은?
① 송추계곡 ② 성결대학교
③ 한림대성심병원 ④ 수리산

77 다음 중 '양주시' 소재 관광명소가 아닌 것은?
① 장흥유원지 ② 두리랜드
③ 일영유원지 ④ 세미원

78 '양평군'에 위치하지 않은 것은?
① 용문산 ② 신륵사
③ 세미원 ④ 두물머리(양수리)

79 다음 중 '여주시' 소재 문화유적으로 볼 수 없는 것은?
① 이포나루 ② 영릉(세종대왕릉)
③ 동막골유원지 ④ 명성황후 생가

80 '연천군' 소재 관광명소가 아닌 것은?
① 한탄강관광지 ② 태풍전망대
③ 동막골유원지 ④ 세마대지

81 다음 중 '오산시'에 위치하지 않은 것은?
① 와우정사 ② 물향기수목원
③ 독산성 ④ 세마대지

82 '용인시'에 위치하지 않은 관광명소는?
① 한국민속촌 ② 에버랜드
③ 서울경마공원 ④ 캐리비안 베이

83 다음 중 '의왕시'와 관련 없는 것은?
① 백운호수 ② 사패산
③ 철도박물관 ④ 한국교통대학교

84 '의정부시'에 위치하지 않은 것은?
① 덕평공룡수목원
② 을지대학교병원
③ 망월사 · 회룡사
④ 의정부운전면허시험장

정답 65 ④ 66 ① 67 ③ 68 ② 69 ④ 70 ① 71 ④ 72 ① 73 ② 74 ③
정답 75 ① 76 ① 77 ④ 78 ② 79 ③ 80 ④ 81 ① 82 ③ 83 ② 84 ①

적중 예상문제

SECTION 02 | 경기도 지리

85 다음 중 '이천시'에 위치하지 <u>않은</u> 것은?

① 미란다호텔
② 지산포레스트리조트
③ 덕평공룡수목원
④ 헤이리예술마을

86 '파주시'에 위치한 관광명소가 <u>아닌</u> 것은?

① 오두산통일전망대
② 헤이리예술마을
③ 임진각
④ 베어스타운

87 다음 중 '평택시'와 관련 <u>없는</u> 것은?

① 평택지방해양수산청
② 전곡항
③ 박애병원
④ 안중시장

88 '포천시'에 소재한 관광명소가 <u>아닌</u> 것은?

① 태풍전망대   ② 국립수목원
③ 산정호수   ④ 백운계곡

89 다음 중 '하남시'에 위치하지 <u>않은</u> 것은?

① 검단산
② 미사리경정공원조정카누경기장
③ 용주사
④ 팔당댐

90 '화성시'에 소재하지 <u>않은</u> 것은?

① 수원대학교   ② 제부도
③ 남이장군 묘   ④ 독산성

91 다음 중 '수원시'에 위치하지 <u>않은</u> 대학교는?

① 성균관대학교   ② 아주대학교
③ 경기대학교   ④ 수원대학교

> 해설 경기도 '대학교와 소재지'
> • 수원시 : 성균관대학교, 아주대학교, 경기대학교
> • 안양시 : 성결대학교, 대림대학
> • 화성시 : 수원대학교, 협성대학교, 수원가톨릭대학교
> • 안산시 : 한양대학교, 서울예술대학
> • 용인시 : 경희대학교, 한국외대, 단국대, 용인대, 강남대
> • 고양시 : 한국항공대학교
> • 성남시 : 가천대학교 글로벌캠퍼스
> • 안성시 : 중앙대학교
> • 시흥시 : 한국공학대학교
> • 군포시 : 한세대학교

92 '가천대학교 글로벌캠퍼스'가 위치한 행정구역은?

① 성남시   ② 용인시
③ 광주시   ④ 안양시

93 '수원시'에 위치한 병원이 <u>아닌</u> 것은?

① 아주대학교병원
② 성빈센트병원
③ 경기도의료원수원병원
④ 분당차병원

> 해설 경기도 '병원과 소재지'
> • 수원시 : 아주대학교병원, 성빈센트병원, 경기도의료원수원병원, 동수원병원, 화홍병원
> • 안산시 : 고려대 안산병원, 한도병원, 동의성단원병원
> • 의정부시 : 의정부성모병원, 추병원, 경기도의료원의정부병원
> • 평택시 : 굿모닝병원, 박애병원, 박병원
> • 고양시 : 국립암센터, 동국대 일산병원, 일산백병원, 명지병원
> • 부천시 : 부천성모병원, 순천향대병원, 세종병원, 다이엘종합병원
> • 성남시 : 분당서울대병원, 분당차병원, 정병원, 국군수도병원
> • 안양시 : 성심병원, 안양샘병원
> • 용인시 : 다보스병원, 강남병원
> • 구리시 : 한양대 구리병원
> • 군포시 : 지샘병원
> • 김포시 : 뉴고려병원
> • 포천시 : 우리병원
> • 화성시 : 원불교원광종합병원
> • 시흥시 : 시화병원, 신천연합병원, 센트럴병원

94 다음 중 '고양시'에 위치한 병원은?

① 국립암센터
② 다보스병원
③ 한도병원
④ 순천향대병원

95 '성남시'에 위치한 병원이 <u>아닌</u> 것은?

① 분당차병원
② 정병원
③ 백병원
④ 국군수도병원

96 다음 중 '성남시'에 위치한 호텔은?

① 폴라리스호텔
② 더트리니어반스위트
③ 미란다호텔
④ 밀리토피아호텔 바이마린

> 해설 경기도 '호텔과 소재지'
> • 가평군 : 마이다스호텔 & 리조트
> • 부천시 : 폴라리스호텔, 고려호텔
> • 성남시 : 밀티토피아호텔 바이마린
> • 용인시 : 더트리니어반스위트
> • 이천시 : 미란다호텔
> • 포천시 : 베어스타운
> • 화성시 : 롤링힐스호텔

정답 85 ④ 86 ④ 87 ② 88 ① 89 ③ 90 ④ 91 ④

정답 92 ① 93 ④ 94 ① 95 ③ 96 ④

 적중 예상문제

SECTION 02 | 경기도 지리

97 경기도 내 '경부선KTX(고속철도)'의 정차역으로 옳은 것은?

① 안양역, 수원역
② 광명역, 수원역
③ 광명역, 평택역
④ 수원역, 평택역

98 다음 중 '수도권전철 1호선과 지하철 4호선'이 환승하는 역은?

① 안양역 ② 군포역
③ 금정역 ④ 산본역

99 '수원시 권선구청과 수원서부경찰서'에서 가장 가까운 전철역은?

① 고색역 ② 수원역
③ 화서역 ④ 성대입구역

100 다음 중 '수원종합버스터미널'과 가장 가까운 전철역은?

① 수원역 ② 화서역
③ 세류역 ④ 병점역

101 '일산동부경찰서'는 지하철 3호선 어느 역과 어느 역 사이에 있는가?

① 대화역과 주엽역
② 주엽역과 정발산역
③ 마두역과 백석역
④ 백석역과 대곡역

> **해설** 고양시 '관청과 인접한 지하철역'
> • 일산덕양구청 : 화정역
> • 일산서구청 : 대화역
> • 고양경찰서 : 화정역
> • 일산서부경찰서 : 대화역
> • 일산동구청 : 정발산역
> • 일산동부경찰서 : 주엽역과 정발산역 사이

102 다음 중 성남시 '분당경찰서'와 가장 인접한 전철역은?

① 판교역 ② 정자역
③ 미금역 ④ 오리역

103 부천시 '부천종합버스터미널'에서 가장 가까운 지하철역은?

① 부천시청역 ② 상동역
③ 신중동역 ④ 춘의역

104 다음 중 '안양시청'과 가장 가까운 지하철역은?

① 평촌역 ② 안양역
③ 관악역 ④ 인덕원역

> 안양시 '관청과 인접한 지하철역'
> • 안양시청 : 평촌역
> • 안양동안구청 : 범계역
> • 안양만안구청 : 명학역
> • 안양동안경찰서 : 범계역
> • 안양만안경찰서 : 명학역

105 안양시 '동안구청과 안양동안경찰서'에 가장 인접한 지하철역은?

① 안양역 ② 인덕원역
③ 금정역 ④ 범계역

> **해설**
> • 범계역 : 안양시 동안구청과 안양동안경찰서에 가장 인접한 지하철역
> • 철산역 : 광명시청과 광명경찰서에서 가장 가까운 지하철역
> • 정부청사역 : 과천시 과천경찰서와 과천소방서에 가장 인접한 전철역
> • 고잔역 : 고려대학교 안산병원에서 제일 가까운 지하철역

106 '군포시청과 군포경찰서'에서 가장 가까운 지하철역은?

① 금정역 ② 수리산역
③ 군포역 ④ 산본역

> **해설**
> • 산본역 : 군포시 청과 군포경찰서에서 가장 가까운 지하철역
> • 수리산역 : 군포시 도장초등학교에서 가장 가까운 지하철역

107 대한민국 최초로 건설된 '고속도로'는?

① 경부고속도로
② 경인고속도로
③ 영동고속도로
④ 중부고속도로

> **해설**
> • 경인고속도로 : 대한민국 최초로 건설된 고속도로
> • 경기도 통과하는 고속도로 : 경부고속도로, 영동고속도로, 서해안고속도로

108 '경부고속도로와 영동고속도로'가 만나는 분기점은?

① 신갈분기점 ② 판교분기점
③ 호법분기점 ④ 안산분기점

> **해설** 경기도내 주요 고속도로 분기점(J.C)
> • 금토분기점 : 경부고속도로 - 용인서울고속도로
> • 신갈분기점 : 경부고속도로 - 영동고속도로
> • 안성분기점 : 경부고속도로 - 평택제천고속도로
> • 판교분기점 : 경부고속도로 - 수도권제1순환고속도로
> • 호법분기점 : 영동고속도로 - 중부고속도로
> • 안산분기점 : 영동고속도로 - 서해안고속도로
> • 여주분기점 : 영동고속도로 - 중부내륙고속도로
> • 조남분기점 : 서해안고속도로 - 수도권제1순환고속도로

109 다음 중 '성남시'를 남북으로 통과하는 고속도로는?

① 중부고속도로
② 수도권제1순환고속도로
③ 영동고속도로
④ 서해안고속도로

> **해설** 수도권제1순환고속도로 : 구리시, 고양시를 남북으로 통과함

정답 97 ② 98 ③ 99 ① 100 ③ 101 ② 102 ② 103 ② 104 ①
정답 105 ④ 106 ④ 107 ② 108 ① 109 ②

적중 예상문제 SECTION 02 | 경기도 지리

110 '안산시 – 수원시 – 용인시 – 이천시 – 여주시'를 지나가는 고속도로는?

① 경인고속도로

② 경부고속도로

③ 중부고속도로

④ 영동고속도로

> 해설
> • 영동고속도로 통과 구간 : 안산시 – 수원시 – 용인시 – 이천시 – 여주시
> • 국도 1호선 통과 구간 : 파주시 – 고양시 – 안양시 – 수원시 – 평택시
> • 국도 3호선 통과 구간 : 동두천시 – 의정부시 – 성남시 – 광주시 – 이천시

111 다음 중 '수원시와 용인시'를 지나는 국도는?

① 국도 1호선

② 국도 3호선

③ 국도 42호선

④ 국도 46호선

112 다음 중 '파주시 – 고양시 – 안양시 – 수원시 – 평택시'를 지나는 국도는?

① 국도1호선 　　② 국도3호선

③ 국도6호선 　　④ 국도37호선

113 '동두천시 – 의정부시 – 성남시 – 광주시 – 이천시'로 연결되는 국도는?

① 국도1호선 　　② 국도3호선

③ 국도6호선 　　④ 국도7호선

114 '경수대로'가 지나가지 <u>않는</u> 행정구역은?

① 안양시 　　② 의왕시

③ 수원시 　　④ 오산시

> 해설
> • 경수대로 : 안양시(석수역) – 의왕시 – 수원시 – 화성시(반정동)
> • 수인로(수인산업도로) : 인천시 남동구(장수사거리) – 시흥시 – 안산시 – 수원시(육교사거리)
> • 중부대로 : 중동사거리(수원시) – 용인시 – 이천시 – 세종대왕릉삼거리(여주시)

115 다음 중 '수인로(수인산업도로)'가 지나가지 <u>않는</u> 행정구역은?

① 시흥시 　　② 안산시

③ 수원시 　　④ 용인시

> 해설
> • 수인로(수인산업도로) 통과 구간 : 인천시 – 시흥시 – 안산시 – 수원시
> • 중부대로 통과 구간 : 수원시 – 용인시 – 이천시 – 여주시

116 간선도로 '중부대로'가 지나가지 <u>않는</u> 행정구역은?

① 화성시 　　② 수원시

③ 용인시 　　④ 이천시

117 다음 중 고양시 '일산서구 서쪽과 강변북로'를 연결하는 도로명은?

① 통일로 　　② 자유로

③ 고양대로 　　④ 중앙로

118 안양시 '인덕원사거리에서 비산사거리로' 연결되는 도로명은?

① 관악대로

② 시민대로

③ 흥안대로

④ 경수대로

> 해설
> • 관악대로 : 안양시 인덕원사거리에서 비산사거리로 연결되는 도로
> • 평화로 : 의정부시 의정부역 앞을 남북으로 지나는 도로
> • 중앙대로 : 안산시 안산역 앞을 지나는 도로

119 의정부시 '의정부역' 앞을 남북으로 지나는 도로명은?

① 통일로 　　② 동일로

③ 평화로 　　④ 시민로

120 다음 중 안산시 '안산역' 앞을 지나는 도로명은?

① 수인로 　　② 시흥대로

③ 해안로 　　④ 중앙대로

120

정답 110 ④ 111 ③ 112 ① 113 ② 114 ④ 115 ④ 116 ① 117 ②

정답 118 ① 119 ③ 120 ④

SECTION 03 인천광역시 지리

- **면　　적** : 약 1,029㎢ (25.09.30 기준)
- **행정구분** : 8개 구 2개 군
- **인　　구** : 약 304만명 (25.09.30 기준)
- **상징나무** : 목백합
- **상징 꽃** : 장미
- **상징 새** : 두루미

※ 인천광역시 응시자용

01 주요 기관, 공공건물, 학교, 병원 등

1. 주요 관공서 소재지(구별 가나다 순)

소재지	명칭
강화군	강화군청(강화읍), 강화경찰서(강화읍), 강화교육지원청(불은면), 강화소방서(불은면), 강화군 농업기술센터(불은면)
계양구	계양구청(계산동), 고용노동부 인천북부지청(계산동), 계양경찰서(계산동), 계양세무서(작전동), 계양소방서(계산동), 인천교통연수원(계산동), 인천시농업기술센터(서운동)
남동구	인천광역시청(구월동), 인천광역시교육청(구월동), 인천경찰청(구월동), 남동구청(만수동), 인천시 동부교육지원청(만수동), 남동경찰서(도림동), 논현경찰서(논현동), 남동세무서(구월동), 남동소방서(구월동), 공단소방서(고잔동), 인천교통정보센터(간석동), 인천교통공사(간석동), 한국교통안전공단 인천본부(간석동), 인천운전면허시험장(고잔동), 인천문화예술회관(구월동), 인천상공회의소(논현동)
동구	동구청(송림동), 인천세무서(창영동), 인천청소년상담복지센터(송림동)
미추홀구	미추홀구청(숭의동), 옹진군청(용현동), 인천보훈지청(도화동), 인천지방법원(학익동), 인천지방검찰청(학익동), 인천시선거관리위원회(도화동), 중부지방고용노동청(도화동), 미추홀경찰서(학익동), 미추홀소방서(주안동), 인천종합건설본부(도화동), 인천상수도사업본부(도화동), 인천여성복지관(주안동), 경인방송(학익동), TBN경인교통방송(학익동)
부평구	부평구청(부평동), 부평경찰서(청천동), 삼산경찰서(삼산동), 부평세무서(부평동), 부평소방서(갈산동), 인천북부교육지원청(부평동), 한국산업안전보건공단 인천본부(구산동), 북인천우체국(부평동)
서구	서구청(심곡동), 서부경찰서(심곡동), 인천해양경찰서(청라동), 서인천세무서(청라동), 서부소방서(심곡등), 인천시설공단(연희동), 인천광역시 인재개발원(심곡동), 인천시 서부교육지원청(공촌동), 인천서부여성회관(석남동), 인천연구원(심곡동)
연수구	연수구청(동춘동), 중부지방해양경찰청(송도동), 연수경찰서(연수동), 연수세무서(송도동), 인천항만공사(송도동), 인천환경공단(동춘동), 한국도로교통공단 인천시지부(옥련동), 인천경제자유구역청(송도동), 인천여성의광장(동춘동),
중구	중구청(관동1가), 중부경찰서(항동2가), 인천남부교육지원청(송학동1가), 영종소방서(운서동), 인천지방해양수산청(항동7가), 인천출입국외국인청(항동7가), 인천국제공항공사(운서동), 인천관광공사(북성동1가), 인천기상대(전동), 극립인천검역소(항동7가), 인천보건환경연구원(신흥동2가)

2. 주요 학교와 소재지

소재지	학교
강화군	안양대학교 강화캠퍼스(불은면), 인천가톨릭대학교 강화캠퍼스(양도면), 가천대학교 강화캠퍼스(길상면)
계양구	경인교육대학교(계산동), 경인여자대학(계산동)
남동구	한국방송통신대학 인천지역대학(구월동)
동구	인천재능대학(송림동)
미추홀구	인하대학교(용현동), 인하공업전문대학(용현동), 인천대학교 제물포캠퍼스(도화동), 청운대학교 인천캠퍼스(도화동), 한국폴리텍대학 남인천캠퍼스(주안동), 인천고교(주안동)
부평구	한국폴리텍대학 인천캠퍼스(구산동), 부평고(부평4동)

SECTION 03 인천광역시 지리

소재지	학교
연수구	연세대학교 국제캠퍼스(송도동), 인천대학교 송도캠퍼스(송도동), 가천대학교 메디컬캠퍼스(연수동), 인천가톨릭대학교 송도국제캠퍼스(송도동), 인천여고(연수동)
중구	제물포고교(전동)

3. 주요 병원과 소재지

소재지	병원명칭
강화군	강화병원(강화읍)
계양구	한마음병원(작전동), 인천세종병원(작전동), 한림병원(작전동)
남동구	가천의과대학 길병원(구월동)
동구	인천광역시의료원(송림동), 인천백병원(송림동)
미추홀구	인천사랑병원(주안동), 현대유비스병원(숭의동)
부평구	근로복지공단 인천병원(구산동), 인천성모병원(부평동), 부평세림병원(청천동)
서구	나은병원(가좌동), 온누리병원(왕길동), 은혜병원(심곡동), 석민병원(석남동)
연수구	인천적십자병원(연수동), 나사렛국제병원(동춘동)
중구	인하대병원(신흥동3가), 인천기독병원(율목동)

4. 주요 관광명소(유원지, 문화재, 놀이공원 등)과 호텔의 소재지

소재지	명칭
강화군	마니산(화도면), 정족산(길상면), 전등사(길상면), 정수사(화도면), 보문사(삼산면), 대룡시장(교동면), 동막해수욕장(화도면), 호텔에버리치(강화읍)
계양구	계양산(목상동), 계양산성(계산동), 카리스호텔(작전동), 반도관광호텔(작전동)
남동구	약사사(간석동), 인천대공원(장수동), 소래포구(논현동), 라마다인천호텔(논현동)
동구	화도진지(화수동), 물치도(구, 작약도), 배다리성냥마을박물관(금곡동), 수도국산달동네박물관(송현동)
미추홀구	문학산(문학동), 인천향교(문학동), 송암미술관(학익동), 인천문학경기장(문학동)
부평구	부평역사박물관(삼산동), 인천삼산월드체육관(삼산동), 인천가족공원(부평동), 부평공원(부평동), 인천나비공원(청천동)
서구	인천시검단선사박물관(원당동), 청라중앙호수공원(경서동), 청라지구생태공원(경서동), 인천아시아드주경기장(연희동), 콜롬비아군 참전기념비(연희동)
연수구	청량산(청학동), 흥륜사(동춘동), 호불사(옥련동), 인천시립박물관(옥련동), 인천도시역사관(송도동), 인천상륙작전기념관(옥련동), 능허대공원(옥련동), 아암도해안공원(옥련동), 라마다송도호텔(동춘동), 쉐라톤그랜드인천호텔(송도동), 홀리데이인 인천송도(송도동), 오라카이 송도파크호텔(송도동)

옹진군	백령도(백령면), 대청도(대청면), 자월도(자월면), 연평도(연평면), 십리포해수욕장(영흥면), 사곶해변(백령면), 콩돌해안(백령면), 두무진(백령면)
중구	영종도(운남동), 용궁사(운남동), 을왕리해수욕장(을왕동), 왕산해수욕장(을왕동), 한국이민사박물관(북성동1가), 제물포구락부(송학동1가), 인천중구문화원(신흥동3가), 송월동동화마을(송월동3가), 인천차이나타운(북성동2가), 자유공원(송학동1가), 마이랜드(북성동1가), 월미테마파크(북성동1가), 베니키아월미도 더블리스호텔(북성동1가), 호텔월미도(북성동1가), 하버파크호텔(항동3가), 그랜드하얏트 인천(운서동), 에어스테이(운서동), 더호텔영종(운서동), 네스트호텔(운서동), 베스트웨스턴프리미어 인천에어포트호텔(운서동), 인천비치호텔(을왕동), 워너스관광호텔(을왕동), 더위크앤리조트(을왕동)

02 주요 고속도로 및 간선도로

1. 주요 고속도로와 통과구간

소재지	통과구간
경인고속도로	서인천I.C – 신월I.C
제2경인고속도로	인천(시점) – 삼막I.C
영동고속도로	인천(시점) – 안산J.C
인천대교고속도로	공항신도시J.C – 학익J.C
인천국제공항고속도로	인천(시점) – 북로J.C
서울외곽순환고속도로	조남J.C – 송추I.C
수도권제2순환도로	인천(시점) – 서김포통진I.C

2. 인천광역시 구별 주요 간선도로

소재지	도로명칭
강화군	강화대로
계양구	계양대로, 아나지로, 안남로
미추홀구	경인로, 구월로, 미추홀대로, 석정로, 소성로, 송림로, 아암대로, 인주대로, 인천대로, 한나루로
남동구	남동대로, 무네미로, 백범로, 수인로, 인하로, 청능대로, 호구포로
동구	동산로, 봉수대로, 서해대로, 인중로, 중봉대로
부평구	동수천로, 마장로, 부일로, 부평대로, 부평문화로, 부흥로, 수변로, 열우물로, 장제로, 주부토로, 평천로
서구	경명대로, 길주로, 드림로, 로봇랜드로, 봉오대로, 서곶로, 원적로, 장고개로
연수구	경원대로, 비류대로
중구	영종해안북로

SECTION 03 인천광역시 지리

3. 주요 간선도로와 통과구간

도로명칭	통과구간
강화대로	강화대교 - 이강삼거리
검단로	검단산업단지 - 검단사거리 - 김포시 경계
경명대로	경서동 - 부천시 오정동 박촌교삼거리
경원대로	부평굴다리오거리 - 외암도사거리
경인로	숭의로터리 - 석바위사거리 - 부평사거리 - 부천시 시계
계양대로	부평나들목 - 계산삼거리
구월로	주안동 석암치안센터 - 만수주공사거리
남동대로	간석오거리역 - 남동공단 - 외암사거리(고잔동)
동수로	동수역사거리 - 부개사거리
로봇랜드로	정서진 - 청라국제도시 - 신현 원창동
만수로	백범로 - 수현로 연결
무네미로	서창분기점 - 인천대공원 - 구산동
미추홀대로	주안역삼거리 - 문학산터널 - 컨벤시아교 북단
매소홀로	중구 항동7가 - 문학지하차도 - 남동대로(전해울삼거리)
봉수대로	송림삼거리 - 봉수대길사거리 - 김포시 구래동
봉오대로	서구 원창동 - 부천시 고강동
백범로	장수사거리 - 간석오거리 - 서구 가좌동
부일로	굴다리오거리 - 부천시 - 구로구 오류동 경인로교차점
부평대로	부평역사거리 - 부평I.C(경인고속도로)
비류대로	옹암교차로 - 청학사거리 - 남동공단 - 서창2지구 - 시흥시 하중동
서곶로	한신그랜드힐빌리지 - 서인천교차로 - 연희사거리 - 검암역 - 불로동
서해대로	유동삼거리 - 수인사거리 - 인천항사거리 - 신흥동3가
석정로	남부역삼거리 - 벽돌막사거리
소래로	만수사거리 - 남동구청사거리 - 도림방죽삼거리 - 월곶입구삼거리
송림로	인천교삼거리 - 송림삼거리 - 배다리사거리
수봉로	제물포역삼거리 - 제일로 연결
수인로	장수사거리 - 시흥시 - 안산시 - 수원시로 연결
소성로	인하대역 - 학익사거리 - 문학운동장 - 매소홀로 연결
아나지로	아나지삼거리 - 부천 삼정동 삼정고가교삼거리
아암대로	능안삼거리 - 능해고가차도 - 외암사거리 - 소래대교 북단
안남로	효성동 뉴서울아파트 - 동수역
열우물로	벽돌막삼거리 - 가재울사거리
영종해안북로	을왕동 왕산수문 - 운북동 공항입구 분기점
인주대로	능안삼거리 - 길병원사거리 - 치야고개삼거리
인중로	숭의로터리 - 신광사거리 - 부두입구 - 송림삼거리
인천대로	용현동 인천I.C - 가정동 서인천I.C
인하로	인하대후문 - 남동경찰서사거리 - 후구포로 연결
장고개로	가재울사거리 - 동부인천스틸 - 도화오거리
주부토로	북부교육청입구삼거리 - 신트리공원 - 작전고가교 - 계산역
주안로	도화초교사거리 - 주원삼거리
중봉대로	송현사거리 - 경서삼거리, 검단1교차로 - 왕길역
청능대로	청능교차로 - 남동대교 - 호구포길사거리 - 소래로 연결(인천시 남동구)
한나루로	도화I.C - 용일사거리 - 학산사거리
호구포로	동수지하차도 - 고잔동 해안지하차도
장제로	유현사거리 - 계양대교 - 부흥오거리 - 굴다리오거리 - 동수지하차도
길주로	석남고가교입구 - 원적산터널 - 부평구청사거리 - 종합운동장사거리 - 작동터널

03 인천광역시 주요 교통시설

1. 공항, 철도역, 버스터미널, 항구 등

소재지	명칭
미추홀구	인천종합버스터미널(관교동)
서구	경인아라뱃길여객터미널(오류동)
연수구	인천항 국제여객터미널(송도동)
중구	인천국제공항 여객터미널(운서동), 인천항 연안여객터미널(항동)

2. 주요 교량과 구간

이름	구간	
	북단	남단
무의대교	중구(무의도)	중구(잠진도)
영종대교	중구(운북동)	서구(경서동)
인천대교	중구(운서동)	연수구(송도동)
교동대교	강화군(교동도)	강화군(양서면)
석모대교	강화군(석모도)	강화군(내가면)
강화대교	강화군(강화읍)	김포시(월곶면)
초지대교	강화군(길상면)	김포시(대곶면)
영흥대교	옹진군(영흥도)	옹진군(선재도)
선재대교	옹진군(선재도)	안산시(대부도)

SECTION 03 인천광역시 지리

제 04 장 | 지리(서울, 경기, 인천)

3. 터널과 구간

터널명칭	구간
만월산터널	남동구 간석3동 – 부평구 부평6동
문학터널	미추홀구 학익동 – 연수구 청학동
원적산터널	부평구 산곡동 – 서구 석남동

적중 예상문제

SECTION 03 | 인천광역시 지리

01 인천광역시의 '행정구역'으로 옳은 것은?
① 5개 구, 3개 군
② 6개 구, 3개 군
③ 7개 구, 2개 군
④ 8개 구, 2개 군

02 다음 중 '인천광역시청'이 위치한 곳은?
① 남동구 간석동
② 남동구(구월동)
③ 남동구 논현동
④ 남동구 만수동

 남동구 구월동에 위치한 공공기관
인천광역시청, 인천시교육청, 인천경찰청, 남동세무서, 남동소방서, 인천문화예술회관

03 '인천광역시교육청'이 위치한 곳은?
① 남동구(구월동)
② 남동구 간석동
③ 미추홀구 학익동
④ 미추홀구 도화동

- 인천광역시교육청 : 남동구 구월동
- 인천시 동부교육지원청 : 남동구 만수동
- 인천시 서부교육지원청 : 서구 공촌동
- 인천시 남부교육지원청 : 중구 송학동1가
- 인천시 북부교육지원청 : 부평구 부평동

04 다음 중 '남동구 구월동'에 위치하지 않은 공공기관은?
① 인천광역시청
② 인천시교육청
③ 남동소방서
④ 인천교통공사

05 '인천지방법원과 인천지방검찰청'이 위치한 곳은?
① 남동구 구월동
② 남동구 논현동
③ 미추홀구(학익동)
④ 미추홀구 숭의동

06 다음 중 인천광역시 '남동구청'이 위치한 곳은?
① 남동구 구월동
② 남동구(만수동)
③ 남동구 간석동
④ 남동구 논현동

 인천광역시 '구청과 소재지'
- 남동구청 : 남동구 만수동
- 동구청 : 동구 송림동
- 중구청 : 중구 관동1가
- 부평구청 : 부평구 부평동
- 미추홀구청 : 미추홀구 숭의동
- 서구청 : 서구 심곡동
- 연수구청 : 연수구 동춘동
- 계양구청 : 계양구 계산동

07 인천광역시 '옹진군청'이 위치한 곳은?
① 옹진군 백령면
② 옹진군 대청면
③ 남동구 구월동
④ 미추홀구(용현동)

 인천광역시 '군청과 소재지'
- 강화군청 : 강화읍
- 옹진군청 : 미추홀구 용현동

08 다음 중 인천광역시 '남동구'에 위치하지 않은 공공기관은?
① 인천세무서
② 인천교통공사
③ 인천교통정보센터
④ 인천운전면허시험장

 남동구 소재 공공기관
남동세무서, 인천교통정보센터, 인천교통공사, 한국교통안전공단 인천본부, 인천운전면허시험장

09 인천광역시 '미추홀구'에 위치하지 않은 공공기관은?
① 인천지방법원
② 인천시선거관리위원회
③ TBN경인교통방송
④ 인천교통연수원

 미추홀구 소재 공공기관
인천지방법원, 인천지방검찰청, 미추홀경찰서, 인천시선거관리위원회, 경인방송, TBN경인교통방송

10 인천광역시 '동구'에 위치하지 않은 것은?
① 인천세무서
② 인천재능대학
③ 인천시의료원
④ 인천항만공사

 동구 소재 공공기관
인천세무서, 인천청소년상담복지센터

11 인천광역시 '서구'에 위치하지 않은 공공기관은?
① 인천서부경찰서
② 인천시인재개발원
③ 인천상수도사업본부
④ 인천해양경찰서

 서구 소재 공공기관
인천서부경찰서, 인천해양경찰서, 인천서부소방서, 서인천세무서, 인천시설공단, 인천시인재개발원, 인천연구원

정답 01 ④ 02 ② 03 ① 04 ④ 05 ③ 06 ②
정답 07 ④ 08 ① 09 ④ 10 ④ 11 ③

적중 예상문제

SECTION 03 | 인천광역시 지리

12 인천광역시 '연수구'에 위치하지 <u>않은</u> 공공기관은?

① 인천항만공사
② 중부지방해양경찰청
③ 인천경제자유구역청
④ 인천지방해양수산청

해설 연수구 소재 공공기관
중부지방해양경찰청, 인천항만공사, 인천경제자유구역청, 인천환경공단, 한국도로교통공단 인천지부

13 다음 중 인천광역시 '중구'에 소재하지 <u>않은</u> 공공기관은?

① 인천지방해양수산청
② 인천상수도사업본부
③ 인천기상대
④ 국립인천검역소

해설 중구 소재 공공기관
인천지방해양수산청, 인천출입국외국인청, 인천국제공항공사, 인천관광공사, 인천기상대, 국립인천검역소, 인천보건환경연구원

14 인천광역시 '부평구'에 위치하지 <u>않은</u> 공공기관은?

① 북인천우체국
② 한국도로교통공단 인천지부
③ 인천삼산경찰서
④ 한국산업안전보건공단 인천본부

해설 부평구 소재 공공기관
한국산업안전보건공단 인천본부, 북인천우체국, 인천북부교육지원청, 인천삼산경찰서

15 다음 중 인천광역시 '계양구'에 위치하지 <u>않은</u> 공공기관은?

① 인천시설공단
② 계양세무서
③ 인천농업기술센터
④ 인천교통연수원

해설 계양구 소재 공공기관
계양세무서, 고용노동부 인천북부지청, 인천교통연수원, 인천농업기술센터

16 '인천경찰청'의 소재지는?

① 중구 항동2가
② 미추홀구 학익동
③ 남동구(구월동)
④ 연수구 송도동

해설 인천광역시 '경찰청·경찰서와 소재지'
• 인천경찰청 : 남동구 구월동
• 중부지방해양경찰청 : 연수구 송도동
• 인천중부경찰서 : 중구 항동2가
• 인천서부경찰서 : 서구 심곡동
• 인천미추홀경찰서 : 미추홀구 학익동
• 인천남동경찰서 : 남동구 도림동
• 인천논현경찰서 : 남동구 논현동
• 인천연수경찰서 : 연수구 연수동
• 인천부평경찰서 : 부평구 청천동
• 인천삼산경찰서 : 부평구 삼산동
• 인천계양경찰서 : 계양구 계산동
• 인천강화경찰서 : 강화군 강화읍
• 인천해양경찰서 : 서구 청라동

17 다음 중 '중부지방해양경찰청'이 위치한 곳은?

① 남동구 구월동
② 연수구(송도동)
③ 남동구 만수동
④ 연수구 옥련동

18 인천광역시 '인천세무서'의 소재지는?

① 중구
② 동구(창영동)
③ 미추홀구
④ 남동구

해설 인천광역시 '세무서와 소재지'
• 인천세무서 : 동구 창영동
• 서인천세무서 : 서구 청라동
• 남동세무서 : 남동구 구월동
• 연수세무서 : 연수구 송도동
• 부평세무서 : 부평구 부평동
• 계양세무서 : 계양구 작전동

19 다음 중 고용노동부 '중부지방고용노동청'이 위치한 곳은?

① 미추홀구(도화동)
② 남동구
③ 계양구
④ 남동구

해설
• 고용노동부 중부지방고용노동청 : 미추홀구 도화동
• 고용노동부 인천북부지청 : 계양구 계산동

20 '인천지방해양수산청'의 소재지는?

① 연수구 송도동
② 중구 숭의동
③ 연수구 옥련동
④ 중구(항동7가)

21 징병검사 등 병무청 업무를 관장하는 '인천병무지청'이 위치한 곳은?

① 중구
② 동구
③ 미추홀구(학익동)
④ 서구

해설 인천광역시 '공공기관과 소재지'
• 인천병무지청 : 미추홀구 학익동
• 인천지방조달청 : 중구 신흥동
• 인천지방환경관리청 : 남동구 구월동
• 인천보훈지청 : 미추홀구 도화동

22 인천광역시 '인천기상대'가 위치한 곳은?

① 중구(전동)
② 남동구
③ 부평구
④ 계양구

23 다음 중 '인천상공회의소'의 소재지는?

① 중동
② 남동구(논현동)
③ 연수구
④ 남동구

24 인천항을 관리하는 '인천항만공사'가 위치한 곳은?

① 중구
② 연수구(송도동)
③ 남동구
④ 동구

정답 12 ④ 13 ② 14 ② 15 ① 16 ③

정답 17 ② 18 ② 19 ① 20 ④ 21 ③ 22 ① 23 ② 24 ②

적중 예상문제

25 다음 중 '인천국제공항과 인천국제공항공사'가 위치한 곳은?
① 강화군 ② 옹진군
③ 서구 ④ 중구 운서동(영종도)

26 '연수세무소와 인천경제자유구역청'이 위치한 곳은?
① 중구 ② 연수구(송도동)
③ 남동구 ④ 동구

27 다음 중 '인천광역시농업기술센터'가 위치한 곳은?
① 중구 ② 동구
③ 계양구(서운동) ④ 부평구

28 '인천시설공단과 인천아시아드주경기장'이 위치한 곳은?
① 중구 ② 서구(연희동)
③ 계양구 ④ 남동구

 • 인천아시아드주경기장 : 서구 연희동
• 인천문학경기장 : 미추홀구 문학동
• 인천축구전용경기장 : 중구 도원동

29 다음 중 '인천시립박물관'이 위치한 곳은?
① 중구 ② 남동구
③ 연수구(옥련동) ④ 미추홀구

30 '인천문화예술회관'의 소재지는?
① 남동구(구월동) ② 미추홀구
③ 연수구 ④ 중구

31 다음 중 '인천광역시 여성복지관'이 위치한 곳은?
① 중구 ② 부평구
③ 계양구 ④ 미추홀구(주안동)

 • 인천광역시 여성복지관 : 미추홀구 주안동
• 인천광역시 여성가족재단 : 부평구 갈산동

32 다음 중 '인천교통정보센터'가 위치한 곳은?
① 미추홀구 ② 연수구
③ 남동구(간석동) ④ 계양구

33 인천도시철도의 운영·관리하는 '인천교통공사'의 소재지는?
① 남동구(간석동) ② 연수구
③ 중구 ④ 동구

 • 인천교통공사 : 남동구 간석동
• 인천도시공사 : 남동구 만수동

34 다음 중 'TBN경인교통방송과 경인방송'이 위치한 곳은?
① 중구 ② 동구
③ 미추홀구(학익동) ④ 연수구

35 인천광역시 자동차 운전면허 발급 업무를 담당하는 '인천운전면허시험장'의 소재지는?
① 중구 ② 남동구(고잔동)
③ 계양구 ④ 연수구

36 다음 중 '한국교통안전공단 인천본부'가 위치한 곳은?
① 미추홀구 ② 계양구
③ 서구 ④ 남동구(간석동)

 • 한국교통안전공단 인천본부 : 남동구 간석동
• 인천자동차검사소 : 미추홀구 학익동
• 서인천자동차검사소 : 서구 가좌동

37 다음 중 '한국도로교통공단 인천지부'가 위치한 곳은?
① 남동구 ② 중구
③ 연수구(옥련동) ④ 계양구

38 운수종사자의 각종 교육을 담당하는 '인천교통연수원'이 위치한 곳은?
① 계양구(계산동) ② 남동구
③ 연수구 ④ 부평구

39 다음 중 '인천광역시택시운송사업조합'이 위치한 곳은?
① 중구 ② 남동구(구월동)
③ 동구 ④ 계양구

40 다음 중 '인하대학교'가 위치한 곳은?
① 미추홀구 도화등
② 미추홀구(용현동)
③ 동구 송림동
④ 연수구 송도동

 미추홀구 소재 대학
인하대학교(용현동), 인천대 제물포캠퍼스(도화동), 청운대 인천캠퍼스(도화동), 한국폴리텍대학 남인천캠퍼스(주안동)

41 '연세대학교 국제캠퍼스'가 위치한 곳은?
① 동구 ② 중구
③ 연수구(송도동) ④ 미추홀구

 연수구 소재 대학
연세대 국제캠퍼스(송도동), 인천대 송도캠퍼스(송도동), 가천대 메디컬캠퍼스(연수동), 인천가톨릭대 송도국제캠퍼스(송도동)

정답 25 ④ 26 ② 27 ③ 28 ② 29 ③ 30 ① 31 ④ 32 ③ 33 ①
정답 34 ③ 35 ② 36 ④ 37 ③ 38 ① 39 ② 40 ② 41 ③

적중 예상문제   SECTION 03 | 인천광역시 지리

42 다음 중 인천시 '계양구'에 위치한 대학은?

① 경인교육대학교
② 인천재능대학
③ 인하공업전문대학
④ 한국방송통신대학 인천지역대학

> **해설** 인천광역시 '대학과 소재지'
> • 경인교육대학교 : 계양구 계산동
> • 경인여자대학 : 계양구 계산동
> • 인천재능대학 : 동구 송림동
> • 인하공업전문대학 : 미추홀구 학익동
> • 한국방송통신대학교 인천지역대학 : 남동구 구월동

43 인천광역시 '강화군'에 위치한 대학이 아닌 것은?

① 인천가톨릭대학교 강화캠퍼스
② 가천대학교 강화캠퍼스
③ 안양대학교 강화캠퍼스
④ 한국폴리텍대학 인천캠퍼스

> **해설** 인천광역시 '대학과 소재지'
> 인천가톨릭대학교 · 가천대학교 · 안양대학교(이상 강화군), 한국폴리텍대학 인천캠퍼스 (부평구)

44 인천광역시 내 '고등학교와 소재지'가 잘못 연결된 것은?

① 인천고교 – 미추홀구   ② 제물포고 – 송도구
③ 인천여고 – 연수구   ④ 부평고 – 부평구

> **해설** 고등학교와 소재지
> 인천고(미추홀구 주안동), 제물포고(중구 전동), 인천여고(연수구 연수동), 부평고(부평구 부평동)

45 다음 중 '인천시의료원'이 위치한 곳은?

① 중구   ② 동구(송림동)
③ 연수구   ④ 미추홀구

46 '인하대학교병원'이 위치한 곳은?

① 남동구   ② 중구(신흥동)
③ 동구   ④ 미추홀구

> **해설** • 인하대학교병원 : 중구 신흥동
> • 가천대학교 길병원 : 남동구 구월동

47 다음 중 '인천성모병원'이 위치한 곳은?

① 부평구(부평동)   ② 서구
③ 계양구   ④ 중구

> **해설** 인천광역시 '병원과 소재지'
> • 한마음병원 : 계양구 작전동   • 인천백병원 : 동구 송림동
> • 인천사랑병원 : 미추홀구 주안동   • 세림병원 : 부평구 청천동
> • 나은병원 : 서구 가좌동   • 온누리병원 : 서구 왕길동
> • 인천적십자병원 : 연수구 연수동   • 인천기독병원 : 중구 율목동
> • 인천성모병원 : 부평구 부평동

48 인천시 기념물 제8호로 지정된 '능허대지(터)'가 위치한 곳은?

① 연수구(옥련동)   ② 남동구
③ 옹진군   ④ 미추홀구

> **해설** 연수구 '관광명소와 소재지'
> 청량산(청학동), 흥륜사(동춘동), 호불사 · 인천시립박물관 · 인천도시역사관 · 인천상륙작전기념관 · 능허대공원 · 아암도해안공원(이상 옥련동)

49 청량산 기슭에 설립된 '인천상륙작전기념관'이 위치한 곳은?

① 서구   ② 연수구(옥련동)
③ 동구   ④ 중구

50 88올림픽 개최를 기념해 설치한 '올림픽기념국민생활관(인천체육회올림픽생활관)'이 위치한 곳은?

① 남동구(구월동)   ② 연수구
③ 중구   ④ 동구

51 자연친화적인 도시공원인 '인천대공원'이 위치한 곳은?

① 중구
② 남동구(장수동)
③ 연수구
④ 미추홀구

> **해설** • 인천대공원 : 남동구 장수동
> • 자유공원 : 중구 송학동
> • 수봉공원 : 미추홀구 숭의동
> • 인천가족공원 : 부평구 부평동

52 인천상륙작전을 지휘한 맥아더장군 동상이 있는 '자유공원' 소재지는?

① 미추홀구   ② 동구
③ 중구(송학동)   ④ 남동구

53 새우젓과 꽃게로 유명한 '소래포구'가 위치한 곳은?

① 중구   ② 남동구(논현동)
③ 연수구   ④ 서구

> **해설** 남동구 '관광명소와 소재지'
> 약사사(간석동), 인천대공원(장수동), 소래포구(논현동)

54 다음 중 '인천차이나타운'이 위치한 곳은?

① 중구(선린동)   ② 미추홀구
③ 동구   ④ 남동구

55 '두무진, 콩돌해안, 사곶'등의 관광명소가 위치한 곳은?

① 중구   ② 동구
③ 옹진군   ④ 강화군

128

정답 42 ① 43 ④ 44 ② 45 ② 46 ② 47 ①

정답 48 ① 49 ② 50 ① 51 ② 52 ③ 53 ② 54 ① 55 ③

56 다음 중 인천광역시 '동구'에 위치하지 않은 관광명소는?

① 화도진지
② 수도국산달동네박물관
③ 배다리성냥마을박물관
④ 한국이민사박물관

> 해설 동구 '관광명소와 소재지'
> 화도진지(화수동), 작약도(만석동), 배다리성냥마을박물관(금곡동), 수도국산달동네박물관(송현동)

57 닭강정 등으로 유명한 재래시장 '신포국제시장'이 위치한 곳은?

① 미추홀구
② 동구
③ 서구
④ 중구(신포동)

> 해설 인천광역시 '재래시장과 소재지'
> • 신포국제시장 : 중구 신포동
> • 소래포구 종합어시장 : 남동구 논현동
> • 부평깡시장 : 부평구 부평동
> • 대룡시장 : 강화군 교동면
> • 인천종합어시장 : 중구 항동7가

58 인천시민들의 여름 피서지인 '을왕리해수욕장'이 위치한 곳은?

① 강화군
② 옹진군
③ 연수구
④ 중구(용유도)

> 해설 인천광역시 '유명해수욕장과 소재지'
> • 을왕리해수욕장 : 중구 용유도
> • 왕산해수욕장 : 중구 용유도
> • 하나개해수욕장 : 중구 무의도
> • 동막해수욕장 : 강화군 화도면
> • 십리포해수욕장 : 옹진군 영흥면(영흥도)

59 다음 중 '동막해수욕장'이 소재한 곳은?

① 강화군
② 옹진군
③ 중구
④ 연수구

60 인천광역시 '관광명소와 소재지'가 잘못 연결된 것은?

① 화도진지 - 동구
② 두무진 - 강화군
③ 콩돌해변 - 옹진군
④ 아암도해안공원 - 연수구

61 다음 중 우리나라 3대 해수관음 성지인 '보문사'가 위치한 곳은?

① 옹진군
② 중구
③ 강화군 삼산면(석모도)
④ 연수구

62 신라시대 원효대사가 창건하였고, 흥선대원군의 친필이 보관되어 있는 '사찰(인천시유형문화재 15호)'은?

① 호불사 - 연수구
② 전등사 - 강화군
③ 약사사 - 남동구
④ 용궁사 - 중구

63 고구려 소수림왕 때 창건하고, 보물 제178호 대웅전 등이 있는 유명 '사찰'은?

① 전등사
② 흥륜사
③ 청량사
④ 정수사

64 다음 중 인천시 '강화군'에 위치한 사찰이 아닌 것은?

① 보문사
② 전등사
③ 정수사
④ 흥륜사

> 해설 유명사찰과 소재지
> • 강화군 : 보문사(석모도), 전등사(길상면), 정수사(화도면), 백련사(하점면)
> • 연수구 : 흥륜사, 호불사
> • 남동구 : 약사사

65 조선시대 군사요충지인 '삼랑성(정족산성)'이 위치한 곳은?

① 옹진군
② 강화군(길상면)
③ 중구
④ 서구

66 인천광역시 '산과 소재지'가 잘못 연결된 것은?

① 계양산 - 계양구
② 청량산 - 연수구
③ 문학산 - 남동구
④ 마니산 - 강화군

> 해설 인천광역시 '산과 소재지'
> 마니산·정족산(이상 강화군), 계양산(계양구), 문학산(미추홀구), 청량산(연수구)

67 다음 중 인천광역시 '중구'에 위치하지 않은 것은?

① 한국이민사박물관
② 제물포구락부
③ 인천출입국외국인청
④ 교동대룡리시장

68 인천광역시 '미추홀구'에 위치하지 않은 것은?

① 화도진지
② 인천문학경기장
③ TBN경인교통방송
④ 인천향교

정답 56 ④ 57 ④ 58 ④ 59 ① 60 ② 61 ③
정답 62 ④ 63 ① 64 ④ 65 ② 66 ③ 67 ④ 68 ①

적중 예상문제

SECTION 03 I 인천광역시 지리

69 다음 중 인천광역시 '동구'에 위치하지 않은 것은?

① 화도진지
② 인천세무서
③ 인천나비공원
④ 송현근린공원

70 인천광역시 '남동구'에 위치하지 않은 것은?

① 인천대공원
② 인천시립박물관
③ 소래포구
④ 인천문화예술회관

71 다음 중 인천광역시 '연수구'에 위치하지 않은 것은?

① 인천도시역사관
② 능허대공원
③ 인천여성의광장
④ 인천아시아드주경기장

72 인천광역시 '서구'에 위치하지 않은 것은?

① 인천가족공원
② 콜롬비아군참전기념비
③ 인천시검단선사박물관
④ 인천시설공단

73 다음 중 인천광역시 '부평구'에 위치하지 않은 것은?

① 경인여자대학교
② 인천삼산경찰서
③ 인천나비공원
④ 인천성모병원

74 인천광역시 '계양구'에 위치하지 않은 것은?

① 계양산성
② 인천교통연수원
③ 인천농업기술센터
④ 대룡시장

75 다음 중 인천광역시 '강화군'에 위치하지 않은 것은?

① 마니산   ② 동막해수욕장
③ 마이랜드   ④ 보문사

76 인천광역시 '옹진군'에 위치하지 않은 것은?

① 연평도   ② 용궁사
③ 두무진   ④ 십리포해수욕장

77 인천광역시 '섬과 소재지'가 잘못 연결된 것은?

① 물치도 - 동구
② 영종도 - 중구
③ 백령도 - 옹진군
④ 영흥도 - 강화군

> **해설** 인천광역시 '섬과 소재지'
> • 동구 : 물치도(구, 작약도)
> • 중구 : 영종도, 무의도
> • 강화군 : 석모도, 교동도
> • 옹진군 : 백령도, 대청도, 연평도, 덕적도, 영흥도, 자월도

78 다음 중 '쉐라톤그랜드인천호텔'이 위치한 곳은?

① 중구
② 연수구(송도동)
③ 남동구
④ 미추홀구

> **해설** 연수구 소재 호텔
> 쉐라톤그랜드인천호텔(송도동), 라마다송도호텔(송도동), 오라카이송도파크호텔(송도동)

79 인천광역시 '중구'에 위치하지 않은 호텔은?

① 호텔월미도
② 그랜드하얏트호텔
③ 하버파크호텔
④ 라마다인천호텔

80 다음 중 '인천중부경찰서'에서 가장 가까운 지하철역은?

① 인천역   ② 동인천역
③ 도원역   ④ 제물포역

81 '배다리사거리'에서 가장 가까운 지하철역은?

① 인천역   ② 동인천역
③ 도화역   ④ 주안역

82 다음 중 '롯데백화점(인천점)'에서 가장 가까운 지하철역은?

① 예술회관역   ② 인천터미널역
③ 인천시청역   ④ 문학경기장역

83 인천지하철 '1호선과 2호선'이 환승되는 지하철역은?

① 인천시청역   ② 간석오거리역
③ 주안역   ④ 원인재역

> **해설** • 인천시청역 : 인천지하철 1호선과 2호선 환승역
> • 부평역 : 인천지하철 1호선과 경인전철 1호선 환승역
> • 부평구청역 : 인천지하철 1호선과 서울지하철 7호선 환승역
> • 계양역 : 인천지하철 1호선과 공항철도 환승역

130

정답 69 ③ 70 ② 71 ④ 72 ① 73 ① 74 ④ 75 ③ 76 ②

정답 77 ④ 78 ② 79 ④ 80 ① 81 ② 82 ② 83 ①

적중 예상문제

84 '인천지하철1호선과 서울지하철7호선'이 만나는 지하철역은?
① 주안역   ② 부평역
③ 부평구청역   ④ 석남역

85 다음 중 인천지하철1호선 부평역에서 '공항철도'를 이용하려는 경우, 어느 역에서 환승해야 하는가?
① 계양역   ② 계산역
③ 검암역   ④ 굴현역

86 다음 중 '부평구청역사거리'인근에 위치하지 않은 것은?
① 인천부평경찰서
② 부평세림병원
③ 부평구청
④ 인천부평소방서

87 '길병원사거리'인근에 위치한 것은?
① 인천지방국세청
② 인천경찰청
③ 인천종합버스터미널
④ 롯데백화점

88 인천지하철1호선 '동춘역'에 위치한 대형마트는?
① 하나로마트   ② 이마트
③ 코스트코   ④ 롯데마트

89 다음 중 '경인고속도로와 수도권제1순환고속도로'가 교차하는 곳은?
① 노오지분기점
② 안현분기점
③ 서운분기점
④ 월곶분기점

> 해설
> • 서운분기점 : 경인고속도로와 수도권제1순환고속도로 분기점
> • 서창분기점 : 영동고속도로와 제2경인고속도로 분기점
> • 노오지분기점 : 인천국제공항고속도로와 수도권제1순환고속도로 분기점

90 다음 중 '인천광역시'를 지나지 않는 고속도로는?
① 경인고속도로
② 경부고속도로
③ 영동고속도로
④ 제2경인고속도로

91 '영동고속도로와 제2경인고속도로'가 교차하는 곳은?
① 서창분기점   ② 학익분기점
③ 안현분기점   ④ 월곶분기점

92 '인천국제공항고속도로와 수도권제1순환고속도로'가 교차하는 곳은?
① 서운분기점
② 학익분기점
③ 서창분기점
④ 노오지분기점

93 다음 중 '계양구'를 지나는 간선도로가 아닌 것은?
① 계양대로   ② 아나지로
③ 안남로   ④ 인천대로

94 다음 중 '미추홀구'를 지나는 간선도로가 아닌 것은?
① 아암대로
② 인주대로
③ 열우물로
④ 구월로

> 해설 미추홀구를 통과하는 간선도로
> 경인로, 구월로, 미추홀대로, 석정로, 송림로, 아암대로, 인주대로, 인천대로, 한나루로

95 다음 중 '용현동 인천I.C에서 가정동 서인천I.C'로 연결되는 도로명칭은?
① 인주대로   ② 인천대로
③ 경원대로   ④ 경인로

96 '숭의로터리에서 석바위사거리 – 간석오거리 – 부평사거리 – 부천시 시계'로 연결되는 도로의 명칭은?
① 경인로
② 독배로
③ 주안로
④ 남동대로

> 해설 주요 간선도로 통과 구간
> • 경인로 : 숭의로터리에서 석바위사거리 – 간석오거리 – 부평사거리 – 부천시 시계로 연결
> • 구월로 : 석바위사거리에서 시청역사거리 – 만수동주공사거리로 연결
> • 경명대로 : 계양I.C에서 임학사거리 – 계산역 – 인천교통연수원 앞
> • 서해대로 : 유동삼거리(중구)에서 수인사거리 – 신흥동3가로 연결
> • 미추홀대로 : 주안역에서 신기사거리 – 문학산터널 – 송도동으로 연결

97 다음 중 '간석오거리'를 지나지 않는 도로명은?
① 경인로   ② 구월로
③ 남동대로   ④ 백범로

98 다음 중 '숭의로터리'와 연결되지 않는 도로명은?
① 경인로   ② 석정로
③ 독배로   ④ 아암대로

> 해설 숭의로터리와 연결되는 도로명
> 경인로, 석정로, 독배로, 인중로

정답 84 ③ 85 ① 86 ④ 87 ① 88 ② 89 ③ 90 ② 91 ①
정답 92 ④ 93 ④ 94 ③ 95 ② 96 ① 97 ② 98 ④

적중 예상문제

SECTION 03 | 인천광역시 지리

99 다음 중 '인천종합버스터미널'이 위치한 곳은?

① 미추홀구(관교동)
② 미추홀구 주안동
③ 남동구 구월동
④ 남동구 만수동

> **해설** 인천광역시 '교통시설과 소재지'
> • 인천국제공항 : 중구 운서동(영종도)
> • 인천종합버스터미널 : 미추홀구 관교동
> • 인천항 연안여객터미널 : 중구 항동
> • 인천항 국제여객터미널 : 연수구 송도동
> • 경인아라뱃길여객터미널 : 서구 오류동

100 다음 중 '경인아라뱃길여객터미널'이 위치한 곳은?

① 중구 항동
② 중구 북성동
③ 서구(오류동)
④ 서구 검암동

101 인천광역시 '교통시설과 소재지'가 잘못 연결된 것은?

① 인천종합버스터미널 – 미추홀구 관교동
② 경인아라뱃길여객터미널 – 서구 오류동
③ 인천항 연안여객터미널 – 중구 항동
④ 인천항 국제여객터미널 – 중구 항동

> **해설** 인천광역시 '교통시설과 소재지'
> • 인천국제공항 : 중구 운서동(영종도)
> • 인천종합버스터미널 : 미추홀구 관교동
> • 인천항 연안여객터미널 : 중구 항동
> • 인천항 국제여객터미널 : 연수구 송도동
> • 경인아라뱃길여객터미널 : 서구 오류동

102 백령도에 가려고 할 때 이용하는 '인천항 연안여객터미널'이 위치한 곳은?

① 인천항 제1부두
② 연안부두(항동)
③ 인천항 제2부두
④ 인천항 제3부두

103 다음 중 '중구 운서동(영종도)과 연수구 송도동'을 연결하는 교량은?

① 영종대교　　　　② 무의대교
③ 인천대교　　　　④ 교동대교

> **해설** 인천광역시 중구에 위치한 교량
> • 인대교 : 중구 운서동(영종도) ↔ 연수구 송도동
> • 영종대교 : 중구 운북동(영종도) ↔ 서구 경서동
> • 무의대교 : 중구 무의도 ↔ 중구 잠진도

104 인천광역시 '강화군'과 경기도 '김포시'를 연결하는 교량은?

① 초지대교　　　　② 교동대교
③ 석모대교　　　　④ 인천대교

> **해설** 인천광역시 '강화군'에 위치한 교량
> • 교동대교 : 강화군 양사면 ↔ 강화군 교동도
> • 석모대교 : 강화군 석모도 ↔ 강화군 내가면
> • 강화대교 : 강화군 강화읍 ↔ 김포시 월곶면
> • 초지대교 : 강화군 길상면 ↔ 김포시 대곶면

105 다음 중 인천광역시 '옹진군'에 위치한 교량은?

① 교동대교
② 초지대교
③ 석모대교
④ 선재대교

> **해설** 인천광역시 옹진군에 위치한 교량
> • 영흥대교 : 옹진군 영흥도 ↔ 옹진군 선재도
> • 선재대교 : 옹진군 선재도 ↔ 안산시 대부도

106 '남동구 간석3동과 부평구 부평6동'을 연결하는 터널은?

① 문학터널
② 만월산터널
③ 원적산터널
④ 동춘터널

107 다음 중 '연수구 청학동과 남구 학익동'을 연결하는 터널은?

① 문학터널
② 원적산터널
③ 만월산터널
④ 옥련터널

> **해설** 인천광역시 '터널과 연결 구간'
> • 만월산터널 : 남동구 간석3동 ↔ 부평구 부평6동
> • 원적산터널 : 서구 석남동 ↔ 부평구 산곡동
> • 문학터널 : 미추홀구 학익동 ↔ 연수구 청학동

108 '동수지하차도에서 김포시 풍무동 유현사거리'로 연결되는 도로명칭은?

① 길주로
② 부흥로
③ 장제로
④ 드림로

> **해설** • 소성로 : 인하대역 – 학익사거리 – 문학운동장 – 매소홀로 연결
> • 동산로 : 박문삼거리 – 송림오거리
> • 동수천로 : 부개동 중앙APT – 부평 현대렉스힐 앞
> • 마장로 : 부평사거리 – 계양구 효성동
> • 부평문화로 : 부원중학교 – 부개동 부평농협 앞
> • 부흥로 : 산곡동 마장로 접소지점 – 부천 소사동 소명삼거리
> • 수변로 : 삼산삼거리 – 부개사거리
> • 장제로 : 동수지하차도 – 김포시 풍무동 유현사거리
> • 길주로 : 서구 석남동 – 부천시 작동터널
> • 드림로 : 수도권매립지 – 김포시 고촌읍 수송도로삼거리

정답 99 ① 100 ③ 101 ④ 102 ② 103 ③ 104 ①

정답 105 ④ 106 ② 107 ① 108 ③